新一代航天运输系统丛书

"十四五"时期国家重点出版物出版专项规划项目

国家出版基金项目
NATIONAL PUBLICATION FOUNDATION

# 氢氧膨胀循环发动机技术

王　珏　孙慧娟　叶小明　著

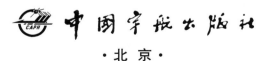

中国宇航出版社

·北京·

**图书在版编目（ＣＩＰ）数据**

氢氧膨胀循环发动机技术 / 王珏，孙慧娟，叶小明
著 . -- 北京：中国宇航出版社，2024.12
ISBN 978 - 7 - 5159 - 2265 - 2

Ⅰ.①氢… Ⅱ.①王… ②孙… ③叶… Ⅲ.①液体推
进剂火箭发动机 Ⅳ.①V434

中国国家版本馆 CIP 数据核字（2023）第 128913 号

---

| 责任编辑 | 赵宏颖 | 封面设计 | 王晓武 |

**中国宇航出版社**

| 出　版发　行 | 中国宇航出版社 | | |
| --- | --- | --- | --- |
| 社　址 | 北京市阜成路 8 号　邮　编　100830 | 版　次 | 2024 年 12 月第 1 版 |
| | （010）68768548 | | 2024 年 12 月第 1 次印刷 |
| 网　址 | www.caphbook.com | 规　格 | 787×1092 |
| 经　销 | 新华书店 | 开　本 | 1/16 |
| 发行部 | （010）68767386　　（010）68371900 | 印　张 | 21　彩　插　1 面 |
| | （010）68767382　　（010）88100613（传真） | 字　数 | 513 千字 |
| 零售店 | 读者服务部　　（010）68371105 | 书　号 | ISBN 978 - 7 - 5159 - 2265 - 2 |
| 承　印 | 北京中科印刷有限公司 | 定　价 | 148.00 元 |

本书如有印装质量问题，可与发行部联系调换

# 序

　　膨胀循环发动机具有系统简单、固有可靠性高等特点，是上面级发动机发展的趋势。国内成功研制出了第一型闭式膨胀循环发动机，并随 CZ-5 火箭完成多项重大任务，实现了国内氢氧火箭发动机由开式常规循环到闭式膨胀循环的重大技术跨越。本书对氢氧膨胀循环发动机技术进行分析，总结出研制方法、技术特点、理论概念等知识，具有较高学术价值，有助于宇航推进设计者、高等院校师生、发动机爱好者获得相应的知识，进一步了解膨胀循环发动机，可作为宇航推进设计者的参考书，以及高等院校相关专业师生的教材。国内关于氢氧上面级发动机，尤其是膨胀循环发动机的书籍尚属空白，该书的出版将填补这一空白。

　　该书由国内膨胀循环发动机设计团队编著，针对性强，实用性更强，并从国内外膨胀循环发动机的研究中，指明未来氢氧膨胀循环发动机的发展方向。

中国科学院院士　朱森元

# 前　言

国际上氢氧发动机自 1956 年研制以来，因其推进剂及其燃烧产物无毒无污染，液氢作为冷却剂没有热分解问题，具有较高的性能，在运载火箭上面级主动力上备受青睐。宇宙飞船"阿波罗号"登月成功，主要得益于液氢液氧发动机的发展。液氢液氧比冲性能高达 4 200 m/s 以上，远高于液氧煤油、液氧甲烷以及其他常规推进剂发动机。使用氢氧发动机作为上面级主动力，火箭运载能力可大幅提高。例如使用"宇宙神＋半人马座 D"组合比"宇宙神＋阿金那 B"组合，有效载荷可增加 2 倍。

纵观世界航天氢氧发动机发展历程，氢氧发动机从 20 世纪 50 年代开始初步探索研制至今，逐步实现稳步发展。

氢氧发动机动力循环方式有燃气发生器循环、补燃循环（分级燃烧循环）、抽气循环、膨胀循环等。膨胀循环发动机因其系统构成简单，具有固有可靠性高的优点，亦被称为"最优动力循环"。该优点使其在应用过程中极少发生故障，在飞行中表现出了强大的健壮性。如日本 H-Ⅰ和 H-ⅡA 火箭曾经先后出现两次飞行事故，但在两次事故中，二级膨胀循环发动机 LE-5B 在预冷不充分和箱压不足的不利条件下，仍能正常起动并稳定工作，证明了膨胀循环发动机具有很高的起动健壮性和工作可靠性。

氢氧膨胀循环发动机由于氢全流量经过氢泵和涡轮，在氢泵汽蚀或介质即将耗尽夹气的情况下，涡轮的做功能力也会同步下降，因此涡轮泵转子在短时超转后会平衡在一个适当的转速，不会飞转。另外涡轮运行在常温状态，不会发生热故障，周边的动密封工作环境也好。这些特征跟闭式膨胀循环方式紧密关联，而且膨胀循环发动机系统简单，因此天生固有可靠性高。我国研制的闭式氢氧膨胀循环发动机在大量试车和飞行中也展示了这一点，加上比冲高、推力较易拔高等优势，氢氧膨胀发动机作为上面级发动机是一种理想的选择，也符合氢氧发动机高可靠、低成本的发展潮流。

回顾氢氧发动机的发展历史，依次经历了小推力、大推力和高可靠低成本的发展阶段。50 年代中期到 60 年代末，氢氧发动机研制刚刚起步，发动机推力均不大，主要用于运载火箭的上面级动力装置，代表型号有美国的 RL-10、欧洲的 HM-7 及日本的 LE-5 发动机。这一阶段各国通过小推力发动机的研制，积累了大量氢氧发动机研制经验。在此基础上，从 20 世纪 70 年代初期到 90 年代中期，各国开始大力发展氢氧发动机，氢氧发动机推力大幅提高，应用更加广泛。美国在这一阶段研制了可重复使用的 200 吨级航天飞机主发动机 SSME；苏联则吸取了 N-1 重型火箭无大推力动力装置的教训，研制了 200 吨级 RD-0120 发动机作为能源号重型运载火箭的芯级动力装置；欧洲和日本分别研制了百吨级燃气发生器循环的 Vulcain 发动机、LE-7 及补燃循环的 LE-7A 发动机，支撑了阿里安 5 运载火箭和 H-Ⅱ运载火箭的发展。氢氧发动机繁荣发展，技术达到新的高度，推力在百吨级以上。随着航天技术的全面提高和成熟以及发射需求的日益增多，从 20 世纪 90 年代中期至今，发射可靠性及成本成为重要的方向，这是航天技术成熟应用的必由之路。氢氧发动机研制也更加注重可靠性与研制成本，同时兼顾发动机性能和技术发展水平。美国、俄罗斯、欧洲等航天大国和地区纷纷开始了高性能氢氧发动机的研制，膨胀循环氢氧发动机因其固有可靠性高、性能高的特点受到追捧，美国开展了 27 吨级膨胀循环的 RL60 发动机研制，俄罗斯进行了 10 吨级 RD-0146 和 RD-56M 预研，欧洲则开始研制 18 吨推力的 VINCI 发动机。这些发动机除 RD-56M 采用补燃循环外，其余均采用膨胀循环，发动机比冲性能大幅提升，同时提高可靠性、降低成本、丰富功能。

21 世纪以来，美国、欧洲、俄罗斯、日本等航天大国和地区将发展重心放到膨胀循环发动机上。结合新一代运载火箭的研制，我国也启动了膨胀循环上面级发动机的研制。在 2016 年该发动机参加了 CZ-5 首飞，并连续成功完成了多次飞行任务，表现出了优良的可靠性及性能，在重大工程的实施中发挥了重要作用。

本书主要从国外研制进展、国内膨胀循环技术及技术完善等角度对氢氧膨胀循环发动机的概念理论、设计方法、设计特点、试验规划等方面进行总结、提炼与回顾，希望此书可以为宇航推进设计者、高等院校师生、航天发动机爱好者提供有关知识，使其了解氢氧膨胀循环发动机技术。

在撰写本书过程中，得到了研制团队的大力支持，在此致以诚挚的感谢！发动机研制是一项系统工程，涉及旋转机械、燃烧等多学科，书中难免存在不足之处，请读者不吝赐教。

作者

# 目　录

# 第 1 章 　氢氧膨胀循环发动机发展

　　膨胀循环发动机技术在实践中得到不断完善和提高，在发展中得到不断拓展和创新，方兴未艾，展现了强大的生命力。上面级氢氧膨胀循环发动机向性能更高、功能更完善的方向发展，作为世界各国新一代运载火箭的核心技术而得到普遍的开发和应用。

## 1.1 　美国

### 1.1.1 　RL10 系列发动机

　　美国从 1958 年开始研制 RL10 发动机。其前身是 1956 年研制的空气喷气发动机"304"，原代号为 LR‑115。该发动机为世界上第一台氢氧发动机，采用了先进的全流量闭式膨胀循环系统。在之后的 60 多年里，以其为核心，不断升级换代，衍生出一系列RL10 发动机改进型，推力提高了 65%，比冲提高了 44 s，功能和用途得到了不断的扩展。

　　（1）RL10A‑3

　　首飞状态发动机为 RL10A‑1，飞行后就改为了 RL10A‑3。随后衍生出 RL10A‑3‑1、RL10A‑3‑3、RL10A‑3‑3A、RL10A‑3‑3B 等多个型号。在不断改进的过程中，通过缩小推力室喉部、提高燃烧室压力和燃烧效率等方法，将发动机比冲由 427 s 提高至444 s，推力由 66.7 kN 提高至 73.4 kN。图 1‑1 为 RL10A‑3‑3A 发动机系统原理图，图 1‑2 为 RL10A‑3‑3 发动机。

　　（2）RL10A‑4

　　RL10A‑4（见图 1‑3）是 RL10 发动机的一个重大升级型，衍生出 RL10A‑4‑1 和RL10A‑4‑2 两款发动机。通过修改推力室、改进涡轮泵和增加可延伸辐射冷却喷管，使发动机推力提高到了 99.2 kN。通过采用双电点火器（DDSI）系统，实现电点火系统完全冗余，使发动机点火可靠性提高了 28%。

　　（3）RL10A‑5

　　RL10A‑5 用于麦道公司研制的 DC‑X 单级入轨运载器的主发动机，DC‑X 是德尔它快船（Delta Clipper）1/3 缩尺型验证机。与以往作为上面级动力不同，RL10A‑5 的任务发生了重大变化，不仅需要使运载器升空并在预定高度盘旋，还要保证运载器成功着陆。RL10A‑5 发动机系统简图如图 1‑4 所示。

　　（4）RL10B‑2

　　RL10B‑2（见图 1‑5）是 RL10 家族中推力最大、性能最高的发动机，采用三段式可延伸大面积比碳‑碳喷管，其中一段固定，其余两段可伸缩。

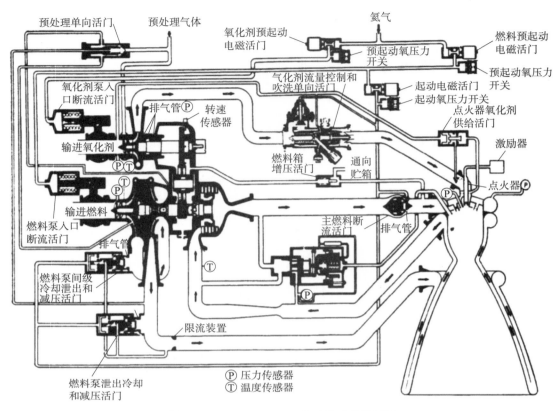

图 1-1　RL10A-3-3A 发动机系统原理图

图 1-2　RL10A-3-3 发动机

图 1 - 3　RL10A - 4 发动机

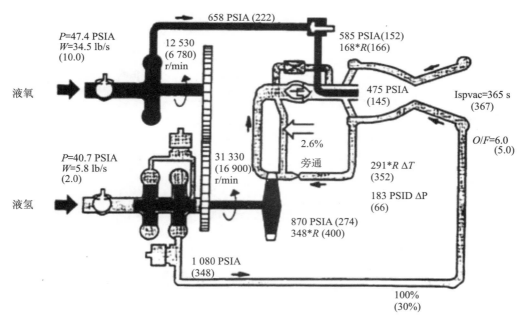

图 1 - 4　RL10A - 5 发动机系统简图

　　通过优化预冷程序和取消混合比控制系统使 RL10B - 2 发动机得以简化。麦道公司通过校准推进剂装载量对推进剂的使用进行优化，同时取消了用于混合比控制的组件。RL10B - 2 发动机在固定混合比 6.0 下工作，为此对氧流量控制阀进行重新设计，这样一来就减轻了阀门质量，简化了阀门的制造和操作。此外，由发动机系统原理图可以看出，RL10B-2 推力调节阀仍然是基于压力反馈的机械式室压稳定阀设计的。RL10B-2 发动机系统原理如图 1-6 所示。

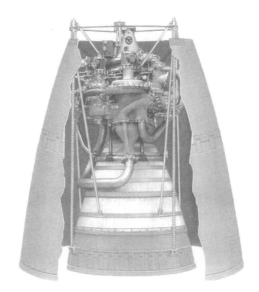

图 1-5　RL10B-2 发动机

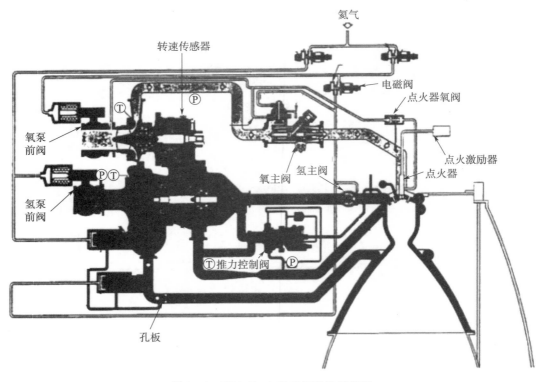

图 1-6　RL10B-2 发动机系统原理图

（5）RL10C

1992 年，在进行低温上面级推进系统发展方案论证时，研究人员提到采用一台单机取代当时半人马座的双机形式，以达到提高可靠性、增加运载能力、降低成本和缩短发射周期的目标。单机方案有两个：一是通过可延伸大面积比喷管提高发动机比冲，即 RL10B；二是通过修改涡轮泵和重新设计推力室以提高发动机推力，即 RL10C。两台发动机主要参数见表 1-1。

**表 1-1　RL10B 与 RL10C 发动机参数情况**

| 名称 | RL10B-2 | RL10C |
| --- | --- | --- |
| 真空推力/kN | 110.093 | 101.82 |
| 燃烧室室压/MPa | 4.44 | 4.14 |
| 喷管面积比 | 285 | 147 |
| 真空比冲/s | 465.5 | 449.7 |
| 长度/m | 2.20 | 2.18 |
| 喷管展开长度/m | 4.15 | — |
| 重量/kg | 308 | 190 |

RL10C 系列的研制融合了宇宙神的 RL10A-4 和 Delta4 的 RL10B-2 的优势，进一步提升了发动机性能。

新型发动机 RL10C-1 于 2014 年完成首飞，其显著特点是配置了碳-碳延伸喷管、混合比控制单元、DDSI 等。

RL10C-2 发动机继承了 RL10C-1 的所有改进设计，同时具备 3 段式可延伸喷管，优化了发动机管路，改善了起动时序，完善了阀门设计，对变速齿轮和密封进行了适当调整，具备主动混合比控制能力，进一步系统性地提高了发动机的可靠性。

目前正在研制的 RL10C-X 采用 3D 打印技术，旨在降低发动机成本，提高性能。

导弹防御卫星 SBIRS-GEO-5 的发射是采用延伸喷管的 RL10C-1-1 型发动机，这是 RL10C 首次用于正式发射任务。该型发动机还打算用在联合发射联盟 ULA 下一代"火神-半人马座"火箭的上面级上。

（6）RL10E-1

为了保持宇宙神火箭在商业和政府发射市场中的竞争力，洛马公司于 1996 年提出了使火箭的可靠性、操作性、性能和成本都得以提升的新方案，即 Atlas ⅡAR。通过一台 RL10E-1 发动机取代当时半人马座的两台 RL10A-4-1 发动机。将机械式控制阀改为电动调节阀，通过调节涡轮的分流量调节发动机推力，可实现 47% 的推力调节能力。RL10E-1 发动机系统原理如图 1-7 所示。

（7）变推力研究用 RL10 发动机

① RL10-ⅡB

1984—1988 年间先后对 RL10 发动机进行了两轮变推力研究，发动机代号为 RL10-ⅡB。

通过在 RL10-ⅡB 发动机上加装气氢液氧换热器实现液氧气化。氧换热器是发动机实

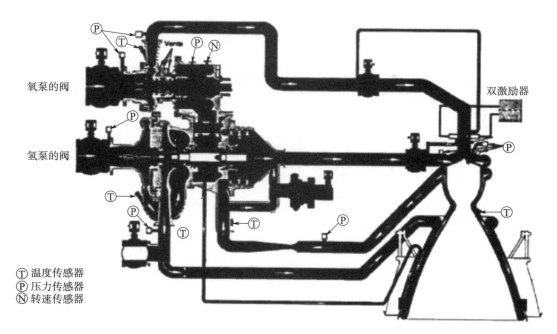

氧泵的阀

氢泵的阀

双激励器

Ⓣ 温度传感器
Ⓟ 压力传感器
Ⓝ 转速传感器

图 1-7　RL10E-1 发动机系统原理图

现变推的核心组件，发动机系统简图如图 1-8 所示。

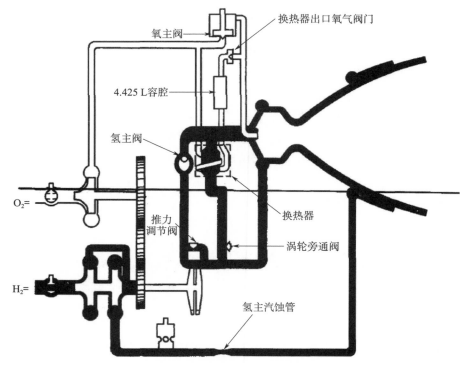

氧主阀

换热器出口氧气阀门

4.425 L容腔

氢主阀

换热器

O₂=

推力调节阀

涡轮旁通阀

H₂=

氢主汽蚀管

图 1-8　RL10-ⅡB 发动机系统图

② CECE

CECE 验证机是在美国 2005 年重返月球的星座计划背景下，在"发展先进低温推进"计划的支持下，开展的系列低温高性能变推力发动机研究。CECE 验证机以 RL10 发动机作为技术平台（见图 1-9），应用了电动调节阀，实现发动机推力调节。NASA 于 2004 年 11 月投资该项目，对深度推力调节低温月球着陆器发动机进行技术开发和演示。2006 年 4 月至 2010 年 4 月，完成了四台发动机累计 7 436 s，超过 47 次的演示试验。研究过程中解决了低室压不稳定燃烧和系统不稳定等问题，变推比达到 17.6∶1。

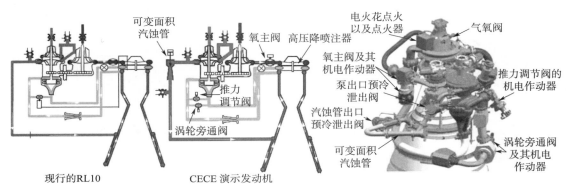

图 1-9　CECE 发动机与 RL10 发动机的结构对比和其独有的组件

（8）RL10 发动机性能参数及特点

RL10 发动机性能及应用情况见表 1-2。

**表 1-2　RL10 发动机性能及应用**

| 运载火箭 | Atlas5 | Delta4 | Atlas5 | Atlas,Vulcan | SLS EUS | OmegaA |
|---|---|---|---|---|---|---|
| RL10 型号 | RL10A-4-2 | RL10B-2<br>RL10B-2-1 | RL10C-1 | RL10C-1-1 | RL10C-3 | RL10C-5-1 |
| 推力/kN | 99.195 | 110.093 | 101.820 | 105.979 | 108.270 | 105.979 |
| 质量/kg | 168 | 308 | 191 | 188 | 508 | 230 |
| 混合比 | 5.5∶1 | 5.88∶1 | 5.5∶1 | 5.5∶1 | 5.7∶1 | 5.5∶1 |
| 比冲/s | 451.0 | 465.5 | 449.7 | 453.8 | 460.1 | 453.8 |
| 长度(收起)/m | 2.29 | 2.20 | 2.18 | 2.46 | 3.16 | 2.46 |
| 长度(张开)/m | — | 163.5 | — | — | — | — |
| 喷管直径/m | 1.17 | 2.15 | 1.45 | 1.57 | 1.85 | 1.57 |
| 应用 | Centaur ⅡA | DCSS | Centaur D-5 | Centaur D-5 | | |

从 RL10 的发展历程中，可以看出 RL10 发动机自研制成功以来，就处在不断的革新中：从最初的不断解决问题以实现发动机技术成熟，到不断提高推力、比冲等性能；从由推力控制到推力调节实现发动机功能的不断完善；从成本高昂的一次性使用到重复使用以及利用 3D 打印等技术降低成本。但该发动机始终保持最初的齿轮传动涡轮泵，保持极高的发动机可靠性。

### 1.1.2　RL60 发动机

在美国 RL10 研制过程中，由于使用齿轮传动涡轮泵限制了发动机推力的进一步提升，美国开始研制更为先进的闭式膨胀循环 RL60 发动机（见图 1-10），其推力为 222.46～289.1 kN，是目前 RL10 发动机的两倍，比冲在 465 s 以上。该发动机也采用碳-碳材料制造的可延伸喷管延伸段，尺寸与 RL10 大体相当，计划用于进一步改进美国新一代运载火箭德尔它 4 和宇宙神 3、5 的上面级。

2003 年进行推力室挤压试验时出现异常，同时由于市场前景不明朗，研制进度放缓。

| 类别 | 数值 |
|---|---|
| 推力/kN | 267 |
| 真空比冲/s | 465 |
| 质量/kg | 499 |
| 室压/MPa | 8.27 |
| 混合比 | 5～6 |
| 推力上升潜力 | 10% |
| 寿命：工作时间/s | 4 050 |
| 寿命：启动次数 | 45 |

图 1-10　RL60 发动机（喷管展开和收回状态）和关键参数

RL60 发动机采取国际合作的研制方式，日本的石川岛播磨重工（IHI）提供 RL60 的氢涡轮泵，俄罗斯化学自动化设计局（CADB）提供氧涡轮泵和氢、氧预压泵，再生冷却喷管由瑞典 VOLVO 公司开发，燃烧室和控制系统等则由美国普惠公司研制，如图 1-11 所示。

RL60 发动机的系统原理如图 1-12 所示。与 RL10B-2 的性能参数对比见表 1-3。与 RL10 相比其特点如下：

1）为了提高发动机抗汽蚀性能，氢氧主泵前均设置了预压泵。

2）氢涡轮分流旁路引至氧涡轮前，增加氧涡轮的工质流量。推力调节阀和混合比调节阀分别设置在氢、氧涡轮旁路上。

3）冷却夹套和氢涡轮之间的氢主路上设置节流环节。

4）预压泵和主泵之间设置截止阀，将预压泵和主泵隔离，即将主泵和贮箱隔离。

5）除调节阀外，其他阀门依然采用电动气控阀。

6）为提升推力，提高发动机燃烧室压力，但导致核心组件工作参数显著提高。

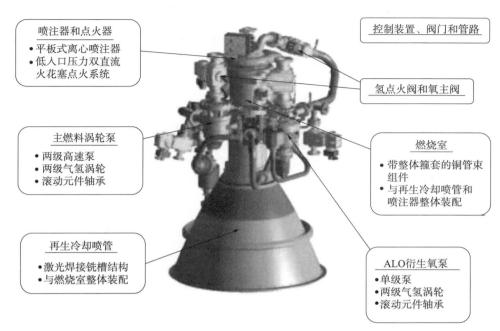

喷注器和点火器
• 平板式离心喷注器
• 低入口压力双直流火花塞点火系统

控制装置、阀门和管路

氢点火阀和氧主阀

主燃料涡轮泵
• 两级高速泵
• 两级气氢涡轮
• 滚动元件轴承

燃烧室
• 带整体箍套的铜管束组件
• 与再生冷却喷管和喷注器整体装配

再生冷却喷管
• 激光焊接铣槽结构
• 与燃烧室整体装配

ALO衍生氧泵
• 单级泵
• 两级气氢涡轮
• 滚动元件轴承

图 1-11　RL60 发动机参研机构组件特征

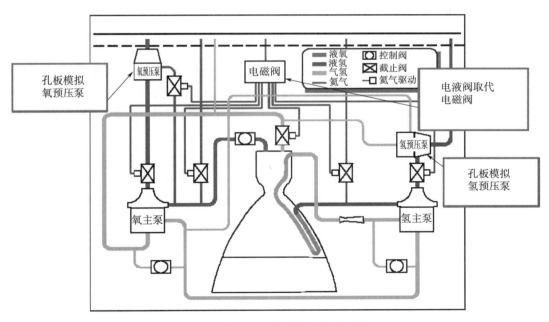

液氧
液氢
气氢
氦气

控制阀
截止阀
氦气驱动

孔板模拟氧预压泵

氧预压泵

电磁阀

电液阀取代电磁阀

氢预压泵

孔板模拟氢预压泵

氧主泵

氢主泵

图 1-12　RL60 发动机系统原理图

表 1 - 3　RL60 发动机主要参数

| 名称 | RL10B - 2 | RL60 | 单位 |
|------|-----------|------|------|
| 推力 | 110.093 | 267 | kN |
| 室压 | 4.44 | 8.27 | MPa |
| 混合比 | 5.88 | 5.85 | — |
| 比冲 | 465.5 | 465 | s |
| 喷管面积比 | 285 | 200 | — |
| 质量 | 308 | 499 | kg |
| 推重比 | 36.5 | 54.6 | — |
| 推力提升潜力 | 0 | 10% | — |
| 氢泵后压力 | 10.40 | 27.6 | MPa |
| 氧泵后压力 | — | 12.1 | MPa |
| 氢涡轮泵转速 | 37 900 | 90 000 | r/min |

## 1.2　日本

### 1.2.1　LE - 5A 系列发动机

1985 年，日本在 LE - 5 基础上研制 LE - 5A 发动机，将开式燃气发生器循环改为开式膨胀循环，自此走上了开式膨胀循环研制路线。相比较于分级燃烧和燃气发生器循环，开式膨胀循环系统具有结构简单、涡轮热应力小、固有可靠性高的优点。相较分级燃烧循环和闭式膨胀循环，开式膨胀循环起动时涡轮背压低，起动可靠性高；同等推力情况下，组件工作参数低，研制难度低。但缺点也很明显——比冲性能低。

LE - 5A 发动机系统原理图如图 1 - 13 所示。驱动涡轮的氢气在燃烧室冷却套被加热后，进入喷管延伸段再生冷却段继续加热，之后这部分氢气去驱动氢、氧涡轮后排到喷管延伸段的辐射冷却段，进行气膜冷却。但由于该状态发动机试验复杂，因此设计人员于 1995 年，在 LE - 5A 基础上研制了 LE - 5B 发动机，依然为开式膨胀循环发动机。但驱动涡轮的氢气只在燃烧室冷却套加热后去驱动涡轮，大幅降低了试车成本。该发动机用于日本 H - ⅡA 火箭上面级，于 2001 年首飞成功。LE - 5 系列发动机参数见表 1 - 4。

研究人员普遍认为膨胀循环发动机适用于小推力发动机，但开式膨胀循环可以大幅降低氢泵出口压力这个优点，使得膨胀循环发动机推力具有了做大的可能。

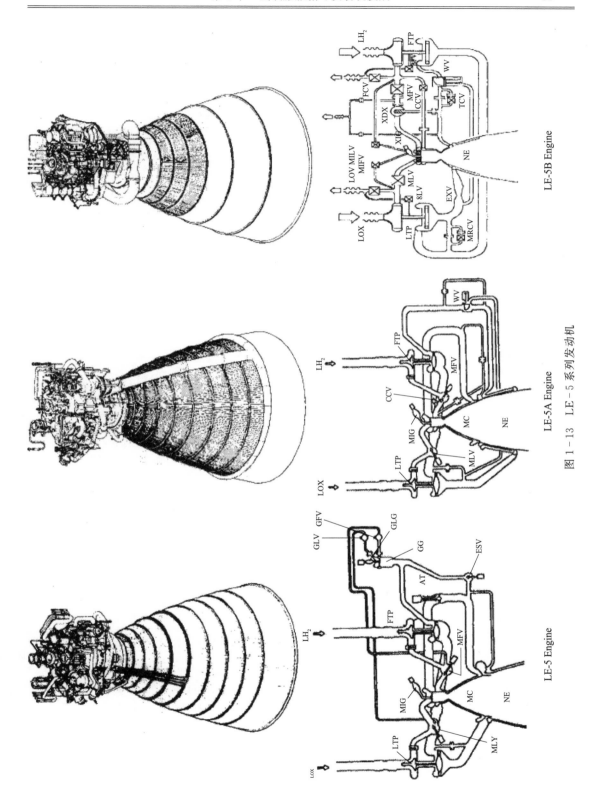

图 1 – 13　LE – 5 系列发动机

表 1-4　LE-5 系列发动机主要参数

| 名称 | LE-5 | LE-5A | LE-5B |
|---|---|---|---|
| 真空推力/kN | 103 | 122 | 137 |
| 混合比 | 5.5 | 5.0 | 5.0 |
| 真空比冲/s | 449 | 452 | 447 |
| 室压/MPa | 3.61 | 3.98 | 3.62 |
| 涡轮燃气温度/K | 837 | 589 | 428 |
| 氢涡轮泵转速/(r/min) | 50 648 | 52 235 | 52 112 |
| 氧涡轮泵转速/(r/min) | 16 540 | 17 370 | 17 713 |
| 面积比 | 140 | 130 | 110 |
| 长度/m | 2.67 | 2.67 | 2.74 |
| 重量/kg | 255 | 248 | 285 |
| 多次起动能力 | 1 次 | 多次 | 多次 |
| 变推力能力 | 无 | 无 | 60% |
| 空载工作能力 | 无 | 有 | 有 |
| 循环方式 | 燃气发生器循环 | 喷管引流开式膨胀循环 | 燃烧室引流开式膨胀循环 |

### 1.2.2　LE-9 发动机

　　2008 年，为了研制更好的主发动机以取代目前成本较高、补燃循环的 LE-7 及其改进型发动机，日本启动百吨级氢氧发动机 LE-9 的研制工作，选用了系统简单、固有可靠性高的开式膨胀循环系统，将膨胀循环应用到了百吨级，并已于 2023 年首飞。

　　在开式膨胀循环系统中，从主流中分出一股液氢，对燃烧室身部进行再生冷却，同时获得足够的热能用以驱动氢涡轮泵（FTP）和氧涡轮泵（OTP）。燃烧室由上、下两个部段组合而成，上燃烧室部段含圆柱段和喉部扩张段，下燃烧室部段为歧管扩张段。冷却液氢通过这两个部段进行加热，在驱动涡轮做功后，最后排入喷管延伸段进行气膜冷却。发动机模装图如图 1-14 所示，系统原理图如图 1-15 所示，主要性能参数见表 1-5。

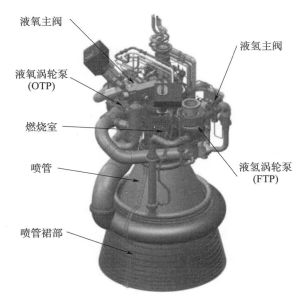

图 1 - 14 LE - 9 发动机模装图

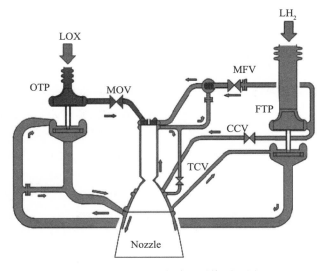

图 1 - 15 LE - 9 发动机系统原理图

**表 1 - 5 LE - 9 主要性能参数**

| 项目 | LE - 9 发动机 | LE - 7A 发动机 | 单位 |
|------|------|------|------|
| 循环方式 | 开式膨胀循环 | 分级燃烧 |  |
| 真空推力 | 1 471(63％推力调节) | 1 100 | kN |
| 比冲 | 425 | 440 | s |
| 重量 | 2.4 | 1.8 | t |
| 全长 | 3.75 | 3.7 | m |

**续表**

| 项目 | LE-9 发动机 | LE-7A 发动机 | 单位 |
|---|---|---|---|
| 混合比 | 5.9 | 5.9 | |
| 燃烧室压力 | 10.0 | 12.3 | MPa |
| 氢泵出口压力 | 19.0 | 28.1 | MPa |
| 氧泵出口压力 | 17.9 | 26.6 | MPa |
| 阀门驱动方式 | 电机驱动 | 气压驱动 | |

### 1.2.3　MB-60 发动机

MB-60 发动机由日本三菱重工和美国的洛克达因公司联合研制，原计划用于美国的 Delta Ⅳ、Atlas Ⅴ 和日本的 H-Ⅱ A 火箭的上面级。MB-60 发动机研制工作始于 1999 年，截至 2005 年已顺利完成全尺寸推力室 100% 工况热试车和发动机全系统验证试车。

MB-60 发动机系统原理如图 1-16 所示，主要特征如下：

1）氢、氧主泵前均设置预压泵，氢、氧预压泵分别由主泵后的液氢、液氧驱动，由于做功后的氢、氧介质引入主系统下游，所以液力涡轮具有大流量低压降的特点。液力涡轮设有旁通路用于预压泵的功率调节。

2）进入燃烧室的氢由液力涡轮做功后的低温氢和燃烧室（MCC）换热后的高温气氢混合而成，使进入氢喷注器的氢达到一定温度（>70 K），从而保证推进剂可靠、高效地燃烧。

3）经主泵增压后的液氢除一部分用于驱动氢液力涡轮后进入混合器外，其余均进入燃烧室冷却夹套。由燃烧室冷却夹套引出的高温气氢又分成两路，一路进入混合器，另一路进入喷管冷却夹套进一步提高温度后用于驱动氢、氧涡轮。

4）氢涡轮前设置换向阀 WV，正常情况下阀门旁通路关闭，全部气氢进入氢涡轮做功。当阀门主路关闭旁通路打开时涡轮停止做功，可提供 3% 额定推力，这种工作模式被称为空载模式。

5）发动机设有氢主阀 MFV、氧主阀 MOV 和燃烧室冷却阀 CCV 三个调节阀，其中氧主阀 MOV 用于混合比控制，氢主阀 MFV 和燃烧室冷却阀 CCV 用于推力调节。三个调节阀门均布置在主路，通过控制泵负载功率实现参数调节。

### 1.2.4　RSR 发动机

RSR 发动机由 JAXA 和 MHI 联合研制，具备重复使用、大范围变推力、健康诊断等功能，助力火箭垂直起降，实现重复使用、低成本等目标。该发动机为 4 机并联使用，于 2011 年启动预研，2013—2014 年完成了氧涡轮泵试验、氢涡轮泵试验以及 10 次点火试验，证明了发动机可以满足要求。RSR 发动机原理如图 1-17 所示，RSR 发动机参数见表 1-6。

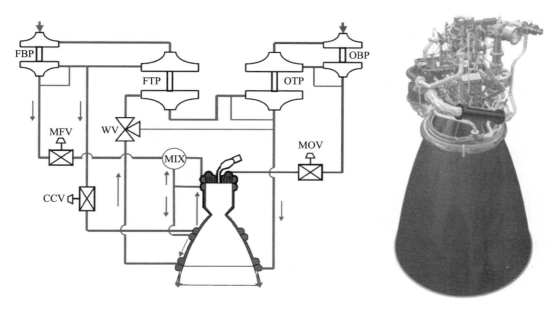

图 1-16　MB-60 发动机系统原理图

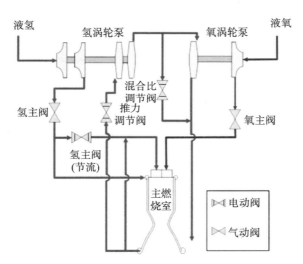

图 1-17　RSR 发动机原理图

**表 1-6　RSR 发动机参数**

| 名称 | 数值 | 单位 |
|------|------|------|
| 地面推力 | 404 | kN |
| 地面比冲 | 320 | s |
| 混合比 | 6.0 | |
| 燃烧室压力 | 3.4 | MPa |
| 氧涡轮泵转速 | 26 500 | r/min |

续表

| 名称 | 数值 | 单位 |
|------|------|------|
| 氢涡轮泵转速 | 78 300 | r/min |
| 喷管出口直径 | 960～1 250 | mm |

## 1.3　欧洲

　　1998 年，ESA 决定研制 VINCI 氢氧膨胀循环发动机，用于阿里安 5 运载火箭的后续改进型，进一步提高阿里安 5 运载火箭的运载能力，实现一箭双星，降低火箭发射成本。该发动机推力 180 kN，采用了高转速氢涡轮泵和大面积比碳-碳材料喷管等先进技术，目前该发动机仍在工程研制中。

　　VINCI 发动机采用闭式膨胀循环方式，由欧洲多国联合开发，系统原理如图 1 - 18 所示。

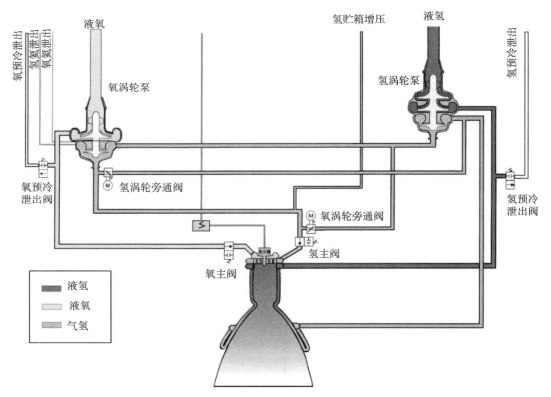

图 1 - 18　VINCI 发动机系统原理图（见彩插）

　　VINCI 发动机真空推力 180 kN，真空比冲 466 s，燃烧室压力 6.17 MPa，根据相关文献获得较详细的发动机参数见表 1 - 7。

表 1 - 7　VINCI 发动机参数

| 名称 | 数值 | 单位 |
|---|---|---|
| 真空推力 | 180 | kN |
| 真空比冲 | 466 | s |
| 混合比 | 5.7～5.9 | |
| 燃烧室压力 | 6.17 | MPa |
| 喷管出口直径 | 2.286 | m |
| 喷管面积比 | 243 | |
| 点火次数 | 5 | 次 |
| 工作时间 | 700 | s |
| 长度 | 2.3 | m |
| 氢泵出口压力 | 22 | MPa |
| 氢涡轮泵转速 | 91 000 | r/min |

VINCI 发动机的特点：

1）氢、氧涡轮前后串联，氢、氧涡轮分别设置旁通路及调节阀，其中氢涡轮前流量直接分流到氧涡轮后，通过氢、氧涡轮分流量变化实现推力和混合比的调节及控制。

2）发动机在氢主阀前引出一股气氢（60 g/s）为氢箱增压，氧涡轮泵密封泄漏的氧氦（含氧 43 g/s）和氢氦（含氢 19 g/s）则重新回收利用。

3）VINCI 发动机选择了中等的燃烧室压力 6.17 MPa，相对于美国的 RL60 发动机及俄罗斯的 RD - 0146 发动机的 8 MPa 燃烧室压力略低。这就决定了在相同比冲的条件下，VINCI 发动机在外形尺寸和结构重量方面可能还不如以上两型发动机。但低室压可降低发动机研制难度和研制成本，并提高发动机可靠性。

## 1.4　俄罗斯

RD - 0146 发动机是俄罗斯化学自动化设计局（CADB）于 1998 年开始研制的先进的氢氧膨胀循环发动机，用于质子号火箭和安加拉火箭上面级，这也是俄罗斯研制的为数不多的氢氧火箭发动机。截至 2013 年 11 月，已完成 68 次发动机热试车，累计工作时间超过 3 600 s。另外，RD - 0146 发动机研制之初便引起了普惠公司的兴趣，CADB 与普惠公司于 2000 年签订了出售协议。

发动机具有推力调节能力，主级工况真空推力 10 t（98 kN），关机前推力调节到 5 t。详细参数见表 1 - 8。

表 1 - 8　RD - 0146 发动机参数

| 名称 | 数值 | 单位 |
|---|---|---|
| 真空推力 | 98 | kN |
| 真空比冲 | 451～463 | s |

**续表**

| 名称 | 数值 | 单位 |
|---|---|---|
| 混合比 | 5.9 | |
| 燃烧室压力 | 7.94 | MPa |
| 喷管出口直径 | 960～1 250 | mm |
| 飞行起动次数 | 1～5 | 次 |
| 点火方式 | 激光点火器 | |
| 工作时间 | 400～1 100 | s |
| 长度 | 1 880～2 440 | mm |
| 发动机干重 | 196～261 | kg |
| 氢涡轮泵转速 | 123 000 | r/min |

RD-0146 发动机采用闭式膨胀循环方式（见图 1-19），但是系统特征与 VINCI 和 RL60 发动机相比略有区别：

1）冷却夹套出来的气氢先经过氧涡轮后进入氢涡轮，这种设置在性能和功能上似乎并没有明显优势，而更可能是结构布置优化的结果，如图 1-19 所示；

2）发动机仅设置由氧涡轮前至氢涡轮后的分流路用于推力调节，发动机混合比通过氧泵后的节流环节进行调节；

3）氢、氧主泵前均设置预压泵，氢预压涡轮用的气氢采取直接排放方式；

4）预压泵前设置泵前阀，将贮箱与发动机预压泵隔离开。

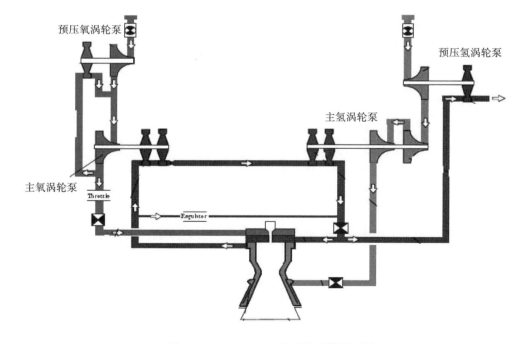

图 1-19　RD-0146 发动机系统原理图

图 1－20 为交付普惠公司的模型样机和验证发动机。

图 1－20　交付普惠公司的模型样机和验证发动机

RD－0146 发动机尽管推力不大，但是燃烧室压力高达 7.94 MPa，这就决定了其必定是一款性能高且结构紧凑的发动机。燃烧室压力是闭式膨胀循环发动机核心性能组件研制难度的集中体现，RD－0146 是目前唯一进行了长时间全系统试验的高室压闭式膨胀循环发动机，且在研制期间进行了换甲烷推进剂的研制工作，亦获得了成功。

## 1.5　中国

由于膨胀循环在上面级发动机上具有明显的优势，我国为掌握氢氧膨胀循环发动机关键技术，于 21 世纪初，启动了氢氧膨胀循环发动机主要关键技术预先研究工作，包括发动机系统、高效换热推力室、高效氢涡轮泵等关键技术。2006 年，以燃气发生器循环 YF－75 发动机为基础，依靠关键技术研究成果，正式启动了闭式膨胀循环 YF－75D 发动机（见图 1－21）研制，其作为 CZ－5 火箭芯二级主动力。

YF－75D 发动机主要性能参数见表 1－9。

图 1 - 21　YF - 75D 发动机

**表 1 - 9　YF - 75D 发动机主要性能参数**

| | |
|---|---|
| 真空推力/kN | 88.4 |
| 真空比冲/s | 444 |
| 室压/MPa | 4.1 |
| 混合比 | 6.0 |
| 喷管面积比 | 80 |
| 起动次数 | 2 |
| 工作时间/s | 780 |

## 1.6　膨胀循环发动机的特点及优势

通过对以上国内外膨胀循环发动机研制特点进行分析，可以得出膨胀循环发动机的特点及优势如下：

1）系统简单。膨胀循环发动机以推力室作为加温器，没有燃气发生器循环发动机的发生器及其副系统，也没有补燃循环发动机的预燃室，发动机采用箱压自身起动，因此发动机系统设计简单，组件数量少，研制成本低。

2）性能高。闭式膨胀循环发动机全部的推进剂都进入推力室燃烧并产生推力，无推进剂损失，发动机性能与补燃循环相当。

3）可靠性高。膨胀循环发动机涡轮工质为常温气氢，使得涡轮泵温度应力不高，可大幅提高旋转件的结构可靠性；发动机系统简单，箱压自身起动，无起动冲击，因此发动机固有可靠性高，寿命长。

4）推力和混合比易实现调节。膨胀循环发动机在氢涡轮和氧涡轮旁设置调节阀，对氢、氧涡轮流量进行调节，即可实现推力调节和混合比调节，系统上少量增加组件，就可以丰富发动机功能，提高火箭的性能，而且调节阀的工作环境条件较好。推力室为气（氢气）–液（液氧）燃烧，即使在很低的工况下，也不易引起燃烧不稳定，易于实现深度推力调节。

5）易于实现多次点火起动。由于膨胀循环发动机没有副系统，只要推力室点火成功即可起动工作，点火系统简单，发动机易于实现多次起动。

6）适于中小推力的高性能氢氧上面级发动机。氢具有导热能力强、黏度小、极易汽化且气体声速高等特点，可以保证推力室冷却可靠、吸收足够的热量且流阻较小，因此氢氧发动机非常适合采用膨胀循环系统。另外甲烷与氢物性类似，虽黏度略高，也是膨胀循环发动机潜在可用的推进剂。

7）开式膨胀循环可作为大推力发动机动力循环方案。受推力室换热能力和涡轮压比限制，膨胀循环发动机推力宜为中小推力，一般不超过 300 kN。但采用开式膨胀循环系统的发动机，推力可达百吨级以上，在保证推力的情况下发挥膨胀循环可靠性高的特点。

# 参 考 文 献

[ 1 ] Takeshi Kai, Ken－ichi Niu, et al. Engine control system for the main engine of the reusable sounding rocket. IAC－15－C4. 3. 2

[ 2 ] RACHUK V, TITKOV N. The first russian LOX－LH2 expander cycle lre: rd0146 ［R］. AIAA 2006－4904, 2006.

[ 3 ] YOJIRO K, MASAAKI Y, TADAOKI O. LE－5B engine development ［R］. AIAA 2000－3775, 2000.

[ 4 ] HIROYUKI K, Improvement program status of the LE－5B engine ［R］. IAC－08－C4. 1. 8. 2008.

[ 5 ] SANNINO J M, DELANGE J F, KORVER V D, et al. Vinci propulsion system transition from Ariane 5 ME to Ariane 6 ［R］. AIAA2016－4678, 2016

[ 6 ] BULLOCK J, MIKE P, SANTIAGO J R. Development status of the pratt & whitney rl60 upper stage engine ［R］. AIAA 2002－3587, 2002.

[ 7 ] HIDEYO N, SHINJI O, et al. Numerical analysis of unshrouded impeller flowfield in the LE－X liquid hydrogen pump ［R］. AIAA 2017－4930, 2017.

[ 8 ] HIDETO K, YUSUKE F, AKIHIDE K, et al. Development status of LE－9 engine for H3 launch vehicle ［R］. AIAA 2019－4024, 2019.

[ 9 ] Victor J Giuliano, Timothy G Leonard, Randy T Lyda. CECE: Expanding the Envelope of Deep Throttling Technology in Liquid Oxygen/Liquid Hydrogen Rocket Engines for NASA Exploration Missions. AIAA 2010－6724.

[10] Chinatsu Sezaki, Shinichi Sato, Akira Ogawara. Characteristics of expander bleed cycle and full expander cycle. AIAA 2013－3910. 49th AIAA/ASME/SAE/ASEE Joint Propulsion Conference.

[11] Hideyo Negishi, Yu Daimon, Hideto Kawashima. Flowfield and heat transfer characteristics in the LE－X expander bleed cycle combustion chamber. AIAA 2014－4010, 50th AIAA/ASME/SAE/ASEE Joint Propulsion Conference.

[12] Vladimir Balepin, Joseph Alifano, Alexander Betti. New upper stage expander cycles. AIAA 2013－4055, 49th AIAA/ASME/SAE/ASEE Joint Propulsion Conference.

[13] Raymond F. Walsh. LOX/H2 expander engine designs capable of off－design high thrust and high mixture ratio. AIAA 2017－4749. 53rd AIAA/SAE/ASEE Joint Propulsion Conference.

[14] D Haeseler, F Wigger, Th Fortier, E Humbert, V DeKorver. Vinci upper stage engine development, test, qualification, and industrialisation status for Ariane 6. IAC－18－C4. 1. 4. 69th International Astronautical Congress (IAC), Bremen, Germany, 1－5 October 2018.

[15] V Rachuk, N Titkov. The first Russian LOX－LH2 expander cycles LRE: RD0146. AIAA 2006－

4904. 42nd AIAA/ASME/SAE/ASEE Joint Propulsion Conference. 9 – 12 July 2006，Sacramento，Califomia.

[16]　SANTIAGOJ R. Evolution of the RL10 liquid rocket engine for a new upper stage application ［R］. AIAA 96 – 3013，1996.

# 第 2 章　系统技术

## 2.1　概述

泵压式发动机动力循环方式可分为：补燃循环（分级燃烧循环）、燃气发生器循环、抽气循环、膨胀循环等，主要依据驱动涡轮工质来源以及是否进入燃烧室再次燃烧进行划分。

（1）补燃循环

发动机设置预燃室，泵后的部分推进剂进入预燃室燃烧，燃烧产生的燃气驱动涡轮后进入推力室进行补充燃烧，无推进剂和能量损失。但系统复杂，涡轮工质为高温燃气，涡轮温度应力较大，涡轮叶片热防护技术将直接影响发动机寿命，且对涡轮泵功率要求高。

（2）燃气发生器循环

发动机设置发生器，泵后的少量推进剂进入发生器燃烧，所产生的燃气驱动涡轮后被排掉或进入喷管下游冷却喷管，过程中有少量推进剂和能量损失，副系统及涡轮泵的效率直接影响推进剂损失量。系统复杂，涡轮工质为高温燃气，涡轮温度应力较大，涡轮叶片热防护技术将直接影响发动机寿命。但由于涡轮工质被直接排到外界，涡轮泵功率可大幅降低，研制难度低。

（3）抽气循环

发动机不设置燃气副系统，涡轮工质为从燃烧室抽取的少量燃气。该循环系统简单，但燃气抽取技术难度较高，世界上仅 J-2s、BE-3 发动机采用。

（4）膨胀循环

发动机无须设置燃气发生器副系统，利用冷却推力室后升温的氢气作为涡轮工质和能源。闭式膨胀循环状态下，氢气做功后进入推力室继续燃烧。系统简单，无额外推进剂和能量损失，且涡轮工质为常温气氢，涡轮泵温度应力低，故也被称为"最优动力循环"。开式膨胀循环将驱动涡轮的工质排掉或进入喷管下游冷却喷管，有少量推进剂和能量损失，但涡轮泵功率低，研制难度低。本书在没有特别说明的情况下，所提到的膨胀循环均是指闭式膨胀循环。

液体火箭发动机由各组合件组成。这些组合件存在着相互作用和相互依赖的关系，只有当这些组合件严格按照设计要求的次序彼此联系起来形成一个"有机整体"时，才能完成其规定的功能，这一"有机整体"就称作火箭发动机系统。发动机系统设计的首要任务是动力循环方式的选择。从各动力循环的特点可知，对于上面级主动力，膨胀循环发动机具有较大的优势，是系统设计的首选方案。本章重点阐述膨胀循环发动机系统技术。

## 2.2　膨胀循环发动机工作原理

　　氢氧膨胀循环发动机利用冷却推力室后升温的氢气作为涡轮工质和能源，驱动涡轮带动氢、氧泵对推进剂进行增压，涡轮做功后的氢全部进入推力室，与氧在推力室内燃烧，使化学能转变为热能，后经喷管加速排出将热能转化成动能，从而产生推力。

　　图 2-1 为典型膨胀循环发动机工作原理图。

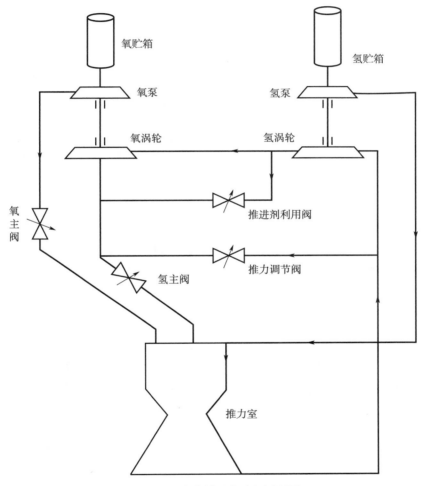

图 2-1　膨胀循环发动机原理图

　　氢氧膨胀循环发动机系统原理和基本工作过程如下：

　　1）吹除置换和预冷。与其他氢氧发动机一样，膨胀循环发动机工作前需要进行吹除置换和预冷。

　　2）起动。发动机预冷阶段，在氢泵后至推力室头部氢主阀这一段死腔内，氢介质及金属结构达到某一个平衡温度，为起动涡轮的工质提供一定的初始焓。与此同时，液氧也充填至推力室头部氧主阀前。当发动机满足预冷起动温度和泵前压力条件后，关闭氢、氧泄出阀。氧主阀打开，点火器点火，氢主阀打开，在箱压作用下，与管路和推力室冷却夹套进行热交换而具有一定热焓的气氢驱动氢、氧涡轮泵起旋，同时，进入推力室的氢与氧被点燃，进行低压、低混合比燃烧。

3）主级。推力室混合比和压力升高，经推力室冷却夹套吸热后的气氢温度迅速升高，氢、氧涡轮泵加速爬升，达到额定值后，发动机工作进入主级稳态工作阶段。

4）调节。当发出推力调节指令后，设置于氢涡轮旁路的推力调节阀开度发生相应变化，改变氢氧涡轮流量，从而实现发动机推力调节。当发出混合比调节指令后，设置于氧涡轮旁路的推进剂利用阀开度产生相应变化，改变氧涡轮流量，从而实现发动机混合比调节。

5）关机。发动机达到预定工作时间后，关闭氢、氧主阀，涡轮由于失去了驱动能源，转速迅速下降，推力室熄火，发动机关机。

## 2.3　系统方案选择

### 2.3.1　系统方案选择的指导思想和原则

确立系统方案及参数选择遵循的指导思想和原则：

1）满足火箭总体提出的设计要求。

2）吸收、借鉴国内外膨胀循环氢氧发动机研制的技术成果和经验。

3）借鉴现有发动机研制所得到的成熟技术和工艺，适度采用新技术、新材料、新工艺，发挥膨胀循环发动机的优点。

4）系统设计时考虑组合件的独立性及试验方便性，以提高可靠性和降低成本为主要宗旨。

5）系统参数的选择应有一定的余量，并兼顾发动机各组合件设计。

### 2.3.2　膨胀循环系统两种方案的选择

（1）开式膨胀循环系统

开式膨胀循环系统的特点：经推力室冷却夹套换热后的一小股气氢驱动涡轮做功后被排入大气，导致性能有所损失。

优点：开式膨胀循环发动机组合件性能相关性小，氢泵后压力及涡轮泵转速低，研制难度略低。

（2）闭式膨胀循环系统

闭式膨胀循环系统的特点：全部氢介质经过推力室冷却夹套换热后驱动氢、氧涡轮，氢泵后压力高，涡轮泵转速高，研制难度高。

优点：闭式膨胀循环由于涡轮排气被喷入推力室参加燃烧，其比冲与补燃发动机相当；推力室混合比与发动机混合比相同，比燃气发生器循环发动机的混合比高，使密度比冲大大提高。

（3）开式膨胀循环与闭式膨胀循环方案比较

在发动机推力、比冲、混合比、喷管延伸段出口直径相同的情况下，为了进一步比较闭式膨胀循环和开式膨胀循环哪个更适宜，需开展发动机参数计算与参数协调工作，比较两种循环的多组参数，最终确定发动机循环方案。发动机主要参数对比见表 2 - 1。

表 2 - 1　闭式膨胀循环方案与开式膨胀循环方案主要参数

| 性能参数 | 单位 | 闭式膨胀循环 | 开式膨胀循环 |
|---|---|---|---|
| 发动机混合比 | / | 5.75 | 5.75 |
| 喷管面积比 | / | 80 | 140 |
| 燃烧室室压 | MPa | 3.85 | 6.2 |
| 燃烧室混合比 | / | 5.75 | 7.22 |
| 氢泵出口压力 | MPa | 11.44 | 9.79 |
| 推力室冷却夹套出口温度 | K | 230 | 758 |
| 氢涡轮流量 | kg/s | 2.6 | 0.5 |

经过参数比较后，可得到如下结论：

1）开式膨胀循环系统为达到与闭式膨胀循环系统相同的比冲，必须提高燃烧室压力，如果燃烧室压力相同，则开式膨胀循环发动机的比冲将明显低于闭式循环。

2）闭式膨胀循环系统氢泵后压力比开式膨胀循环系统高很多。

3）由于开式膨胀循环系统氢涡轮质量流量小，必须采用部分进气度小的冲击式涡轮，其理论效率远低于闭式膨胀循环系统采用的低压比涡轮。

4）开式膨胀循环系统由于驱动涡轮气氢流量小，需要温度高，从推力室身部换热后，还要进入喷管延伸段换热（或者提高推力室换热效率，这将增加推力室冷却和换热设计难度），以满足涡轮做功要求，为发动机地面试验增加难度。闭式膨胀循环系统液氢全部从推力室身部换热，不需要喷管延伸段就可以进行地面热试验。

5）在同样的发动机混合比下，开式膨胀循环发动机推力室混合比要更高。为保证推力室工作可靠性，将不得不下调发动机混合比，使得发动机密度比冲下降。

## 2.3.3　推进剂利用系统调节方案

推进剂利用系统是通过调节发动机混合比，实现对贮箱推进剂消耗量的控制，达到提高火箭运载能力的目的。

我国 YF - 75 发动机在氧主路上设置两个推进剂利用阀，可以实现混合比阶跃式调节，但该方案调节范围窄。美国 RL10 发动机是通过调节液氧流量控制阀的开度，来控制发动机所消耗的推进剂比例；欧空局 VINCI 发动机是在氢、氧涡轮旁路上分别设置了电动调节阀对发动机推力和混合比进行调节。

为实现较宽的混合比调节范围，在氧涡轮旁路上设置推进剂利用阀方案能够满足要求，调节过程中仅引起推力少量变化。推进剂利用阀位于气氢路，工作在近常温环境中，调节流量也不大，设计难度适中。

### 2.3.4 推力室身部和喷管换热及冷却方案

由于驱动涡轮的气氢要从推力室身部或喷管获得，所以冷却方案成为设计关键。

在闭式膨胀循环中，换热后的气氢全部用于驱动涡轮，由于流量大，温度要求可适当降低。通过传热计算，适度加长推力室圆柱段，身部获得的能量足以驱动涡轮，也能实现对推力室身部的冷却。推力室身部的冷却方式可仅采用液氢再生冷却、内壁为光壁形式，也可采用内壁增强换热等方式以缩短推力室身部长度。如在俄罗斯 RD - 0146 发动机的推力室内壁增加了换热片以提高换热性能。

在开式膨胀循环中，由于兼顾换热获取能量、推力室身部冷却以及发动机性能，在推力室身部再生冷却的基础上，部分喷管延伸段可采用再生冷却，以进一步增加氢介质吸收的热量，提高涡轮驱动功，如日本 LE - 5A。但由于该方案导致地面试验项目复杂，尽量不采用。

轻质复合材料喷管在火箭发动机上已经得到了相当程度的应用。如美国的 RL10B - 2，欧空局的 VINCI 发动机，均采用了非冷却轻质材料制造其喷管延伸段或可延伸喷管。

轻质复合材料喷管延伸段的优点：

1) 具有良好的抗高温性能，不需要用推进剂进行冷却，可以节省因管束式喷管排放冷却需要的氢。

2) 密度小，且比金属材料低得多；结构质量轻，可以减轻发动机的结构质量。

在国内，轻质复合材料喷管在固体火箭发动机上的应用已经取得了一定的进展，在小推力姿控液体发动机上也已开始初步的应用研究，但在推力较大的液体火箭芯级发动机上还是一个空白。

单壁非冷却金属喷管也是备选方案之一。喷管可分为 2 段，第一段采用排放冷却，第二段采用气膜冷却。

### 2.3.5 发动机起动、点火方案

膨胀循环发动机一般作为火箭的上面级发动机，要求在真空环境下进行多次点火起动。发动机可以采用箱压起动、电点火实现。在点火次数不超过两次的情况下，可以采用火工品点火。

（1）气氢、气氧高压火炬电点火系统方案

由高压氢气瓶、氧气瓶提供点火能源，与发动机其他系统相关性不高，可独立开展研制，不受发动机工作的影响，系统在点火起动过程中容易控制混合比。但需要带一套气瓶、阀门和管路等组件，点火次数有限制。欧空局 VINCI 发动机点火系统采用这个方案，点火次数为 5 次。点火系统由火炬点火室、火花塞、火花塞激励器、氢气瓶、氧气瓶、氢

点火阀、氧点火阀、单向阀及相应管路等组成。

（2）低压火炬电点火系统方案

不用额外设置气瓶，由发动机泵后（或泵前）提供点火介质，随着泵后压力的变化，点火混合比在一定范围内变化，点火次数不受限制。美国 RL10 发动机采用这个方案。点火系统由火炬点火室、火花塞、火花塞激励器、液氧点火阀及相应管路等组成。

（3）电点火系统方案

不用设置火炬点火室，用火花塞、等离子、激光等点火器点火。该方案系统简单，只需要火花塞、激励器等电气系统，但点火能量受电气系统限制。美国 RL10 早期采用火花塞直接点火，后改为火炬式电点火。俄罗斯 RD‑0146 采用激光点火器点火。在发动机推力不大的情况下，可以采用这种方案。

（4）火工品点火方案

该方案采用传统的火药点火器点火，由电发火系统、能量释放系统和结构件等组成。点火次数受限，任务适应性较差，且由于为一次性使用产品，存在性能不可测缺点。但通过火药点火器及火工品安装结构的优化设计，亦可以实现 3 次或 4 次点火。为了降低研制风险及成本，在点火次数要求为 1～2 次的情况下，可选用火药点火器方案。

### 2.3.6　发动机推力控制及调节方案

膨胀循环发动机系统简单，易于实现推力控制及调节。氢作为涡轮驱动工质，将其在涡轮前进行不同流量的分流，可实现发动机推力控制及调节作用。

美国 RL10 发动机在氢涡轮前使用了机械式推力控制阀，对发动机推力进行控制，后逐渐改为电动调节阀实现推力调节。欧空局 VINCI 发动机和俄罗斯 RD‑0146 发动机则采用电动调节阀，可实现推力控制兼推力调节。

## 2.4　发动机参数选择与确定

依据火箭总体对增压发动机的推力、比冲、重量、尺寸等性能要求和混合比调节、推力调节、起动次数、贮箱和伺服机构供气等功能要求，细化分解参数，确定发动机自身的主要工作参数，包括燃烧室压力、发动机混合比、喷管面积比等。在此基础上，经系统平衡计算，结合发动机任务书要求，以及同类发动机的研制经验，确定组合件设计参数，提出组合件设计要求。

发动机主要参数确定原则：性能、功能满足要求，材料、制造和试验条件需求合理可行，兼顾技术继承性和先进性，符合技术发展方向。

### 2.4.1　发动机主要系统参数选择与确定

（1）燃烧室压力

燃烧室压力的选择与发动机的推力大小、发动机外廓尺寸、结构质量以及发动机的生产工艺等有很大关系。从关系式 $p_c^* = \dfrac{q_m c^*}{A_t}$ 可知，在相同推力、混合比条件下，提高燃烧室压力，可以减小推力室外廓尺寸，进而减轻发动机的结构质量，增大发动机面积比，提高比冲，同时提高发动机推质比。

提高燃烧室压力，氢泵出口压力也就相应提高了，这需要加大涡轮泵功率来实现。受涡轮做功能力的影响，膨胀循环发动机提高燃烧室压力受如下因素制约：推力室冷却夹套对液氢的加热能力、涡轮泵效率、涡轮压比。由于推力室冷却夹套对液氢的加热量有限，使得气氢做功能力受到限制，同时对氢涡轮泵效率提出了较高的要求。

从推力室冷却的角度，由于推力室壁面热流密度和燃烧室压力、推力室喉部直径存在如下关系

$$q_{cv} \propto p_c^{*0.87} d_t^{-0.13} S \qquad (2-1)$$

式中　$q_{cv}$——推力室壁面热流密度；

　　　$p_c^*$——燃烧室压力；

　　　$d_t$——推力室喉部直径；

　　　$S$——热流系数，是燃气物性和推力室气壁温的函数。

由上式可知，燃烧室压力越高，推力室的热负荷越大，从而对推力室的冷却保护提出了更高要求。

因此，燃烧室室压的选取应考虑下列因素：发动机的性能、推力室冷却夹套的换热及冷却能力、涡轮泵的设计水平及生产工艺水平等方面。

RL10 发动机最初研制时，燃烧室压力仅有 2.1 MPa，到 RL10A - 3 - 3 发动机时，燃烧室压力提高到 2.7 MPa，发展到 RL10A - 4 - 2 时，室压已提高到 4.148 MPa，推重比也在持续增长中。最初燃烧室压力低，主要是由于发动机设计、生产工艺水平还较低，推力室易烧蚀，涡轮泵效率也较低，后续随着研制水平的提高，逐渐提高了燃烧室压力。VINCI 发动机于 1998 年才开始研制，经过前期 HM - 7 等发动机的研制，氢氧发动机设计、生产工艺等都已达到了较高水平。因此，燃烧室压力可以取得高一些，确定为 6.1 MPa。

（2）发动机混合比

对于闭式膨胀循环发动机而言，如果采用非冷却或再生冷却喷管，燃烧室混合比就是发动机混合比；如果采用排放冷却喷管，燃烧室混合比要高于发动机混合比。冷却喷管用氢量在保证冷却的前提下以少为宜。

发动机混合比原则上要选取最高比冲对应值，但对于氢氧膨胀循环发动机来讲，还要兼顾发动机推力室传热与冷却，以及火箭上面级的综合性能。

火箭速度与发动机的真空比冲成正比，比冲越高，对火箭越有利。从发动机混合比与真空比冲的关系曲线（见图 2 - 2）可知，最大比冲对应的混合比低于理论混合比。

对于富燃燃气，随着混合比的提高，燃气温度提高，燃烧室的传热能力增强，对提高膨胀循环发动机性能有利，但会增加推力室热负荷，降低组件工作寿命。混合比与燃气温度关系如图 2 - 3 所示。

发动机的最佳混合比并不是火箭的最佳混合比。影响火箭运载能力的因素除了发动机

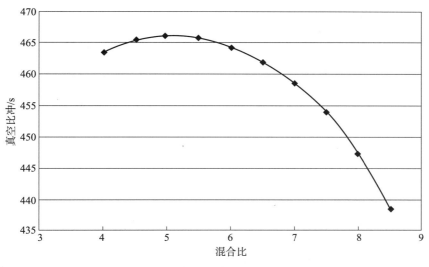

图 2-2　混合比与真空比冲关系曲线

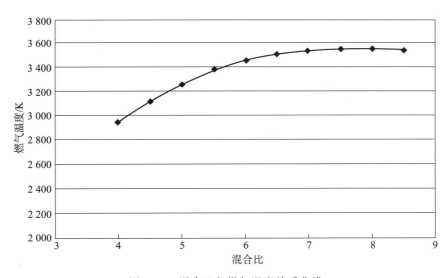

图 2-3　混合比与燃气温度关系曲线

的质量比冲外，还有发动机的密度比冲。由于液氢推进剂密度低，所需贮箱容积大，因此发动机混合比的选择直接影响贮箱的结构质量、尺寸。对于氢氧发动机，如果按最大比冲选定混合比，发动机的密度比冲会略低，那么液氢贮箱体积会增大，导致贮箱总质量偏大。适当提高混合比，有利于火箭结构质量的优化，提高火箭运载能力。例如针对某型火箭氢氧发动机，研究发动机混合比对火箭运载能力的影响。发动机混合比由 5.1 变到 6.0，火箭有效载荷增加约 75 kg。RL10 发动机衍生的 ⅡA 方案将发动机的混合比由 5.5 提高到了 6，用降低发动机的比冲换取火箭上面级更高的运载能力。

　　总之，确定发动机混合比要综合考虑发动机真空比冲、密度比冲、推力室换热及冷却性能，以及火箭结构质量优化。

（3）喷管面积比

对于真空工作的上面级发动机，喷管面积比直接决定发动机性能的高低。图 2-4 为某燃烧室压力，混合比为 6.872 时面积比与真空比冲的关系曲线。从曲线可以看出，喷管面积比越大，发动机性能越高。

但随着面积比的增大，比冲增加幅度减小，而喷管结构尺寸和结构质量增加较多（可采用轻质材料可延伸喷管予以缓解）。同时，喷管面积比的选择要考虑火箭安装尺寸的限制，尤其是多机并联使用并双向摇摆的发动机，喷管面积比受空间尺寸的限制更大。另外，发动机地面试车尤其是性能试验必须保证喷管满流，确定喷管面积比还要考虑高空模拟试验条件的制约。因此喷管面积比的确定应综合考虑性能、可用空间、地面试验条件等因素。

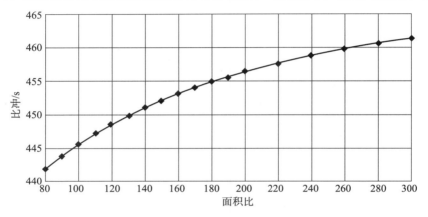

图 2-4　喷管面积比与比冲关系曲线

### 2.4.2　发动机主要组合件参数选择与确定

发动机系统级参数确定后，依据以往研制经验，参考国外发动机组合件的发展趋势，以及组合件的工艺可实现性，确定发动机组合件的参数。

（1）推力室参数

推力室参数包括：喷嘴压降、冷却夹套入口压力、温升、压降、燃烧效率、总效率。

在燃烧室压力和混合比确定后，依据保证燃烧室稳定燃烧、雾化质量等对喷嘴压力的基本要求，即喷嘴压降约是燃烧室压力的 15%～25%，确定喷嘴压降要求。依据系统平衡的结果确定推力室冷却夹套入口压力、温升、压降要求，其中温升决定了驱动涡轮的氢气的做功能力，对膨胀循环发动机尤其重要。推力室的温升和压降要能保证发动机系统实现功率平衡，并有适当余量，以弥补理论分析与实际产品性能的偏差以及不同产品之间的台次性偏差，并保证推力室冷却可靠。冷却夹套的相关参数决定了推力室的工作可靠性，需要进行详细的传热仿真计算。燃烧室燃烧效率可依据以往研制成果确定，氢氧发动机可达到 99% 以上。推力室的总效率则按照火箭对发动机的比冲要求、类似喷管延伸段可达到的性能，以及喷管类型确定。

（2）涡轮泵参数

涡轮泵参数包括：转速、效率；泵的汽蚀性能、流量、扬程；涡轮的压比、流量。

膨胀循环发动机的系统特点决定了氢泵扬程高、流量小，是典型的低比转速泵，为了保证效率，氢涡轮泵一般取较高的转速。在各种类型的液体火箭发动机中，膨胀循环发动机的氢涡轮泵转速最高。氢涡轮泵转速的选取必须综合考虑效率、汽蚀性能、轴承、叶轮强度等制约因素，统筹优化。泵汽蚀性能直接影响推进剂贮箱的压力和重量，一般要求汽蚀性能越高越好，即临界静正抽吸压头越低越好。依据国内外同类发动机研制经验，可初步确定泵的临界静正抽吸压头。在临界静正抽吸压头的基础上保留适当余量，确定为泵入口压力。泵的流量、扬程由系统平衡确定。膨胀循环发动机的氢涡轮为低压比亚声速涡轮，应具有较高的效率。涡轮的流量、压比由系统平衡确定。

膨胀循环发动机的氧涡轮泵与其他类型发动机相比没有特殊性，参数选取按照一般原则和系统平衡要求即可。

与氧涡轮泵相比，由于氢涡轮泵功率大、转速高，制难度高很多，对系统的影响也大很多，故在确定氢、氧涡轮泵参数时，应优先确保氢涡轮泵参数优化合理。

（3）氧主阀参数

氧主阀在发动机中的作用主要是控制推力室氧流量的通断，以及控制起动过程混合比。氧主阀的主要参数有流阻、流量、打开速度和流通面积变化特性以及动作寿命。为减少氧泵的功率消耗，氧主阀流阻尽量小，其流阻主要由结构和流量决定，局部损失所占比重较大。氧主阀是液体阀门，一般依据简化公式（2-2）进行初步计算。

$$\Delta p = \frac{Q_m^2}{2\rho(cF)^2} \tag{2-2}$$

式中　　$\Delta p$ —— 阀门压降；

　　　　$c$ —— 流量系数，可依据同类阀门确定；

　　　　$Q_m$ —— 阀门流量；

　　　　$\rho$ —— 液氧密度；

　　　　$F$ —— 阀门流通面积。

氧主阀打开速度和流通面积变化特性依据发动机起动过程仿真计算确定的混合比变化范围确定。

由于发动机实行不分解交付，因此氧主阀动作寿命依据发动机在实际飞行、性能校准试验、出厂测试、地面测试、与箭体联合测试以及地面研制试验中所需的最大动作次数确定，并预留一定的余量。

（4）氢主阀参数

氢主阀在发动机中的作用主要是控制推力室氢流量的通断，以及控制关机安全性（富氧关机发动机）。氢主阀的主要参数有流阻、流量、关闭响应时间、动作寿命。由于膨胀循环发动机氢系统流路长，为降低氢泵出口压力，氢主阀流阻应尽量小。为保证关机安全，依据仿真计算确定混合比变化持续时间及压力峰确定氢主阀关闭时间。氢主阀关闭响应时间在 100 ms 以内可保证富氧关机安全。

氢主阀动作寿命确定准则与氧主阀相同。

（5）推进剂利用阀参数

在以往的氢氧发动机研制中，一般将推进剂利用阀与氧主阀结合，如国内的 YF - 75 发动机，美国的 RL10 发动机。但随着电动调节阀技术的发展，以及在涡轮旁通路设置推进剂利用阀可以实现更大范围的混合比调节，提高火箭推进剂的利用率，故新研制的发动机倾向于将推进剂利用阀设置在氧涡轮旁通路上。阶跃式推进剂利用阀主要的功能是依据火箭推进剂利用系统的控制要求进行混合比的开环调节，参数要求较少。主要参数有不同混合比对应的推进剂流量及动作寿命。推进剂利用阀的流量依据平衡计算结果得到的混合比变化对应的氧涡轮分流量确定。寿命则依据火箭利用系统工作次数以及发动机各类型测试、试验确定。电动推进剂利用阀的参数要求较多，如响应时间、调节特性等，且要实现与贮箱液位计的关联。响应时间依据贮箱液位计的响应时间、发动机参数变化的动态响应时间确定。调节特性则依据推进剂最佳利用效率确定调节频率及范围，一般要求线性调节。

## 2.5 发动机静态模型与仿真

发动机性能参数由配套组件特性决定，由于零组件制造公差和装配等原因，不同台次发动机所配套的组件特性必然存在差异，为了使每台发动机的性能参数都处在交付范围内，需要采取措施对发动机性能参数进行控制。发动机控制方案分为两种：

一种方案为采取固定的调节元件。通过选配或更换来实现发动机性能参数的控制。该方式具有系统简单可靠、易于实现的优点，但缺点也是显著的，主流路设置的调节元件会增大系统流阻，这无疑会增加涡轮泵的功率。同时由于不具备参数实时调整能力，发动机一般需要经过多次性能校准试车，这大大增加了试验成本和试验周期。早期研制的上面级发动机，如法国的 HM - 7、日本的 LE - 5，以及我国的 YF - 73 和 YF - 75 发动机，均采用该方案。

另一种方案为采用电动调节阀。发动机系统上不设置固定尺寸的调节元件，在涡轮分流路设置电动调节阀，通过阀门开度进行系统流量的控制，降低了系统流阻，从而降低涡轮泵功率；更显著的优点是通过电动调节阀和控制器的配合，实现参数的在线连续控制，能够达到一次试车即可完成发动机交付性能校准的目标。目前国外在研或新一代的上面级发动机，如法国的 VINCI、日本的 LE - 5B、美国的 RL10B 等，均采用该方案。

本节介绍采用节流元件进行发动机参数控制的传统静态仿真（调整计算）方法。

静态仿真达到以下三个目的：

1）保证发动机推力和混合比等主要性能参数满足设计要求；

2）保证发动机组合件处于良好的工作状态；

3）保证其他规定参数满足设计要求，如伺服机构流量、增压流量等。

在给定发动机室压和混合比目标值后，按主要组合件的特性值（一般为性能试验结果、理论与统计数据等），根据发动机静态模型，进行流量、压力、功率、温度等参数平衡计算，获取发动机的稳态工况参数，并确保每台发动机的性能参数符合要求。

### 2.5.1　发动机静态模型

发动机静态模型是调整计算的核心内容，静态模型主要包括推进剂的物理特性计算模型和泵、涡轮、推力室、阀门及调节元件等组件静态特性模型。

#### 2.5.1.1　推进剂物理性质

膨胀循环发动机的氢介质通过泵增压，经推力室身部换热后驱动氢氧涡轮，最后进入燃烧室。在此过程中，氢由液态变为气态，由低压至高压，由超低温变至接近常温，压力和温度变化范围广，推进剂密度等物理特性参数变化大，调整计算必须尽可能准确地获得推进剂的物性参数，才能提高计算准确度，使计算结果能正确反映发动机的实际工作特性。

调整计算中液态推进剂的密度以及气体常数等物性参数，按照温度和压力，根据物性参数表进行插值计算。

#### 2.5.1.2　涡轮泵

对涡轮泵中的泵和涡轮分别建立静态数学模型。

（1）泵

泵的静特性数学模型包括泵扬程特性、效率特性和功率特性方程。

扬程方程

$$\Delta p_p = a_1 \left( \frac{Q_{mp}}{\rho_p} \right)^2 + a_2 \left( \frac{Q_{mp}}{\rho_p} \right) n + a_3 n^2 \qquad (2-3)$$

式中　　$a_1$、$a_2$、$a_3$——扬程特性参数；

　　　　$\Delta p_p$、$Q_{mp}$、$n$、$\rho_p$——扬程、质量流量、转速和泵介质平均密度。

泵效率方程

$$\eta_p = b_1 \left( \frac{Q_{mp}}{\rho_p n} \right)^2 + b_2 \left( \frac{Q_{mp}}{\rho_p n} \right) + b_3 \qquad (2-4)$$

式中　　$b_1$、$b_2$、$b_3$——泵效率特性参数。

泵功率方程

$$P_p = \frac{Q_{mp} \Delta p_p}{\eta_p \rho_p} \qquad (2-5)$$

在涡轮泵装配前，泵要进行水力试验，依据泵相似定律将水力试验结果换算到真实介质条件下，获得泵的扬程和效率特性系数 $a_1$、$a_2$、$a_3$ 和 $b_1$、$b_2$、$b_3$，用于发动机的调整计算。泵的特性系数是发动机调整计算的重要基础，其准确度直接关系到调整计算精度。

（2）涡轮

涡轮的静特性数学模型包括出口等熵绝热速度、涡轮圆周速度、效率、流量、出口温度和功率等。

1）涡轮绝热速度

$$C = \sqrt{2W_{at}} \qquad (2-6)$$

式中　$W_{at}$——涡轮等熵绝热功。

$$W_{at} = \frac{k_{it}}{k_{it}-1} R_f T_{it} \left[ 1 - \left( \frac{p_{et}}{p_{it}} \right)^{\frac{k_{it}-1}{k_{it}}} \right] \tag{2-7}$$

式中　$p_{it}$、$p_{et}$、$T_{it}$——涡轮进、出口压力和进口温度；

　　　　$k_{it}$、$R_f$——等熵绝热指数和气体常数。

2）涡轮圆周速度

$$u = \pi D_t n / 60 \tag{2-8}$$

式中　$D_t$——涡轮中径。

3）涡轮效率

$$\eta_t = c_1 \left( \frac{u}{c} \right)^2 + c_2 \left( \frac{u}{c} \right) + c_3 \tag{2-9}$$

式中　$c_1$、$c_2$、$c_3$——涡轮效率特性系数，该系数由涡轮吹风试验获得。

4）涡轮流量

$$Q_{mt} = \frac{c_t A_t p_{it}}{\sqrt{R_f T_{it}}} Z \tag{2-10}$$

式中

$$Z = \sqrt{ 2 \frac{k_{it}}{k_{it}-1} \left[ \left( \frac{p_{et}}{p_{it}} \right)^{\frac{2}{k_{it}}} - \left( \frac{p_{et}}{p_{it}} \right)^{\frac{k_{it}+1}{k_{it}}} \right] } \tag{2-11}$$

涡轮的流量系数也和涡轮速比有关，可以采用如下拟合公式。工程上也可采用定值。

$$c_t = a_1 + a_2 \frac{u}{c} + a_3 \left( \frac{u}{c} \right)^2 + a_4 \left( \frac{u}{c} \right)^3 \tag{2-12}$$

系数 $a_1 \sim a_3$ 由试验获得。

5）涡轮出口温度

$$T_{et} = T_{it} \left\{ 1 - \left[ 1 - \left( \frac{P_{et}}{P_{it}} \right)^{\frac{k_{it}-1}{k_{it}}} \right] \eta_t \right\} \tag{2-13}$$

6）涡轮功率

$$P_t = Q_{mt} W_{at} \eta_t \tag{2-14}$$

式中　$P_t$——涡轮功率；

　　　　$Q_{mt}$、$W_{at}$、$\eta_t$——涡轮流量、绝热功和效率。

### 2.5.1.3　推力室

膨胀循环发动机推力室按燃烧室、喷注器和冷却夹套三部分分别建立静态数学模型。

（1）燃烧室

燃烧室流量

$$Q_{mcf} + Q_{mco} = \frac{\pi D t_c^2 p_c}{4 C_{th} \eta_c} \tag{2-15}$$

式中　$Q_{mcf}$、$Q_{mco}$——燃烧室氢、氧流量；

$p_c$、$Dt_c$、$C_{th}$、$\eta_c$ ——燃烧室室压、喉部直径、特征速度、燃烧效率。

燃烧室混合比

$$r_c = \frac{Q_{mco}}{Q_{mcf}} \qquad\qquad (2-16)$$

推力室真空推力

$$F_v = (Q_{mcf} + Q_{mco}) \cdot I_{cv}^{th} \cdot \eta_c \cdot \eta_n \qquad\qquad (2-17)$$

式中　$I_{cv}^{th}$、$\eta_v$ ——推力室理论比冲和喷管效率。

燃烧室特征速度 $C_{th}$ 和推力室理论比冲 $I_{cv}^{th}$ 与燃烧室压力和混合比相关，采用插值的方法进行计算。在喷管面积比为 80 时，燃烧室特征速度和比冲与燃烧室混合比的关系如图 2-5 所示。

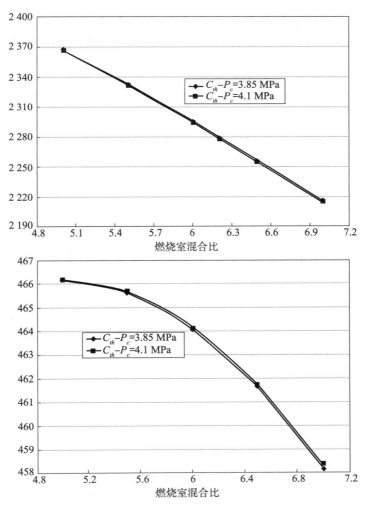

图 2-5　燃烧室特征速度和推力室理论比冲与燃烧室混合比的关系

（2）喷注器

喷注器包括气氢喷注器和液氧喷注器。

（a）气氢喷注器静态数学模型

氢喷嘴流量为

$$Q_m = \frac{c_D A_t p_{in}}{\sqrt{RT_{in}}} Z \tag{2-18}$$

当 $\dfrac{p_{out}}{p_{in}} \leqslant \left(\dfrac{2}{k+1}\right)^{\frac{k}{k-1}}$ 时，即超声速情况下，$Z = \sqrt{k \left(\dfrac{2}{k+1}\right)^{\frac{k+1}{k-1}}}$；

当 $\dfrac{p_{out}}{p_{in}} > \left(\dfrac{2}{k+1}\right)^{\frac{k}{k-1}}$ 时，即亚声速情况下，$Z = \sqrt{2\dfrac{k}{k-1}\left[\left(\dfrac{p_{out}}{p_{in}}\right)^{\frac{2}{k}} - \left(\dfrac{p_{out}}{p_{in}}\right)^{\frac{k+1}{k}}\right]}$。

式中　$c_D$、$A_t$、$R$、$k$ ——氢喷嘴流量系数、流通面积、气氢气体常数和绝热指数；

　　　$p_{in}$、$T_{in}$、$p_{out}$ ——喷嘴入口压力、温度和出口压力。

（b）液氧喷注器模型

液氧喷嘴压降

$$\Delta p = \xi Q_m^2 = \frac{Q_m^2}{2\rho (\mu F)^2} \tag{2-19}$$

式中　$\xi$、$\mu$、$F$ ——喷嘴流阻系数、流量系数、流通面积。

（3）冷却夹套

膨胀循环发动机驱动涡轮工质为经过推力室冷却夹套换热后的气氢。夹套出口气氢的温度和压力等参数计算准确性对涡轮功率、效率以及发动机推力等性能参数的计算至关重要。

（a）冷却夹套温升

夹套的出口温度与燃烧室压力、燃烧室混合比、夹套氢流量、夹套进口压力/温度和燃烧效率等因素有关。因此，推力室冷却夹套温升 $T_{cc}$ 静态数学模型用方程（2-20）表示

$$T_{cc} = f(P_c, K_c, P_{icc}, T_{icc}, Q_{mcc}, \eta) \tag{2-20}$$

以额定工况下温升为基础，分析各影响因素偏离额定值后的夹套温升变化量，形成工作工况下的冷却夹套温升。温升变化量采用夹套温升 $\Delta T_{cc}$ 的全微分形式进行计算，全微分形式为

$$\Delta T_{cc} = \frac{\partial T_{cc}}{\partial P_c}\Delta P_c + \frac{\partial T_{cc}}{\partial K_c}\Delta K_c + \frac{\partial T_{cc}}{\partial P_{icc}}\Delta P_{icc} + \frac{\partial T_{cc}}{\partial T_{icc}}\Delta T_{icc} + \frac{\partial T_{cc}}{\partial Q_{mcc}}\Delta Q_{mcc} + \frac{\partial T_{cc}}{\partial \eta}\Delta \eta$$

$$\tag{2-21}$$

式中　$\dfrac{\partial T_{cc}}{\partial P_c}$、$\dfrac{\partial T_{cc}}{\partial K_c}$、$\dfrac{\partial T_{cc}}{\partial P_{icc}}$、$\dfrac{\partial T_{cc}}{\partial T_{icc}}$、$\dfrac{\partial T_{cc}}{\partial Q_{mcc}}$、$\dfrac{\partial T_{cc}}{\partial \eta}$ ——夹套温升各影响因素的偏差系数。

则夹套影响因素偏离额定值后的夹套温升为

$$T_{cc} = T_{cc0} + \Delta T_{cc} \tag{2-22}$$

式中　$T_{cc0}$ ——额定状态下夹套温升；

$\Delta T_{cc}$ ——温升变化量。

（b）冷却夹套流阻

推力室冷却夹套氢入口法兰至氢出口法兰，由三段组成，即进口法兰至进口集合器、进口集合器至出口集合器、出口集合器至氢出口法兰，利用式（2-23）计算

$$\Delta p_{cc} = \xi Q_{cc} \tag{2-23}$$

式中　$\xi$ ——流阻系数；

$Q_{cc}$ ——夹套流量。

### 2.5.1.4　管路与阀门

发动机的管路与阀门的静态数学模型采用同样的形式。

（1）气体管路与阀门

膨胀循环发动机的氢路介质主要为气氢状态，工作状态为亚声速，已知管路（或阀门）入口压力和流量，根据公式（2-24）可求出其出口压力，即可获得相应流阻。

$$Q_m = \frac{\mu F p_i}{\sqrt{RT_i}} Z \tag{2-24}$$

式中

$$Z = \sqrt{2 \frac{k_i}{k_i - 1} \left[ \left( \frac{p_e}{p_i} \right)^{\frac{2}{k_i}} - \left( \frac{p_e}{p_i} \right)^{\frac{k_i+1}{k_i}} \right]} \tag{2-25}$$

对发动机主要管路与阀门在研制阶段进行了气流试验，获得了管路的流量系数，提高了管路流阻计算的准确度。

（2）液体管路与阀门

$$\Delta p = \xi_l Q_m^2 \tag{2-26}$$

$$\Delta p = \frac{Q_m^2}{2\rho (\mu F)^2} \tag{2-27}$$

式中　$\xi_l$ ——管路流阻系数。

### 2.5.1.5　调节元件

汽蚀管、声速喷嘴等调节元件是发动机的重要组件，主要用来控制流量或调节压力，准确地计算各调节元件流量和流阻等特性是发动机系统调整计算的关键环节之一。

习惯上，将有内型面的调节元件叫喷嘴或汽蚀管（见图 2-6）。膨胀循环发动机的气氢路主要采用声速喷嘴，液路采用汽蚀管。而对于流量控制精度要求不严格的吹除路多采用孔板形式（见图 2-7）。

（1）气路调节元件静态数学模型

流量计算公式与氢喷嘴模型一致，按上下游压力判断是属于声速还是亚声速情况之后，用公式（2-18）计算。

（2）液路调节元件静态数学模型

汽蚀管汽蚀状态下流量计算公式

$$Q_{mcvo} = \sqrt{(p_{imcvo} - p_{scvo})/K_{mcvo}} \tag{2-28}$$

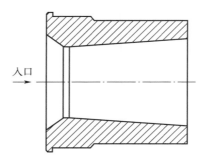

图 2-6 喷嘴、汽蚀管

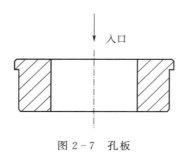

图 2-7 孔板

不汽蚀状态计算公式见式（2-27）。

流量系数和 $K_s$ 系数通常通过气流和液流试验获得。

### 2.5.1.6 特性修正系数

目前，膨胀循环发动机每台泵的特性参数通过水试获得，而涡轮、推力室冷却夹套温升和流阻、喷注器的流阻等特性通过理论计算或某台次试验获得。由于试验介质、计算方法等因素的影响，各组件的实际特性与水试和理论计算结果会有偏差。为了尽量降低该偏差对发动机调整计算精度的影响，引入了组件的特性修正系数，采用实际特性与理论（或水试）特性的比值表示［如公式（2-30）所示］。膨胀循环发动机的主要特性修正系数包括：泵效率和扬程修正系数，涡轮效率和流量系数修正系数，夹套温升和流阻特性修正系数等。

比如，在实际应用静态模型时，公式（2-3）为（2-29）的形式，公式（2-4）为（2-31）的形式。

$$\Delta p_p = \left[ a_1 \left( \frac{Q_{mp}}{\rho_p} \right)^2 + a_2 \left( \frac{Q_{mp}}{\rho_p} \right) n + a_3 n^2 \right] \times c\Delta p_p \qquad (2-29)$$

$$c\Delta p_p = \frac{\Delta p}{\Delta p_w} \qquad (2-30)$$

$$\eta_p = \left[ b_1 \left( \frac{Q_{mp}}{\rho_p n} \right)^2 + b_2 \left( \frac{Q_{mp}}{\rho_p n} \right) + b_3 \right] \times c\eta_p \qquad (2-31)$$

式中　　$c\Delta p_p$、$c\eta_p$ ——泵扬程和效率修正系数。

### 2.5.2　发动机平衡方程

根据发动机各组件的静态数学模型，利用流量和压力的关系，使发动机内流量、压力达到平衡，此外还必须保持涡轮和泵功率平衡。这种流量、压力、功率三者的平衡，构成了发动机性能调整的三个原则。另外，对于膨胀循环发动机而言，温度平衡也是必不可少的一个关键原则。平衡方程按如下形式建立：

某组件的流量平衡方程

$$\sum q_{in} = \sum q_{out} \tag{2-32}$$

某组件的压力平衡方程

$$p_{in} - p_{out} = \Delta p \tag{2-33}$$

涡轮泵功率平衡方程

$$P_p - P_t = 0 \tag{2-34}$$

某组件的温度平衡方程

$$T_{in} - T_{out} = \Delta T \tag{2-35}$$

### 2.5.3　参数求解方法

（1）循环迭代计算求解方法

根据调整要求，按各组合件的静态特性模型，给定初值后采用循环迭代逐渐逼近的计算方法，选取合适调节元件，使系统达到流量平衡、压力平衡、功率平衡和温度平衡。

（2）非线性方法调整计算

按照各流路的流量平衡、压力平衡、功率平衡和温度平衡列出方程组，且各方程均以非线性形式表示。发动机状态的非线性方程组可表示为

$$f_j(x_1, x_2, \cdots, x_i, \cdots, x_n) = 0 \quad j = 1, 2, \cdots, n \tag{2-36}$$

当发动机调控元件的流通面积固定、可变系数确定后，发动机的系统性能参数即随之确定，求解系统性能参数的问题即转化为求解上述非线性方程组的一组实根。

### 2.5.4　敏感因素分析与控制

受各种因素的影响，发动机的性能参数常常偏离设计值，甚至超出交付精度范围。分析并识别出发动机性能敏感因素，并在组合件生产、发动机调整计算、试验分析等过程中对敏感因素进行重点关注，进行严格控制。

（1）敏感因素分析

对发动机性能影响的内外干扰因素进行研究，把对发动机性能影响较大的干扰因素确定为敏感因素。发动机内部干扰因素通常是无法知道变化规律的随机变量，例如管路压降的变化量和涡轮效率的变化量以及零组件的制造、装配误差等；外部干扰因素通常能够被测定出它的变化量，例如，泵入口压力、温度的变化量等，它们是非随机变量。

　　采用小偏差计算方法对膨胀循环发动机性能参数的内外影响因素进行计算分析，获得各影响因素对发动机性能参数影响的小偏差系数矩阵。干扰因素的小偏差系数指在某一工况下该干扰因素对发动机性能参数影响的定量结果。它可以直观地反映各干扰因素对系统参数影响的相对大小，进而可确定发动机的敏感因素。

　　根据发动机系统中各组件参数与诸内外干扰因素的关系，建立小偏差方程。然后将其变化规律与发动机的主要性能联系起来，列出压力平衡、流量平衡、功率平衡等方程。将发动机及其组件的非线性静特性方程组转化为线性方程组，即小偏差方程组。

　　发动机状态参数

$$X = [x_1, x_2, \cdots, x_n]$$

　　发动机内外干扰因素

$$D = [d_1, d_2, \cdots, d_k]$$

　　小偏差系数矩阵 $SM$ 为 $n \times k$ 维系数矩阵，即 $SM = \{sm_{ij}\}_{n \times k}$

　　在小范围内，干扰因素扰动量与发动机状态响应量呈线性关系的小偏差方程即

$$\mathrm{d}X = SM \cdot \mathrm{d}D \tag{2-37}$$

　　通过编程求解所建立的小偏差方程组，获得膨胀循环发动机的小偏差系数矩阵，根据性能参数响应量与干扰因素扰动量呈线性关系，可获得性能参数对干扰因素的响应。发动机推力、混合比对干扰因素响应的柱状图如图2-8和图2-9所示。图中横坐标代表38个内外干扰因素，纵坐标为性能参数对干扰量的响应敏感幅度。表2-2为确定的发动机推力和混合比敏感因素。

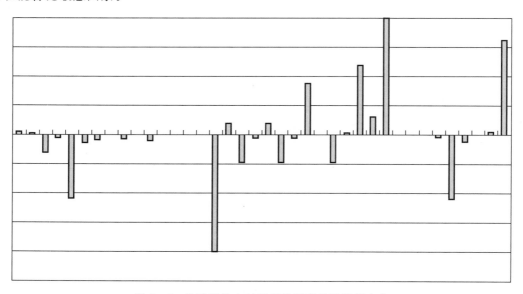

图 2-8　发动机推力对各干扰因素的无量纲响应

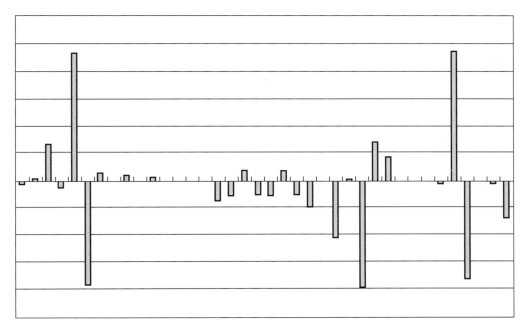

图 2-9　发动机混合比对各干扰因素的无量纲响应

**表 2-2　膨胀循环发动机推力和混合比敏感因素**

| 序号 | 敏感因素 | |
|---|---|---|
| | 推力 | 发动机混合比 |
| 1 | 推力室喉部面积 | 氢涡轮流量系数 |
| 2 | 推力室燃烧效率 | 氢涡轮喷嘴面积 |
| 3 | 推力室夹套温升 | 氢涡轮效率 |
| 4 | 推力室氢喷嘴流通能力 | 氧涡轮喷嘴面积 |
| 5 | 氢涡轮效率 | 氧涡轮流量系数 |
| 6 | 氢涡轮喷嘴面积 | 氧涡轮效率 |
| 7 | 氢涡轮流量系数 | 氢泵入口温度 |
| 8 | 氧涡轮效率 | 夹套温升 |
| 9 | 分流声速喷嘴流通能力 | 推力室氢喷嘴流通能力 |
| 10 | 氧主汽蚀管 $K_y$ 系数 | 推力室燃烧效率 |

（2）敏感因素控制

根据识别的膨胀循环发动机性能敏感因素，可以得出以下几个结论：

1）敏感因素主要来源于氢、氧涡轮泵，推力室及调节元件；

2）管路损失偏差对室压和混合比等主要性能参数的影响较小。

推力和混合比等主要性能参数的敏感因素涉及几个重要的几何尺寸：推力室喉部面积，氢、氧涡轮喷嘴面积。并且这些几何参数均是主要敏感因素。因此在组合件生产过程中应将这些敏感因素对应的几何尺寸严格控制。

调节元件的工作特性可以通过相应的水试和气流试验获得。为保证试验的准确性，要严格按照技术要求进行试验，设置考台环节以保证试验结果的准确性。

氢、氧涡轮泵的效率是推力和混合比的最主要敏感因素。调整计算中所采用的氢、氧涡轮泵效率计算模型的准确性对调整计算的精度保证具有至关重要的作用。发动机调整计算前可进行涡轮泵性能联试以获得更准确的涡轮泵整体性能。但是，由于采用氢介质进行氢涡轮泵性能联试存在试验安全隐患和试验经费高等问题，所以，可以研究通过模拟介质进行试验的方法，如氢泵采用水、液态甲烷或低温液氮等介质，而涡轮采用空气或甲烷气等工质。通过一定数量试验得到模拟介质与氢介质试验的换算关系。另外，通过热试车对氢、氧涡轮的效率特性及相应的计算模型进行修正，尽可能地提高氢、氧涡轮效率计算的准确性。

## 2.6 发动机动态模型与仿真

膨胀循环发动机采用箱压自身起动方式。而我国自 20 世纪 70 年代开始研制氢氧发动机以来，多采用燃气发生器循环。在 90 年代研究过补燃循环发动机，但这两种动力循环方式的发动机均采用了外能源起动，靠设置的启动器实现发动机起动。而膨胀循环发动机不需要额外的启动装置，仅靠箱压下冷却夹套的初始热容为涡轮起动提供能量。由于其起动特性与以往研制的发动机显著不同，必须研制适用于闭式膨胀循环发动机系统的箱压下自身起动技术。

作为富燃推力室，以往研制的发动机为避免关机过程烧蚀推力室，关机程序普遍采用富燃关机方式，使关机过程中燃气温度始终处于理论混合比之下。膨胀循环发动机如采用这种关机方式会导致冷却夹套温度处于较低的水平，而较低的温度给发动机二次起动带来不利影响。并且由于涡轮能源不能被迅速切断，富燃关机方式的关机历程较长，也难以满足火箭总体对发动机后效冲量的要求。为此必须采用新的富氧关机方案来满足二次起动条件和关机后效冲量的要求。

在起动、关机过程中发动机参数是非线性时变过程，参数变化范围大。从国内外发动机故障案例可知，此时间段故障发生概率较高。为了保证发动机起动、关机安全可靠，提前通过仿真技术分析发动机的动态过程，对发动机系统设计至关重要。

发动机系统动态仿真分析的主要作用：

1）通过动态仿真分析确定有关发动机起动、关机等瞬态过程的系统方案，如阀门的设置、阀门开关动作顺序及响应时间。

2）估算发动机起动、关机时间，分析发动机推力、混合比等参数动态特性。

3）了解发动机在动态瞬变过程中组合件的相互影响情况，如燃烧室混合比偏差、涡轮泵转速范围等，制定合理的控制程序，保证可靠工作。

发动机动态过程数学模型具有非线性，有集中参数和分布参数两种，需要结合发动机特点选用。通过模块化方法，利用计算机技术，对数学方程进行求解。

### 2.6.1 发动机动态模型

氢氧膨胀循环发动机主要包括推力室、涡轮泵、管路、阀门和调节器等组件，每一个组件都有其特定的功能，具有一定的独立性，以模块化形式建立各自模型。在仿真的过程中，根据发动机实际工作逻辑，按照输入输出关系将模块拼接在一起，搭建出整个系统的模型。

#### 2.6.1.1 流体热物性模型

（1）推进剂模型

膨胀循环发动机工作的过程中，同时包含了液体和气体两种物性，需要建立氢、氧介质的物理特性数据库。

（2）燃气模型

燃气模型可选用冻结模型，建立液氧/液氢推进剂燃烧产物的冻结比热比、气体常数、密度、比焓和燃烧热等数据库，在仿真过程中使用。

#### 2.6.1.2 管路模型

发动机管路模型，分为液路和气路模型。液路部分考虑流体的惯性和压缩性，气路则为瞬时均匀混合模型。

（1）液路方程

流容方程

$$\frac{\mathrm{d}p}{\mathrm{d}t} = \frac{a^2}{V}(\dot{m}_1 - \dot{m}_2) \qquad (2-38)$$

式中 $p$ ——流路分段的压力；

$a$ ——液体的声速；

$V$ ——流路分段的容积；

$\dot{m}_1$ ——入口流量；

$\dot{m}_2$ ——出口流量。

运动方程

$$\alpha \frac{\mathrm{d}\dot{m}}{\mathrm{d}t} = p_1 - p_2 - \frac{\xi}{\rho}\dot{m}^2 \qquad (2-39)$$

式中 $\alpha$ ——流路分段的惯性损失系数；

$\dot{m}$ ——流量；

$p_1$ ——入口压力；

$p_2$ ——出口压力；

$\xi$ ——流路分段的水力损失系数；

$\rho$ ——液体的密度。

（2）气路方程

流路各截面上压力差异的主要原因为阻力和气柱惯性（忽略声学效应而引起的流路各

截面上压力瞬时值的差异）。气路中的马赫数一般不大，气柱惯性时间常数与流容时间常数相比是小量。因此，气柱惯性引起的压力差异一般可以忽略不计。此外，沿流路长度分布的壁面摩擦阻力引起的压降只占总压的很小部分，可以忽略不计。局部阻力的压力损失可能很大，不能忽略。为了计算局部阻力的压力损失，把气路划分为由局部阻力分隔的各个分段。在分段内的压力也具有相同的瞬时值。每一个分段的方程为

$$\frac{dT}{dt} = \frac{RT}{pV} \left[ (kT_{in} - T)\dot{m}_{in} + (1-k)T\dot{m}_{out} \right] \tag{2-40}$$

$$\frac{dp}{dt} = \frac{Rk}{V} (T_{in}\dot{m}_{in} - T\dot{m}_{out}) \tag{2-41}$$

式中　$T$ ——气路分段的温度；

　　　$R$ ——气体常数；

　　　$p$ ——压力；

　　　$V$ ——气路分段的容积；

　　　$k$ ——气体的比热比；

　　　$T_{in}$ ——气路分段入口的气体温度；

　　　$\dot{m}_{in}$ ——气路分段的入口流量；

　　　$\dot{m}_{out}$ ——气路分段的出口流量。

### 2.6.1.3　推力室模型

推力室包括喷注器、燃烧室和喷管。膨胀循环发动机再生冷却推力室冷却夹套在加热氢介质时起到至关重要的作用。

（1）燃烧室模型

反映燃烧室工作状态的主要参数是燃烧室内多组分反应混气的压力、温度和组分。而影响这些参数的主要因素有推进剂的物理化学性质、推进剂的喷注、雾化、混合、蒸发、燃烧和燃烧室的几何特性等。推进剂的喷注、燃烧等物理化学反应基本上集中在燃烧区内。燃气流出燃烧区后为非反应流。

假设：

1）推进剂经过燃烧时滞 $\tau$ 之后全部、瞬时地变为气相的燃烧产物，且燃烧时滞 $\tau$ 是一个常数；

2）任何瞬间，燃烧室内的混合比、压力、温度均匀分布，燃气质量在容积中的变化被视为一个整体；

3）燃烧产物为理想气体。

则燃烧室动态模型为

$$\frac{V_c}{R_c T_c} \frac{dp_c}{dt} - \frac{p_c V_c}{(R_c T_c)^2} \frac{\partial (R_c T_c)}{\partial K_c} \frac{dK_c}{dt} = G_{in} - G_{out} \tag{2-42}$$

混合比对时间的导数为

$$\frac{dr_c}{dt} = \frac{(RT)_c (1+r_c)}{V_c p_c} (q_{moc} - r_c q_{mfc}) \tag{2-43}$$

（2）喷管模型

采用喷管的稳态流量关系式，基本能反映出燃烧室的建压过程。

假设：

1）入口速度与喷管出口速度相比可以忽略；

2）喷管内的燃气流动是一维定常流动；

3）喷管内的燃气组分不变，燃气热物性为常量；

4）喷管内的燃气做理想的等熵流动，忽略燃气对喷管壁的摩擦和传热。

在喷管出口背压和喉部面积确定的情况下，质量流量模型与氢喷嘴静态模型一样，但公式中入口压力为燃烧室压力，出口压力为外界环境压力，$c_D$ 为喷管喉部流量系数，$A_t$ 为喷管喉部面积。

（3）喷注器模型

气体喷注器模型与静态仿真模型一致，可以反映动态过程。

液体喷注器模型为

$$\dot{m} = c\,A_t\,\sqrt{2\rho\,|\,p_{in} - p_{out}\,|} \tag{2-44}$$

（4）冷却夹套模型

（a）冷却侧模型

膨胀循环发动机起动过程中，氢介质在推力室冷却夹套内存在液态、两相、气态等状态变化，因此其换热模型是膨胀循环发动机仿真模型的重要组成部分。为保证仿真精度，可将推力室冷却夹套沿轴向分为多段，使换热面积变化较大的喉部和扩散段分段数适度增加。

进入推力室冷却夹套内介质初始为液氢，起动过程中沿流动路程存在升温气化两相转变，因此用两相流换热管道进行分析，采用单相和两相流动模型。推力室的金属热容量选用热容量模型进行计算。

① 单相流动模型

层流流动时，对流换热系数为

$$h_{lam} = Nu_{lam} \cdot \frac{\lambda}{D_h} \tag{2-45}$$

式中　$\lambda$ —— 流体热导率；

　　　$D_h$ —— 等效水力直径。

其中，努赛尔数取定值

$$Nu_{lam} = 3.66 \tag{2-46}$$

湍流流动时，对流换热系数使用 Gnielinski 模型（2-47）计算

$$h_{turb} = \frac{\left(\dfrac{\xi}{8}\right) \times [Re - 1\,000] \times Pr}{1 + 12.7\sqrt{\dfrac{\xi}{8}} \times [Pr^{2/3} - 1.0]} \times \frac{\lambda}{D_h} \tag{2-47}$$

式中　$Re$——雷诺数；

　　　$Pr$——普朗特数；

　　　$\xi$——摩擦系数，使用 Churchill 模型进行计算。

②两相流动模型

对于两相流动的情形，按照气相在壁面冷凝或液相在壁面沸腾两种情况进行分析。

当壁面温度低于过流介质温度时，介质会在壁面冷凝。冷凝过程的对流换热系数采用 Shah 相关系数计算

$$h = h_l \left[ (1-x)^{0.8} + \left( 3.8 \times \frac{x^{0.76}(1-x)^{0.04}}{(P_{\text{red}})^{0.38}} \right) \right] \tag{2-48}$$

式中　$x$——干度；

　　　$h$——对流换热系数，脚标 $l$ 表示液相参数。

当壁面温度高于过流介质温度时，介质会在壁面沸腾。沸腾过程的对流换热系数采用 VDI 相关系数计算

$$h = \sqrt[3]{h_{cv}^3 + h_{NcB}^3} \tag{2-49}$$

其中对流沸腾换热系数 $h_{cv}$ 采用公式（2-50）计算

$$h_{cv} = h_l \cdot \left\{ \left[ (1-x) + 1.2x^{0.4} \times (1-x)^{0.01} \times \left( \frac{\rho_l}{\rho_g} \right)^{0.37} \right]^{-2.2} + \right. $$
$$\left. \left[ \left( \frac{h_g}{h_l} \right) x^{0.01} \times \left[ 1 + 8(1-x)^{0.7} \times \left( \frac{\rho_l}{\rho_g} \right)^{0.67} \right] \right]^{-2.0} \right\}^{-0.5} \tag{2-50}$$

式中，脚标 $l$ 为液相参数，脚标 $g$ 为气相参数。

对于核态沸腾换热系数 $h_{NcB}$ 采用公式（2-51）计算

$$h_{NcB} = h_{NcB0} \, F_{PF} \left( \frac{q}{q_0} \right)^{nf} \left( \frac{D_h}{D_0} \right)^{-0.5} \left( \frac{R_p}{R_{p0}} \right)^{0.133} \left( \frac{\mathrm{d}m}{\mathrm{d}m_0} \right) \left[ 1 - P_{\text{red}}^{0.1} \left( \frac{q}{q_{cr,PB}} \right)^{0.3} x \right] F(M)$$
$$\tag{2-51}$$

式中　$h_{NcB0}$——参考压力下的核态沸腾换热系数。

剩余修正因子 $F(M)$ 取为 0.79。

③热容量

推力室结构金属温度动态数值用能量平衡公式（2-52）计算

$$\frac{\mathrm{d}T}{\mathrm{d}t} = \frac{\sum\limits_{i=1}^{2} \mathrm{d}h_i}{\text{mass.} \, Cp} \tag{2-52}$$

④冷却剂流阻计算

$$p_i = p_{i-1} - \Delta p_1 - \Delta p_2 - \Delta p_3 \tag{2-53}$$

式中　$p_i$——计算截面冷却剂压力；

　　　$p_{i-1}$——计算前一截面冷却剂压力；

　　　$\Delta p_1$——沿程摩阻损失；

$\Delta p_2$ ——动量损失；

$\Delta p_3$ ——局部损失。

$\Delta p_1$ 按式（2-54）计算

$$\Delta p_1 = \frac{2\xi\rho V^2}{d_L \cos\theta}\Delta x \qquad (2-54)$$

式中，冷却通道摩阻系数 $\xi$ 由式（2-55）决定

$$\frac{1}{\sqrt{\xi}} = \left[-4.0\log\left(\frac{e/d_L}{3.7}+\frac{1.255}{Re\sqrt{\xi}}\right)\right]\left[Re\left(\frac{d_L}{2r_i}\right)^2\right]^{-0.05} \qquad (2-55)$$

其中，雷诺数

$$Re = \frac{\rho V d_L}{\mu} \qquad (2-56)$$

$\Delta p_2$ 用式（2-57）计算

$$\Delta p_2 = \frac{1}{2}(\rho_i V_i + \rho_{i-1} V_{i-1})(V_i - V_{i-1}) \qquad (2-57)$$

（b）燃气侧模型

燃气侧对流换热热流

$$q_{gc} = h_g(T_{aw} - T_{wg}) \qquad (2-58)$$

式中　$h_g$ ——燃气边的传热系数，$W/m^2/K$；

　　$q_{gc}$ ——燃气对壁面传热的热流密度，$W/m^2$；

　　$T_{aw}$ ——燃气绝热壁温，K；

　　$T_{wg}$ ——燃气边的壁温，K。

燃气总温

$$(T_c)_{ns} = (T_c)_{nsth}(\eta_v^*)^2 \qquad (2-59)$$

式中　$\eta_v^*$ ——燃烧效率。

燃气绝热壁温

$$T_{aw} = (T_c)_{ns}\eta_a \qquad (2-60)$$

式中　$\eta_a$ ——紊流附面层恢复系数。

对流换热系数

$$h_g = \left[\frac{0.026}{d_t^{0.2}}\left(\frac{\mu^{0.2} C_p}{p_r^{0.6}}\right)\left(\frac{(p_c)_{ns}}{c^*}\right)^{0.8}\left(\frac{d_t}{r_{wt}}\right)^{0.1}\right]\left(\frac{d_t}{d}\right)^{1.8}\sigma \qquad (2-61)$$

式中　$\mu$、$C_p$、$p_r$ ——均以总温 $(T_c)_{ns}$ 为定性温度；

　　$d_t$ ——燃烧室喉部直径，m；

　　$d$ ——沿燃烧室轴线计算截面的直径，m；

　　$(p_c)_{ns}$ ——燃烧室压力，Pa；

　　$c^*$ ——特征速度，m/s；

　　$r_{wt}$ ——喉部处喷管外形曲率半径，m。

通过附面层时气体性质变化的修正系数为

$$\sigma = \left\{ \left[ \frac{1}{2} \frac{T_{wg}}{(T_c)_{ns}} \left( 1 + \frac{k-1}{2} Ma^2 \right) + \frac{1}{2} \right]^{0.68} \left( 1 + \frac{k-1}{2} Ma^2 \right)^{0.12} \right\}^{-1} \qquad (2-62)$$

式中　$Ma$——计算截面的马赫数。

普朗特数为

$$Pr = \frac{4k}{9k-5} \qquad (2-63)$$

燃气动力粘性系数为

$$\mu = 1.184 \times 10^{-7} \times Mr^{0.5} \times (T_c)_{ns}^{0.6} \qquad (2-64)$$

式中　$Mr$——燃气相对分子量。

（5）推力室壁模型

$$q_w = \lambda / \delta (T_{wg} - T_{wl}) \qquad (2-65)$$

式中，导热系数 $\lambda$ 的定性温度为

$$\frac{1}{2}(T_{wg} + T_{wl}) \qquad (2-66)$$

### 2.6.1.4　涡轮泵组件模型

涡轮泵是泵压式液体火箭发动机中最复杂的组合件之一。其流道形状复杂，介质在流道内做复杂的三维湍流运动。叶轮的旋转和表面曲率效应会引起流动分离、二次流和尾迹流等。

涡轮泵的动态模型在应用上很复杂，而且涡轮泵的稳态关系式在低频范围内已经有了较好的精度。因此，在对涡轮泵进行设计分析和性能预估中，主要采用离心泵模型的稳态关系式，考虑泵转速和质量流量变化率对泵扬程和转矩的影响；对涡轮则都采用了稳态关系式。

（1）离心泵模型

离心泵的动态特性方程为

$$\Delta p' = \Delta p_s - A_m \frac{\mathrm{d}\dot{m}}{\mathrm{d}t} + A_n \frac{\mathrm{d}n}{\mathrm{d}t} \qquad (2-67)$$

$$T = T_s - J_m \frac{\mathrm{d}\dot{m}}{\mathrm{d}t} + J_n \frac{\mathrm{d}n}{\mathrm{d}t} \qquad (2-68)$$

式中　$\Delta p_s$——泵的稳态扬程，Pa；

　　　$\Delta p'$——泵的瞬态扬程，Pa；

　　　$\dot{m}$——泵的流量，kg/s；

　　　$n$——泵的转速，r/min；

　　　$T$——泵的瞬态转矩，N·m；

　　　$T_s$——泵的稳态转矩，N·m；

　　　$A_m$，$A_n$，$J_m$，$J_n$——与离心泵结构以及推进剂密度有关的常系数。

离心泵的稳态扬程、效率的计算公式见式（2-29）、式（2-31），同样要采用修正系数进行修正偏差。

离心泵的稳态转矩为

$$T_s = \dot{m} \Delta p_s \frac{30}{\eta_p \rho \pi n} \qquad (2-69)$$

式中　$\dot{m}$ ——泵的流量，kg/s；

　　　$\eta_p$ ——泵的效率；

　　　$\rho$ ——泵内液体的平均密度，kg/m³；

　　　$n$ ——泵的转速，r/min；

　　　$\Delta p_s$ ——泵的稳态扬程，Pa。

（2）涡轮模型

对确定的工质，涡轮的功率取决于质量流量和压比，所以涡轮入口和出口压力的动态特性在涡轮的动态特性中起到主导作用。涡轮模型采用静态模型可以满足动态仿真要求。

忽略气体工质的惯性，涡轮内部质量流量满足喷嘴流量关系式。动态仿真时，通过涡轮压比决定使用声速公式或亚声速公式。

涡轮的转矩为

$$T_t = \frac{30 P_t}{\pi n} \qquad (2-70)$$

（3）转子模型

转子连接涡轮和离心泵。涡轮提供动力，离心泵为负载。忽略转动摩擦，其动力学关系式为

$$\frac{\mathrm{d}\omega}{\mathrm{d}t} = \frac{1}{J}(T_t - T_p) \qquad (2-71)$$

式中　$J$ ——涡轮泵组件的转动惯量，包括涡轮、离心泵和转子；

　　　$T_t$ ——涡轮提供的转矩；

　　　$T_p$ ——离心泵消耗的转矩。

### 2.6.1.5　自动器组件模型

在液体火箭发动机动态仿真计算中，主阀、节流阀、减压阀、调节器、文氏管等都归属于自动器组件。在发动机系统仿真的过程中，可以将自动器组件视为变截面积的阻力元件。

液路阀门的质量流量可按液体喷注器模型计算，其中 $c$ 为阀门的流量系数，$A_t$ 为阀门的最小流通截面积，$\rho$ 为流经阀门流体的平均密度。

气路阀门的质量流量与静态模型一致，可满足动态仿真要求。

## 2.6.2　发动机系统模型建立

发动机主要组合件动态仿真模型的建立为发动机系统动态仿真奠定了基础。

依据系统原理，将组合件动态仿真模型搭建起来。图 2-10 为发动机模块化仿真系统框图，图 2-11 为推力室冷却夹套计算模型，图 2-12 为利用仿真模型计算后的起动过程流量曲线。

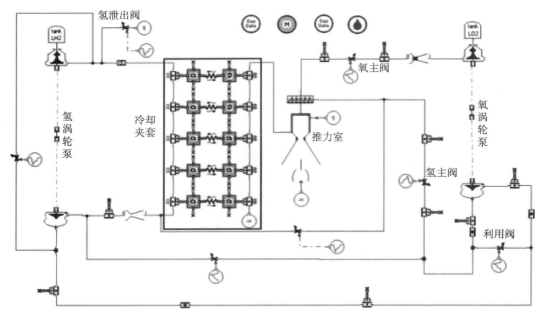

图 2 - 10　发动机模块化仿真系统框图

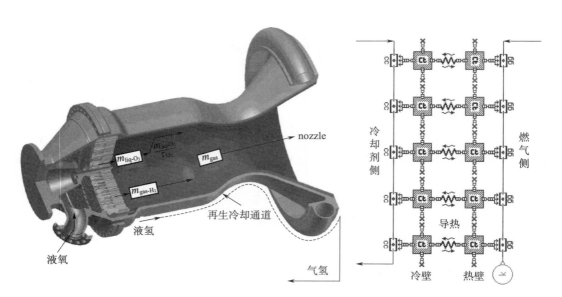

图 2 - 11　推力室冷却夹套 $C$ - $R$ 计算模型

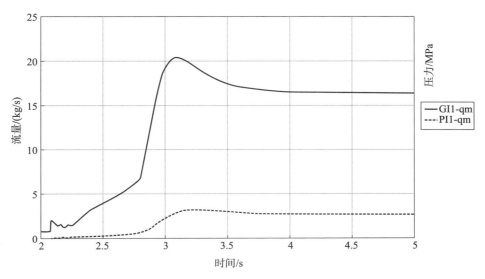

图 2-12　发动机起动过程中流量曲线

## 2.7　发动机高空二次点火起动技术

氢氧膨胀循环发动机在一次工作结束、经过长时间滑行后要具有再次起动能力。膨胀循环发动机采用箱压自身起动方式，最初的起动能源是经过推力室冷却夹套金属热容加温的气氢，起动能源有限。一次点火工作后，发动机的状态、滑行期间的复杂高真空热环境等因素，均会影响发动机起动特性。

由于高空与地面的环境差异，发动机完成了一次工作后，经过一次关机、长时间滑行、程序预冷，二次点火起动等一系列复杂过程，因此二次点火起动会与地面起动或一次点火起动明显不同。在发动机滑行期间，外界为真空、失重、只存在辐射换热（包括推力室自身热辐射、外部环境热辐射），无对流换热。发动机自身经过一次关机、滑行预冷等操作后，导致推力室结构温度与地面试验存在差异。

美国 RL10 发动机起动时要求：推力室身部平均温度必须介于 139~316 K 之间；氢氧泵在发动机起动之前必须冷透；泵的入口压力和温度必须满足可靠工作要求。起动曲线如图 2-13 所示。

二次起动前，低温膨胀循环发动机需要满足以下 3 个方面的条件才能保证正常起动：

1）发动机氢、氧泵要进行预冷，满足起动温度要求，防止泵工作在两相条件下；

2）在发动机一次工作结束后至二次起动前，应确保推力室冷却夹套内的气氢温度满足二次起动时氢氧涡轮泵初始的能量需求；

3）发动机实现可靠点火。

在二次起动前，如果不能保证这 3 条起动条件，就会存在发动机二次起动失败或起动延迟的风险。

影响再次起动的因素如此之多，如果在地面进行全面模拟，需要建立庞大而复杂的试

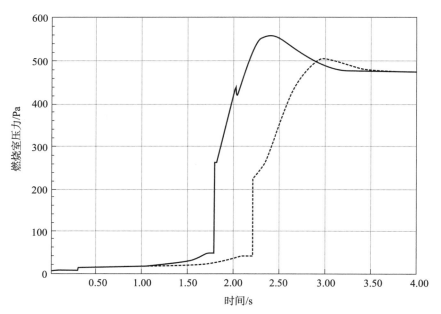

图 2 - 13    不同推力室冷却夹套温度下 RL10 发动机的起动曲线

（实线对应 300 K，虚线对应 139 K）

验系统，在模拟空间热环境的情况下，保证足够的真空度，模拟从一次关机、空间滑行到二次起动的全过程。美国的半人马座上面级在研制时建立了这样的试验系统，进行了该类试验。鉴于试验规模太大，从节约经费和降低研制成本的角度出发，可以先进行影响因素分析，再采取必要的试验验证来解决该问题。主要开展以下几方面的分析与验证。

　　1）发动机一次关机影响分析。

　　2）发动机富氧关机分析与验证。

　　3）空间辐射影响分析与验证。

　　4）空间预冷影响分析与验证。

　　5）真空点火及低温起动分析及试验验证。

### 2.7.1    一次关机影响分析

　　发动机在地面起动时，推力室初始结构温度为大气环境温度，而发动机工作时，推力室结构由于冷却需要，其夹套入口为液氢温度，出口为常温氢温度（200～300 K）。因此，发动机一次关机后的推力室结构平均温度要比地面大气环境温度低很多。图 2 - 14 为传统关机方式下推力室结构温度曲线。

　　为了提高发动机空间二次起动的起动能量，关机可采用富氧关机。在确保推力室不被烧蚀的前提下，利用关机过程中的瞬时高混合比对推力室内壁进行加温。但即使采用富氧关机技术，推力室的平均结构温度也较低。这就意味着发动机空间二次起动时，初始的起动能源要比一次起动和地面起动都要低，起动速度要慢。实践也证明，膨胀循环发动机空

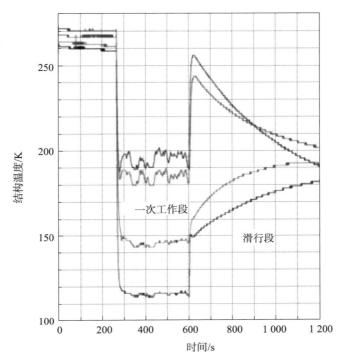

图 2 - 14  传统关机方式下推力室结构温度曲线

间二次起动要比一次起动和地面起动过程要慢。

为了确定一次关机后推力室身部结构的平均温度，可以采用仿真与试验测量相结合的方法。

图 2 - 15 为仿真计算获得的某发动机稳态工作时推力室身部温度分布。

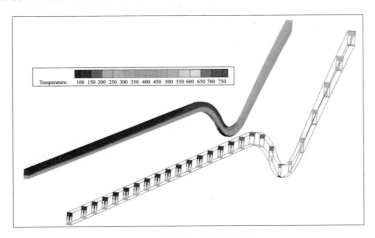

图 2 - 15  推力室身部温度分布

### 2.7.2　发动机富氧关机

为了保证关机过程安全可靠，发动机一般采用富燃关机，即关机时先断氧化剂，再断燃料，保证在整个关机过程中，燃烧装置在低混合比下工作，防止烧蚀。

膨胀循环发动机一次关机后，如果采用富燃关机方案，推力室的平均结构温度大大低于一次起动，即二次起动的起动能量较低。为了确保膨胀循环发动机二次起动的可靠性，增加发动机二次起动的起动能量，可采用富氧关机方案，即关机时先断燃料，后断氧，利用关机过程中的瞬时高混合比对推力室结构进行加温。采用富氧关机技术是提高膨胀循环发动机高空二次起动可靠性的重要措施。但如何确保关机过程中推力室不被烧蚀成为关键问题。只要在接到关机指令后，发动机足够快地切断推力室氢的供应，减少高温工作时间，就可以保证推力室工作可靠性。

设计采取的措施如下：

1）控制氢主阀关闭响应速度，快速切断推力室氢供应。

2）在空间布局上，氢主阀尽可能地靠近推力室头部，减少氢主阀与推力室头腔之前管路的容积。

3）动态仿真分析发动机关机过程中推力室混合比变化规律（图 2-16 为某一关机程序的仿真结果），降低关机风险。

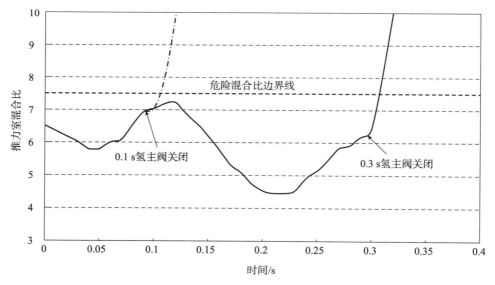

图 2-16　关机过程推力室混合比变化仿真结果

在确定发动机关机方案及仿真分析基础上，开展富氧关机试验，验证方案可行性。图 2-17 为富氧关机试验后推力室外壁温度变化曲线。

从图中可以看到，关机后的几秒内，推力室身部 8 个外壁温测点均呈现上升趋势，这是由于冷却套内冷却氢的减少以及富氧关机的共同作用，导致推力室结构出现了瞬间高温。

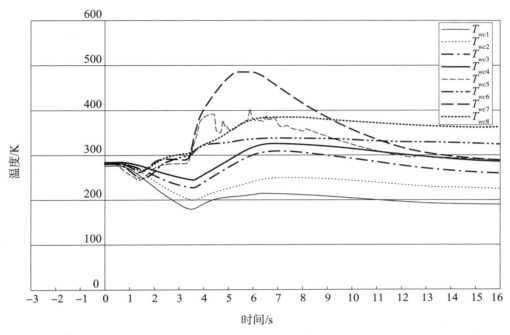

图 2-17　推力室冷却夹套外壁温度

### 2.7.3　空间辐射影响

在空间滑行时，发动机推力室结构温度的影响因素主要有冷黑环境下推力室自身辐射、外部太阳及地球辐射环境、其他组件对推力室的热传导、推力室自身热平衡。

将辐射热流密度折合成相应的黑体温度，作为辐射边界条件中的外部辐射温度输入。折合计算方法为：按黑体辐射力计算公式 $E_b = \sigma T^4$，将推力室表面在两种辐射环境中接收到的辐射力转换成黑体温度 $T$，将 $T$ 作为推力室所处的外界环境辐射温度。这样将使推力室置于一个温度为 $T$ 的辐射环境中，表面接收到的辐射热流密度和太阳辐射、地球辐射的热流密度相同。太阳辐射热流为 1 353 $W/m^2$，折合黑体辐射温度 393 K；地球返照热流＋地球红外辐射热流 684 $W/m^2$，折合黑体辐射温度 331.4 K。

为了获得发动机滑行时推力室在真空环境下的温度变化数据和规律，获得推力室辐射特性，按照第 8 章开展推力室真空辐射换热试验。通过试验结果计算得到推力室外壁表面真实发射率为 $\varepsilon$，并计算滑行前后推力室温度云图。

其中图 2-18 是滑行开始时和结束后的推力室温度云图。

在滑行开始的时候，推力室内外壁、纵向都存在比较大的温差，滑行结束后，推力室已经达到一个相对较为平均的温度，导热作用在推力室温度分布中起主导作用。

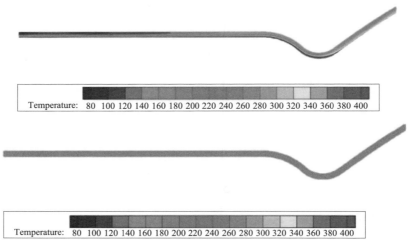

图 2 - 18　滑行开始时和结束后的推力室温度云图（见彩插）

## 2.7.4　空间预冷影响

氢氧发动机为了保证泵的起动温度要求，滑行期间要进行预冷。由于膨胀循环系统构成的特点，预冷阶段氢会进入推力室冷却夹套内，尽管由于富氧关机使得发动机一次工作结束后推力室结构温度有所恢复，但预冷时会降低推力室结构温度。为了验证真空条件下，发动机预冷对推力室的影响，可以在真空舱中进行发动机预冷试验考核。图 2 - 19 为发动机真空预冷时，推力室冷却夹套轴向各处温度变化曲线，它们整体呈现下降趋势。

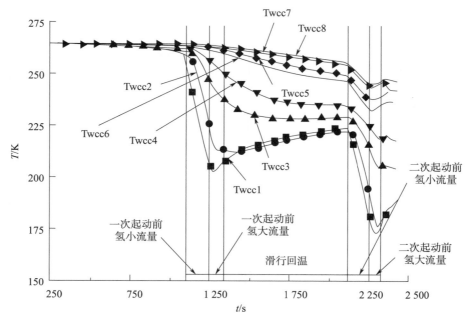

图 2 - 19　发动机真空预冷推力室外壁温曲线

### 2.7.5 真空点火及低温起动

在确定了发动机工作环境后，需要开展发动机真空点火试验以进行验证。具体试验方法见 8.7 节。

在获得了发动机二次起动前的推力室结构温度条件后，进行发动机高空二次起动仿真分析及模拟试验。地面试验时，推力室冷却夹套温度应该低于获得的起动前的结构温度条件，并要有足够的余量。若发动机能够在低于前期工作获得的温度下起动，且有较大余量，表明发动机空间二次起动可靠。

利用发动机动态仿真程序，对不同推力室结构温度下发动机的起动特性进行仿真分析，分析结果如图 2-20 所示。分析结果表明，发动机在推力室结构温度低至 60 K 时依然可以起动。但随着温度的降低，由于推力室换热的时滞性导致发动机起动速度变慢。

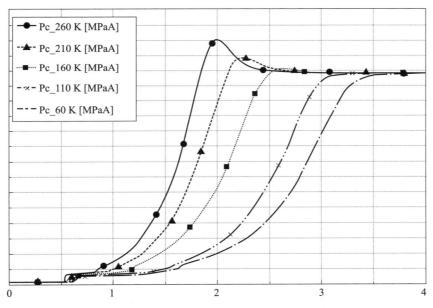

图 2-20 不同推力室壁温下起动室压仿真曲线

发动机温度边界起动试验可以采用主动冷却推力室方式进行。

推力室预冷过程中壁温变化曲线如图 2-21 所示。沿纵向布置的 3 个推力室壁温测点温度已经很接近，并低于 50 K，表明推力室结构整体温度已经冷透，与冷却氢温度已经基本平衡。图 2-22 为推力室不同壁温情况下的起动曲线。表 2-3 为获得的发动机起动加速性。

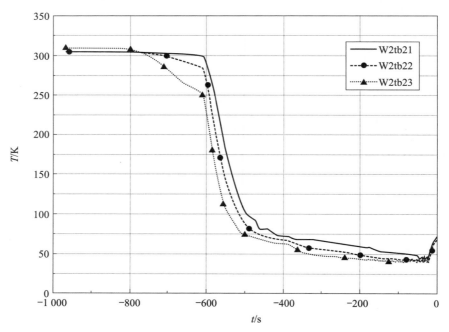

图 2 - 21　二次起动推力室壁温预冷温度变化曲线

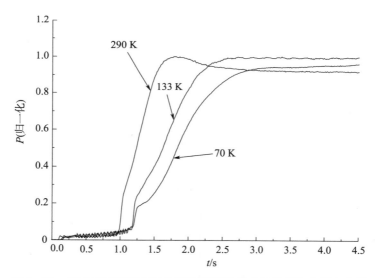

图 2 - 22　推力室不同温度条件下的发动机起动过程燃烧室压力曲线

表 2 - 3　发动机起动加速性

| 推力室壁温/K | 燃烧室压力达到90%时间/s |
| --- | --- |
| 290 | 1.5 |
| 133 | 2.1 |
| 70 | 2.5 |

## 2.8　发动机推力调节技术

### 2.8.1　国外研究情况

#### 2.8.1.1　美国 RL10 发动机

美国 RL10 发动机从 20 世纪 50 年代开始研制，经过数十年来持续的改进，发展了 10 余种衍生型号，成为最成功的上面级火箭发动机。在役的 RL10 发动机采用机械式推力控制阀，用来稳定发动机推力。在发动机可靠性增长等专项研究工作中 RL10 开展了推力调节的相关研究工作。

（1）RL10E‐1 发动机

1994 年至 1997 年开展了宇宙神火箭可靠性增长（AREP）项目，在 RL10E‐1 发动机（图 2‐23）中将机械式推力控制阀改为电动调节阀，通过调节涡轮的气氢分流量调节发动机推力，可实现 47% 的推力调节能力。

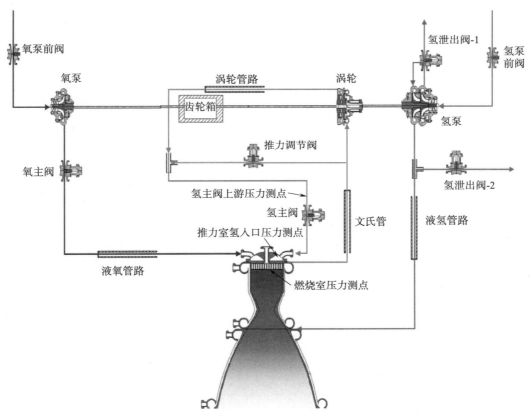

图 2‐23　RL10 发动机系统图

发动机采用分级起动（见图 2‐24）和分级关机的方式。起动第一阶段 0～50% 和关机第二阶段 50%～0 各个阀门采用推力开环控制方式。起动第二阶段 50%～100%、关机第一阶段 100％～50％采用推力闭环控制方式。起动关机段通过氧主阀的开度调节进行混合比的开环控制。

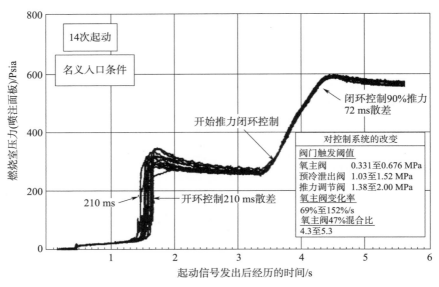

图 2-24　RL10E-1 发动机分级起动

主级工作段推力调节阀采用基于氢主阀入口压力的 PID 闭环控制方式。推力控制有三个备选参数，分别是室压、氢集合器压力和氢主阀入口压力。之所以选择后者作为推力控制参数，是因为再次起动前，室压或氢集合器压力传感器受一次工作段推力室水汽的影响，可能造成结冰。

（2）CECE 验证机

CECE 验证机是 2005 年重返月球的星座计划背景下，美国提出的"发展先进低温推进"计划支持下开展的系列低温高性能变推力发动机。CECE 验证机以 RL10 发动机作为技术平台，应用了电动调节阀，实现发动机推力调节。发动机系统简图如图 1-9 所示。该项目的演示试验已可实现推力 17.6∶1（5.9％）的深度调节，混合比可实现 2.5～6 的调节。CECE 验证机主要技术特征如下：

1）为了实现推力深度调节，在涡轮旁通路上并联 2 个电动调节阀，分别为 TBV 和 TCV，在氧路设置 OCV 用于混合比调节。推力和混合比可实现闭环控制。

2）为了隔离下游压力脉动影响氢泵，在氢泵后设置了全程保持汽蚀状态的可调汽蚀管。

3）通过设置在夹套出口的氢主文氏管实时计算氢流量。该文氏管在推力调节过程中能够保持声速状态。在文氏管入口设置 4 个压力传感器。为避免文氏管上游可能存在的流动分离影响温度测量的准确度，在文氏管出口设置温度传感器。

（3）关于 RL10 推力调节过程中的混合比变化情况

RL10 发动机氢、氧涡轮泵为齿轮传动，决定了变推过程中氢、氧涡轮泵转速以固定的传动比变化，从而使得氢、氧流量同步变化，混合比基本不变。所以 RL10 发动机推力调节过程中混合比具有自适应保持基本恒定的特性。

### 2.8.1.2　美国 SSME 航天飞机发动机

SSME 发动机推力为 2 090 kN，设计推力调节能力为 109% 至 50%。50% 工况主要用于航天飞机上升段加速度达到 3g 时段，用于避免航天飞机过热和过载。发动机地面试验时测试了 17% 的推力调节能力。

图 2-25 所示为航天飞机主发动机控制系统简图。系统共设置三个调节阀：氢预燃室氧阀（FPOV）、氧预燃室氧阀（OPOV）、冷却剂控制阀（CCV）。OPOV 通过控制燃烧室压力 $P_c$ 调节发动机推力，起动初始阶段采用开环和半闭环控制，主级 2.4s 左右改为闭环控制；FPOV 用于控制发动机混合比，起动阶段采用开环控制，主级阶段采用闭环控制。CCV 用于控制夹套冷却氢流量。图 2-26 为发动机推力调节时燃烧室室压变化曲线。

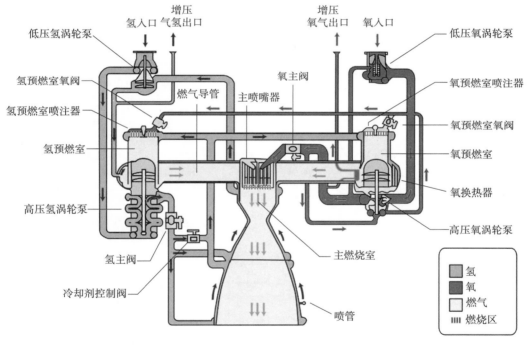

图 2-25　SSME 发动机系统图

### 2.8.1.3　欧洲 VINCI 发动机

VINCI 是由欧洲多国联合研制的高性能氢氧上面级发动机，用于阿里安 5 运载火箭上面级。发动机采用闭式膨胀循环方式，单机推力 180 kN。VINCI 发动机在氢、氧涡轮旁通路分别设置了电动调节阀，可进行发动机推力调节和混合比控制，实现推力 6.7：1 调节。

VINCI 发动机采用分级起动方式，在起动初级段，为了保证氢涡轮泵的起动能量，推力调节阀处于全关的状态。而为避免推力室混合比超调，混合比调节阀处于全开状态。发

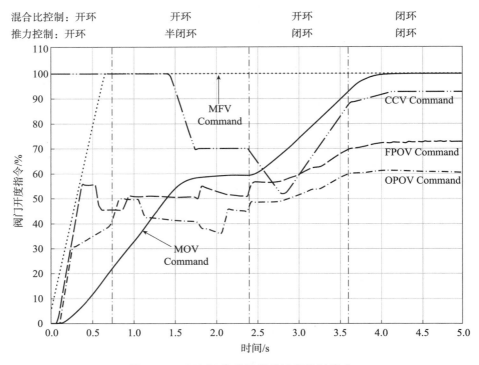

图 2 - 26　SSME 发动机起动过程控制策略

动机起动初级工况约为额定工况的 60%。进入初级工况后控制系统介入向 100% 主级工况调节。该起动方式具有以下优点：

1）起动过程先进入中间工况，起动过程相对温和。

2）电动调节阀全开或者全关的初始位置在装配阶段易于保证。VINCI 发动机试车推力曲线如图 2 - 27 所示。

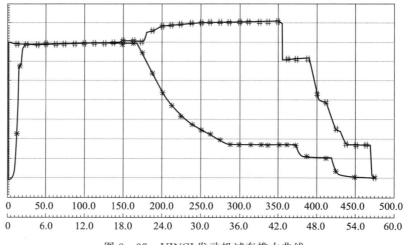

图 2 - 27　VINCI 发动机试车推力曲线

　　发动机推力和混合比调节的控制过程如下：发动机室压和混合比分别与目标值比较，偏差进入对应的 PID，而后进行多变量参数解耦，将其转换为推力调节阀和混合比调节阀的位置，再进行阀门的位置控制。

### 2.8.1.4　日本 LE-9 和 RSR 发动机

（1）LE-9 发动机

LE-9 发动机为开式膨胀循环方式，发动机推力为 1 471 kN，设置了电动调节阀进行推力和混合比控制，可实现推力 60% 调节。发动机系统如图 2-28 所示。推力调节阀 TCV 通过改变涡轮做功气氢流量进行推力调节；氧主阀 MOV 通过控制燃烧室氧头腔进口集合器压力，对发动机混合比进行控制；氢主阀 MFV 根据推力和混合比进行步进式随动调节，将氢涡轮进口温度控制在合适的范围内。另外，LE-9 发动机为了满足低工况阶段推力室的可靠冷却，在夹套进口设置 CCV 调节阀，用于保证推力室的冷却。

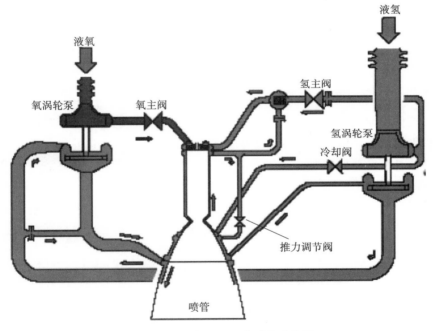

图 2-28　日本 LE-9 发动机系统图

　　推力和混合比均采用正负反馈的闭环控制方案。根据目标推力和发动机特性关系，初步确定该推力下的推力调节阀开度，用此构成正反馈。通过目标推力与反馈推力构成的负反馈对正反馈获得的阀门开度进行修正，据此进行推力调节阀的开度控制。在推力调节过程中，发动机混合比保持不变，混合比控制同样采取了正负反馈结合的控制算法。

（2）RSR 可重复发动机

日本 RSR（Reusable Sounding Rocket）为可重复使用氢氧发动机，采用开式膨胀循环方式。单机额定推力为 40 kN，设计变推能力 40%～100%。发动机通过 3 个电动调节球阀，实现 21% 至 109% 变推能力。

RSR 推力和混合比控制算法与 LE-X 基本相同。控制程序内置有对应每一推力量级的各阀门开度表，用于前置正反馈。根据推力控制要求给出相应的阀门开度指令，控制巡检频率 100 Hz。为消除推力目标值和实际值的偏差，根据发动机相关压力、温度和流量参数计算阀门开度，作为负反馈叠加到前置正反馈上进行修正。在巡检频率 25 Hz 下使用 PI（比例积分）控制算法对推力进行连续和精确的控制。在发动机推力调节控制的同时，还要将发动机混合比和氢涡轮进口温度控制在给定的阈值范围内，巡检频率 0.5 Hz。

### 2.8.1.5 国外发动机推力调节控制特点

国外发动机推力调节控制情况见表 2-4。

**表 2-4 国外火箭发动机推力调节情况**

| 国家 | 型号 | 循环方式 | 控制方案 |
|------|------|----------|----------|
| 美国 | RL10 | 闭式膨胀循环 | 推力闭环控制，PID 单输入单输出控制算法 |
| | SSME | 补燃循环 | 推力和混合比闭环控制，推力通过 PID 控制，混合比通过 PID 与推力修正结合控制算法 |
| 欧洲 | VINCI | 闭式膨胀循环 | 推力和混合比闭环控制，PID+多变量解耦控制算法 |
| 日本 | LE-X | 开式膨胀循环 | 推力和混合比闭环控制，正负反馈结合控制算法 |
| | RSR | | 推力闭环控制，正负反馈结合控制算法，混合比开环控制 |

泵压式液体发动机推力调节的核心是控制涡轮泵功率，理论上只要一个调节环节即可实现发动机推力调节，但是由于调节过程所有系统参数都发生变化并偏离设计点，所以不但要保证调节过程发动机推力、混合比等性能参数满足总体要求，还要兼顾所有组件都处在安全可靠的工作范围。

上述情况说明，发动机系统越复杂，推力调节控制越复杂，技术难度越大。譬如美国的 SSME 发动机和日本的 LE-X、RSR 发动机都设置三个调节阀，发动机推力调节的同时，还要进行混合比、夹套冷却流量等参数的协同控制。

闭式膨胀循环又被称作最优循环方式，相比高压补燃循环、开式膨胀循环、燃气发生器循环等更易于实现推力调节。闭式膨胀循环发动机推力室采用全流量冷却，所以通过组件额定参数的精心设计即可保证对变推工况的天然适应性。

## 2.8.2 推力调节控制方式比较

发动机推力调节的本质是通过控制涡轮泵功率来改变发动机流量。涡轮泵功率调节包括涡轮端的功率输出和泵端的功率消耗两个途径。推力调节过程中如果不采取其他措施则混合比也会发生变化，其变化量由发动机系统和组件特性曲线决定。

图 2-29 是闭式膨胀循环发动机推力调节方案组合。其中氢、氧涡轮功率通过涡轮分流量控制。氢、氧泵功率通过泵后节流组件控制。表 2-5 是各种方案的定义，其中"TF""PF""TO""PO"分别指调节氢涡轮、氢泵、氧涡轮、氧泵功率，"TFTO""TFPO""PFTO""PFPO"则指两种调节方式的组合。

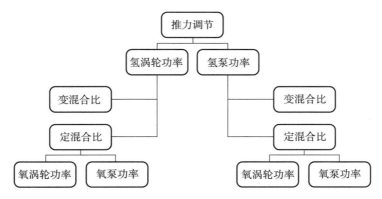

图 2-29 闭式膨胀循环发动机推力调节方案

**表 2-5 推力调节方案定义**

| 调节目标 | 调节环节 | 方案 1 TF | 方案 2 PF | 方案 3 TFTO | 方案 4 TFPO | 方案 5 PFTO | 方案 6 PFPO |
|---|---|---|---|---|---|---|---|
| 推力调节 | 氢涡轮功率 TF | √ | × | √ | √ | × | × |
|  | 氢泵功率 PF | × | √ | × | × | √ | √ |
| 混合比控制 | 氧涡轮功率 TO | × | × | √ | × | √ | × |
|  | 氧泵功率 PO | × | × | × | √ | × | √ |

### 2.8.2.1 推力调节对混合比的影响

首先，研究推力调节过程对混合比的影响。把推力调节时混合比基本维持不变视为理想情况。此时仅有推力一个目标值需要控制，所以调节过程更加简单可靠。为了便于对比，同时计算了两种氢涡轮分流方式，其中"FTO"指分流至氧涡轮前，"BTO"指分流至氧涡轮后。

计算结果如图 2-30 所示。除"BTO"分流方式并采取涡轮功率调节（TF）方案能保证推力调节过程混合比变化不大外（-0.35，+0.05），其他调节方案均会导致混合比出现较大变化，当推力降至 50％工况时混合比增加至 11.0 左右。

### 2.8.2.2 推力调节方式对比

为了保证燃烧室可靠高效地工作，对调节过程会出现混合比大范围变化的方案，必须采取混合比控制措施。以下均是基于混合比控制的方案比较，即推力调节过程混合比维持额定值不变。

（1）氢涡轮泵转速变化特征

图 2-31 是推力调节过程氢涡轮泵转速变化规律。通过控制氢泵功率进行推力调节时氢涡轮泵转速变化较小，当推力降低 50％时氢涡轮泵转速仅降低约 12.5％。对于采用柔轴的氢涡轮泵而言，这对避开临界转速十分有利。通过控制氢涡轮功率进行推力调节时氢涡轮泵转速变化较大，当推力降至 50％时氢涡轮泵转速降低约 36.6％。这种情况下跨越临界转速的可能性非常大。

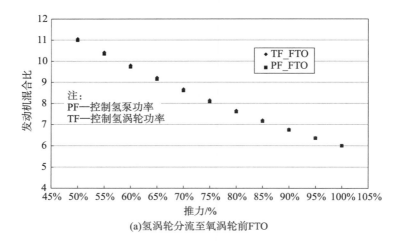

(a)氢涡轮分流至氧涡轮前FTO

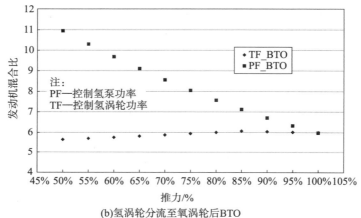

(b)氢涡轮分流至氧涡轮后BTO

图 2-30　推力调节过程的混合比变化关系

（2）基于泵功率控制的推力调节阀

基于氢泵功率的推力调节方式尽管避免了氢涡轮泵转速的大范围变化，但是推力调节阀的设计可能成为最大难点。该阀门设置在氢泵后主管路上，额定工况时流阻很小，约0.5 MPa。随着推力减小，要求阀门流阻不断增大，推力降至 50％时阀门流阻达到 10 MPa 左右（见图 2-32）。

（3）基于涡轮功率控制的推力调节阀

图 2-33 是通过氢涡轮分流进行推力调节的涡轮分流比变化规律。当推力由 100％降至 50％时氢涡轮分流比由 10％增大到约 50％。这反映了推力调节阀开度的变化特征。

（4）基于涡轮功率控制的混合比控制阀

图 2-34 是通过氧涡轮分流进行混合比控制的涡轮分流比变化规律。当推力由 100％降至 50％的过程中，氧涡轮分流比增大至额定点的 3.6 倍。尽管混合比控制阀与前面的推力调节阀工作原理相同，但由于氧涡轮压降较小，所以混合比控制阀的绝对流通面积远大于推力调节阀。这可能导致阀门体积、重量相对较大。

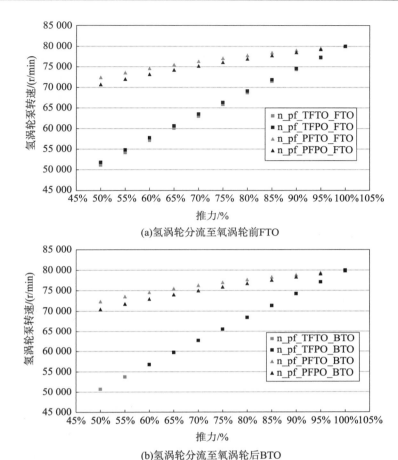

(a)氢涡轮分流至氧涡轮前FTO

(b)氢涡轮分流至氧涡轮后BTO

图 2 - 31　推力调节过程氢涡轮泵转速变化

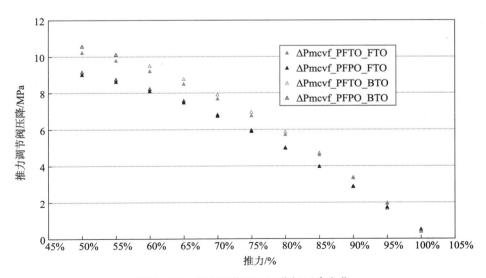

图 2 - 32　推力调节过程调节阀压降变化

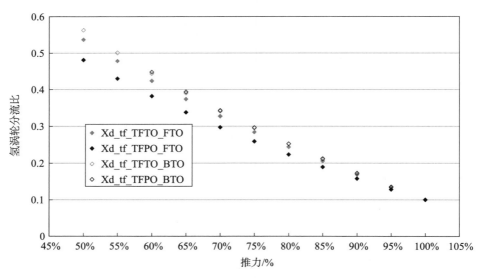

图 2-33　推力调节过程氢涡轮分流比

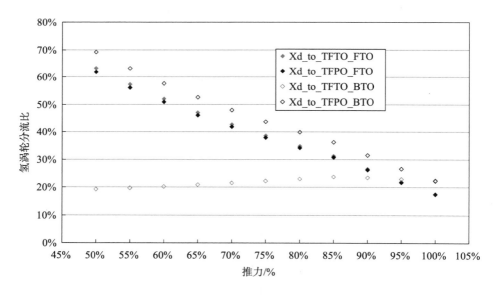

图 2-34　推力调节过程氧涡轮分流比

（5）基于泵功率控制的混合比控制阀

图 2-35 是基于氧泵功率的混合比控制阀压降变化规律。当推力由 100％降至 50％时，阀门压降由 2.1 MPa 增大到约 5.6 MPa。

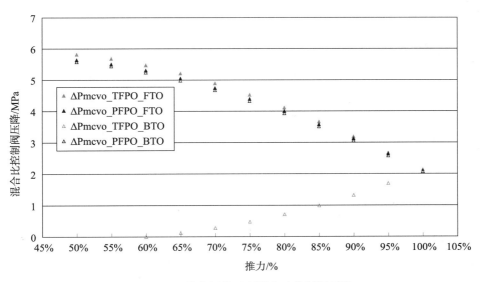

图 2 - 35　推力调节过程混合比控制阀压降

# 参 考 文 献

［1］  Erin M. Betts. A Historical Systems Study of Liquid Rocket Engine Throttling Capabilities ［J］. GRA. 03404739

［2］  Hideo Sunakawa，Akihide Kurosu and Koichi Okita. Automatic Thrust and Mixture Ratio Control of the LE - X ［J］. AIAA 2008 - 4666

［3］  Takeshi Kai. Engine Control System for The Main Engine of The Reusable Sounding Rocket. IAC - 15 - C4. 1. 8

［4］  Victor J. Giuliano，Timothy G. Leonard，and Randy T. Lyda. CECE：Expanding the Envelope of Deep Throttling Technology in Liquid Oxygen/Liquid Hydrogen RocketEngines for NASA Exploration Missions. AIAA 2010 - 6724.

［5］  Brian Anderson，Michael Bradley and Janet Ives. SSME key operations demonstration. AIAA 97 - 2686.

［6］  Katherine P. Van Hooser. Space Shuttle Main Engine：The Relentless Pursuit of Improvement. AIAA 2011 - 7159.

［7］  朱森元. 氢氧火箭发动机及其低温技术 ［M］. 北京：国防工业出版社，1995.

［8］  肖立明，罗巧军. 膨胀循环发动机起动过程研究 ［J］. 火箭推进，2007，33（1）：7 - 11.

［9］  刘中祥，袁宇. 膨胀循环发动机空间二次启动问题研究 ［J］. 导弹与航天运载技术，2015（6）：29 - 32.

［10］  Vladimir Balepin，Joseph Alifano，Alexander Betti. New upper stage expander cycles ［R］. AIAA 2013 - 4055.

［11］  V. Rachuk，N. Titkov. The first Russian LOX - LH2 expander cycle LRE：RD0146 ［R］. AIAA 2006 - 4904.

［12］  Chinatsu Sezaki，Shinichi Sato，Akira Ogawara. Characteristics of expander bleed cycle and full expander cycle ［R］. AIAA 2013 - 3910.

［13］  Michael Binder. Atransient model of the RL10A - 3 - 3A Rocket Engine ［R］. International Chemical Engineering，AIAA - 95 - 2968.

［14］  Michael Binder. RL10A - 3 - 3A rocket engine modeling project ［R］. NASA Technical Memorandum 107318.

［15］  张育林，等. 液体火箭发动机动力学理论与应用 ［M］. 北京：科学出版社，2005.

［16］  刘昆，程谋森，张育林. 液体火箭发动机系统瞬变过程模块化建模与仿真 ［J］. 推进技术，2003，24（5）：401 - 405.

［17］  杨世铭，陶文铨. 传热学 ［M］. 北京：高等教育出版社，1998.

［18］  Gnielinski V. New equations for heat mass transfer in turbulent pipe and channel flows ［J］. International Chemical Engineering，1976，16.

［19］  Churchill S. W. Friction factor equation spans all fluid flow regimes ［J］. Chemical Engineering，

1977，84（24）.

［20］　Shah M M. A general correlation for heat transfer during film condensation inside pipes ［J］. International Journal of Heat and Mass Transfer，1979，22（4）.

［21］　Steiner D，Taborek J. Flow boiling heat transfer in vertical tubes correlated by an asymptotic model ［J］. Hear Transfer Engineering，1992，13（2）.

［22］　徐济鋆. 沸腾传热和气液两相流 ［M］. 北京：原子能出版社，2001.

［23］　王珏，孙慧娟，等. 膨胀循环发动机低温起动特性研究 ［J］. 导弹与航天运载技术.

# 第3章　推力室技术

## 3.1　概述

推力室是发动机系统中唯一主要产生推力的组件,系统中所有其他组件都是围绕着使推力室产生推力这一目的而设置的。由于推力室技术及其研究的独特性,从某种意义上来说,液体火箭发动机推力室的研制水平代表了国家航天技术发展的水平。

现代火箭发动机的推力室一般由头部、身部、喷管延伸段和总装辅件四部分组成(图3-1)。氢氧膨胀循环发动机推力室的组成也是如此,与其他循环方式的火箭发动机相同。各发动机的具体名称不尽相同,但其功能是基本一致的。

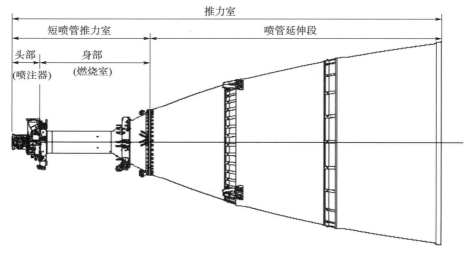

图 3-1　推力室

推力室头部带有平板式喷注器,组织推进剂组元的喷入、雾化、混合和燃烧;身部包括圆筒形燃烧室和收敛扩张的拉瓦尔喷管。推进剂组元在燃烧室相遇后完成所有物理和化学过程,燃烧生成高温、高压燃气。燃气通过拉瓦尔喷管加速并喷出。喷管延伸段是拉瓦尔喷管的延续部分,使燃气继续加速成超声速燃气流并喷出,从而产生推力。推力室的总装辅件主要是为氢、氧涡轮泵以及氢、氧主阀、阀门盒、吹除阀门、泄出软管等组件提供安装基座,为伺服机构操纵杆提供受力基点等,按照发动机总装结构设计确定。

氢氧膨胀循环发动机推力室与其他循环方式火箭发动机的主要区别是:推力室既是将液氢液氧推进剂的化学能转化为机械能并产生推力的装置,也是驱动氢、氧涡轮做功的氢气能量来源的换热器或加温器。通过将冷却推力室的高压液氢加热变成气氢,驱动涡轮和泵工作，维持整个热力循环。

膨胀循环发动机推力室在保证身部内壁最高气壁温不超过安全使用温度的前提下，在给定的冷却通道压降下，需要通过与燃气换热获得尽可能高的温升，这是与燃气发生器循环和补燃循环用推力室在功能和设计上的主要区别。所以膨胀循环发动机推力室设计尤其要注重传热结构的设计与优化，以满足换热需要的较高热负荷和多次点火起动需要的较高的热疲劳寿命要求。推力室是氢氧膨胀循环发动机的核心组件之一。表 3-1 列出国外主要氢氧膨胀循环发动机推力室的主要参数和结构特点。

表 3-1 国外主要氢氧膨胀循环发动机推力室主要参数及结构特点

| 型号 | RL10A-4-2 | LE-5B-2 | VINCI | RD-0146 |
|---|---|---|---|---|
| 国家/地区 | 美国 | 日本 | 欧洲 | 俄罗斯 |
| 循环方式 | 闭式 | 开式 | 闭式 | 闭式 |
| 点火次数 | 多次点火 | 多次点火 | 多次点火 | 多次点火 |
| 额定真空推力/t | 10.1 | 14.8 | 18.4 | 10.0 |
| 额定室压/MPa | 3.9 | 3.78 | 6.1 | 7.9 |
| 额定混合比 | 5.5 | 5.0 | 5.7~5.9 | 5.9 |
| 额定真空比冲/s | 451 | 447 | 465 | 463 |
| 喷管面积比 | 84 | 110 | 243 | 210* |
| 换热流动方向 | 逆来回流 | 顺流 | 顺来回流 | 逆来回流 |
| 冷却结构形式 | 管束式 | 沟槽式 | 沟槽式 | 沟槽式 |
| 推力室夹套温升/K | 231.9 | 398 | 201 | 250~270 |
| 推力室夹套压降/MPa | 1.6 | 不详 | 3.5 | 4.2* |

注：LE-5B-2 是在 LE-5B 基础上的改进型；表中带 * 标志的数值表示根据文献推算得到，供参考。

## 3.2 喷注器

### 3.2.1 功能及结构形式

喷注器是推力室头部最重要的组成部分。喷注器将氢氧推进剂组元按照一定的方式进行雾化和混合，以设计确定的混合比喷入燃烧室，并对燃烧室的工作过程进行控制。喷注器结构通过头部结构设计，与氢氧推进剂组元的供应结构相连接，同时考虑总体的强度和刚性。头部的工作过程很大程度上对推进剂燃烧效率、燃烧室燃烧稳定性和燃烧室内壁传热与冷却起决定性作用，是氢氧膨胀循环发动机设计的重要环节。

喷注器的结构形式，与推力室头部结构相适应，一般有两种类型，一种是不靠头部传递推力的结构，另一种为承力式的头部结构。典型氢氧膨胀循环发动机喷注器通常采用三底（上底、中底、下底）两腔（氧腔、氢腔）结构，如图 3-2 所示，然后以焊接的方式组成一个整体，再与燃烧室采用焊接或螺栓连接成推力室。图 3-2 所示的喷注器结构即为一种承力式头部结构。

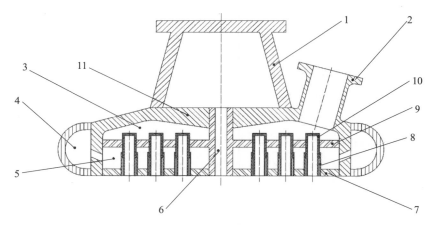

图 3-2　典型的氢氧膨胀循环发动机喷注器结构

1—承力座；2—氧进口法兰；3—氧腔；4—氢集合器；5—氢腔；6—点火喷管；7——底（面板或下底）；
8—氢喷嘴；9—中底；10—氧喷嘴；11—三底（上底）

设计氢氧膨胀循环发动机喷注器的结构，需要考虑以下多方面的因素和要求：

1）氢氧推进剂进入燃烧室时的状态、发动机的尺寸及其使用特点（如起动次数、点火方式、推力大小等）；

2）喷注器是对发动机性能影响最大的组件，应能保证获得尽可能高的燃烧效率，以获得更高的比冲；

3）保证不同工况下稳定燃烧，采取措施消除产生不稳定燃烧（包括低频、中频、高频）的可能性；

4）工作安全可靠，有较高的强度和刚度裕度，能够承载发动机总体各种力学环境要求；氢氧腔间应确保密封性，工作中不会出现串腔；热防护措施有效，避免喷注器面板、身部内部等被高温燃气烧蚀；

5）结构简单、重量轻，工艺性好、易实现，成本低。

此外，由于氢氧膨胀循环发动机的液氢经推力室冷却套进行再生冷却，并对涡轮做功后进入推力室头部，进入头部喷注器时为高速流动的气氢，因此在结构上需要考虑高速气氢带来的一系列特殊问题，例如高速气氢在氢腔中的流动均匀性问题、气氢与液氧的高效掺混燃烧问题等。

### 3.2.2　喷注器的流动特性

氢氧膨胀循环发动机喷注器一般采用混合比均匀分布方式。为使喷注器面上的流量密度和混合比按照设计要求均匀分布，应尽量减小喷嘴前氢氧的流动约束条件（如压力、速度），这样就要求喷注器腔的容积应尽可能地大。而喷注器腔容积的大小决定了氢氧推进剂充填的时间以及发动机关机指令发出后残留推进剂燃烧产生的"后效冲量"。发动机系统一般要求后效冲量不能超过某一规定值，这样就要求喷注器腔的容积尽可能地小。

　　由于均匀分布需要较大的喷注器腔容积，而"后效冲量"要求与此相反，因此喷注器结构设计必须采用折中的方法。一个较好的经验方法是取喷注器腔的流通面积为其供应喷嘴总面积的 4 倍。另一种经验方法是取速度头不超过当地系统压力的 1%。

　　设计中往往首先采用经验方法初步设计喷注器腔，然后通过计算流体力学（CFD）方法对流场进行仿真计算，迭代优化出满足使用要求的喷注器腔结构。采用 CFD 技术进行流场的分析、预测和优化，是实现推力室均流设计的重要手段。由于流场结构均较复杂，具有明显的三维特征，因此应该采用三维 CFD 方法。

　　VINCI 发动机头部主要结构如图 3 - 3 所示，其在设计时不仅从制造工艺方面，而且从流场方面进行了多轮次的优化。为了获得较高的燃烧效率，体现高性能的喷注器设计水平，流量和混合比力求做到完全的均匀分布。在最初的头部设计中，氧腔没有设置均流板，而直流式氧喷嘴对来流速度头的影响较为敏感。因此从三维流场仿真分析结果显示每个喷嘴前的压力不均匀程度超出预期，尤其在正对氧腔进口区域的压力不均度较大，这样会造成每个喷嘴流量出现较大的不均匀度。为解决此问题，借鉴 Vulcain 2 发动机的经验，在氧头腔内设置了一个外形相对精巧的均流板（图 3 - 4），避免了重新设计头部结构造成的几何外廓超出约束和拖延研制进度的情况。设置均流板后，氧喷前总压分布均匀性得到了极大改善（图 3 - 5）。

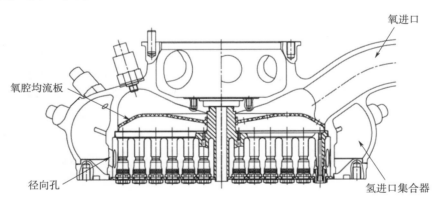

图 3 - 3　VINCI 发动机头部结构

图 3 - 4　氧腔设置的均流板

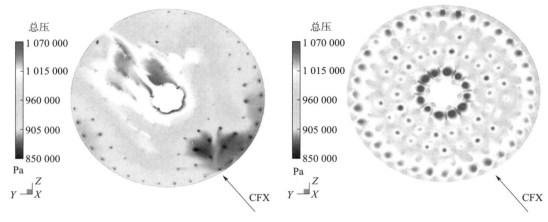

图 3-5　氧腔设置均流板前（左）/后（右）喷前总压对比

### 3.2.3　喷注器结构设计

喷注器结构设计一般包括喷注单元形式、喷注单元排列、喷嘴结构设计等。在推力室研制中，一般需要通过各种冷态试验、热试验考核其工作特性，并根据试验结果迭代优化喷注器结构。

#### 3.2.3.1　喷注单元形式

喷注单元是使氧化剂和燃料按照给定的混合比进行混合的最小喷嘴组合。对于氢氧膨胀循环发动机来说，推力室一般采用同轴式喷注单元，其中包括同轴直流式和同轴离心式。同轴式喷注单元结构示意图如图 3-6 所示，其中中心管为液氧喷嘴，与中心管平行的环缝为气氢喷嘴。世界各国膨胀循环发动机的喷嘴类型见表 3-2。各型膨胀循环发动机都采用直流式氢喷嘴，区别在于中心的氧喷嘴是离心式还是直流式。高速气氢射流对中心液氧射流产生撞击、扰动，使其破碎成细小的液滴，增大液氧的表面积，有利于雾化、混合和燃烧。对于气氢/液氧同轴式喷注单元来说，缩进深度和气液速度比是两个重要参数。缩进深度主要影响液体射流的破碎程度。增大缩进深度可以提高燃烧效率，但当缩进深度增大到一定程度时，燃烧效率便不再提高，过深反而会降低燃烧效率。气液速度比主要影响雾化特性，一般情况下增大气液速度比也可使燃烧效率提高，氢氧发动机的气液速度比一般取 $v_H/v_O = 16 \sim 30$。

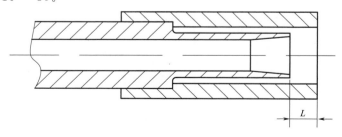

图 3-6　同轴式喷注单元结构示意图（其中 $L$ 为缩进深度）

表 3 - 2　世界膨胀循环发动机喷嘴类型

| 发动机 | RL10 系列 | LE - 5A/B | LE - X | YF - 75D | VINCI | RD - 0146 |
|--------|-----------|-----------|--------|----------|-------|-----------|
| 氢喷嘴 | 直流式 | 直流式 | 直流式 | 直流式 | 直流式 | 直流式 |
| 氧喷嘴 | 离心式 | 直流式 | 直流式 | 离心式 | 直流式 | 离心式 |

直流式喷嘴流量系数高，结构紧凑，排列密度大，可以减小喷注器和推力室的直径、结构质量。相对于直流式喷嘴，离心式喷嘴有如下特点：

1）当保持喷嘴压降恒定时，可通过改变喷嘴内部结构尺寸来调整喷嘴流量系数和喷雾锥角。

2）由于喷雾锥和破碎的液滴散布在较大的截面上，所以能够加速雾化和蒸发过程，有利于与相邻的喷雾锥混合。

3）喷嘴结构复杂，尺寸相对较大，流量系数低，单位面积上通过的流量较小。

4）对喷注器内部流场不均匀性不敏感，便于安排集液腔和流道。

直流式喷嘴的射流需要更长的距离来破碎、雾化、蒸发、混合。膨胀循环发动机的推力室身部普遍较长，不存在组元未燃烧完全导致的燃烧效率降低的问题。因此，对于推力＜100 kN 的膨胀循环发动机，由于推力室尺寸较小，推荐选用直流—离心式喷嘴，以获得较高的燃烧效率；对于推力＞100 kN 的膨胀循环发动机，氧化剂流量较大，推荐选用直流—直流喷嘴，以减小喷注器直径，降低推力室结构质量。同时，需要综合考虑现有的喷嘴结构，在创新与继承成熟工艺、试验条件之间平衡。最终选择的喷嘴类型既要满足发动机性能要求，还要具有良好的工艺性和较低的生产成本。

### 3.2.3.2　喷注单元排列

喷注单元排列一般需满足以下几方面的要求：

1）性能要求。通过选择合适的喷嘴排列方式来保证高效率的燃烧，以提高发动机性能。

2）稳定性要求。喷嘴排列应尽可能地减小高频不稳定燃烧的可能性，以保证发动机工作稳定。

3）可靠性要求。合理布置边区冷却喷嘴，组织可靠的内冷却对燃烧室内壁进行热防护，以保证喷注器和燃烧室内壁不出现烧蚀。

4）要有足够的强度和刚度。

5）流阻损失要尽可能小。

6）结构应尽可能简单，工艺性能要好。

液体火箭发动机喷注器上喷嘴的排列方式有蜂窝式、棋盘式和同心圆式（图 3 - 7）。液氢液氧发动机普遍采用同心圆式，所有喷嘴都位于一系列同心圆上，各个同心圆的直径成等差数列，各圈喷嘴数量也呈一定数值的等差数列。同心圆式排列具有面板空间利用充分、燃烧室截面上流量密度均匀、设计加工方便等优点。以欧洲空间局研制的 VINCI 发动机为例，共有 122 个氢氧同轴直流式喷注单元，每个喷注单元的设计流量一致，混合比在燃烧室内呈均匀分布，喷注单元采用同心圆排列，每圈喷嘴数量和直径见表 3 - 3。

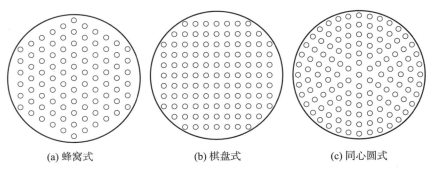

(a) 蜂窝式　　　　　　(b) 棋盘式　　　　　　(c) 同心圆式

图 3-7　三种喷嘴排列方式

表 3-3　VINCI 喷注器喷注单元排列

| 喷嘴位置 | 喷嘴数量 | 所在圆直径/mm |
|---|---|---|
| 第一圈 | 6 | 34.9 |
| 第二圈 | 12 | 65.1 |
| 第三圈 | 18 | 97.1 |
| 第四圈 | 22 | 129.8 |
| 第五圈 | 27 | 162.5 |
| 第六圈 | 37 | 195.2 |

在其他液体火箭发动机推力室中，经常在喷注器最外圈布置低混合比或单组元喷嘴，形成低温边区或液/气膜，对燃烧室内壁进行保护。膨胀循环发动机系统需要推力室提供足够大的换热量，因此对燃烧室边区非但不要求形成低混合比，反而要求充分接触高温燃气，因此喷注器所有喷嘴采用相同设计参数，以保证边区和中心充满高温燃气。

### 3.2.3.3　喷嘴结构设计

喷嘴是将一定流量的推进剂喷入燃烧室并实现雾化的组件，是构成喷注器最基本的部分。液体火箭发动机上采用的喷嘴按照推进剂组元类型可以分为燃料喷嘴和氧化剂喷嘴；按照流体存在的物理状态可以分为液体喷嘴和气体喷嘴；按照结构形式可以分为直流式喷嘴和离心式喷嘴；按照组元数量可以分为单组元喷嘴、双组元喷嘴和三组元喷嘴。

在喷嘴设计时，喷嘴流量和压降一般是给定的，需要设计的是喷嘴的几何尺寸。对于氢氧膨胀循环发动机来说，氧化剂喷嘴的组元为液氧，燃料喷嘴的组元一般为经过身部冷却通道加热并对涡轮做功后的气氢。在下文中，主要针对这两种物理状态的设计进行介绍。

（1）液氧喷嘴

对于液氧喷嘴来说，其主要功能是保证流量和实现雾化，因此流量系数和雾化特性是喷嘴的两个重要参数。根据发动机推力不同，液氧喷嘴可采用直流式喷嘴，也可采用离心式喷嘴。

（a）流量系数

对于一维无黏的理想情况，通过喷嘴的理想质量流量可由伯努利方程确定，即

$$\frac{p_{in}}{\rho_{in}} + \frac{v_{in}^2}{2} = \frac{p_c}{\rho_c} + \frac{v_c^2}{2} \tag{3-1}$$

对于不可压液体，密度为常数，即 $\rho_{in} = \rho_c = \rho$ ，可得

$$q_{m,th} = \rho A_n v_c = \rho A_n \sqrt{2\left(\frac{p_{in} - p_c}{\rho} + \frac{v_{in}^2}{2}\right)} \tag{3-2}$$

式中，$A_n$ 为喷嘴的喷孔面积；下标 in 对应喷嘴进口处的参数；下标 $c$ 对应燃烧室内的参数。

与喷嘴出口速度 $v_c$ 相比，入口速度 $v_{in}$ 的值很小，可以忽略不计，因此

$$q_{m,th} = A_n \sqrt{2\rho \Delta p_n} \tag{3-3}$$

式中　$\Delta p_n = p_{in} - p_c$ ——喷嘴压降。

由于喷嘴流动过程中存在能量损失，实际流通面积不能完全覆盖整个喷孔截面，因此通过喷嘴的实际流量 $q_m$ 要小于理想质量流量 $q_{m,th}$，两个质量流量的比值称为喷嘴的流量系数，用 $C_d$ 表示，即

$$C_d = q_m / q_{m,th} \tag{3-4}$$

（b）雾化特性

雾化是指在内、外力作用下液体的破碎过程。雾化特性主要指雾化细度和雾化均匀度。雾化细度是指射流破碎后所形成的液滴尺寸的大小，一般用射流破碎后的液滴平均直径来表示。同样流量的液体喷射后形成的液滴越多，液滴总的表面积越大，越有利于推进剂的蒸发。雾化细度与推进剂组元的物理性质、喷射速度、喷嘴的具体结构形式以及包围射流的燃气参数有关。对于离心式喷嘴，液滴质量中间直径通常为 25～250 μm；对于直流式喷嘴，液滴质量中间直径通常为 200～500 μm。雾化均匀度用液滴直径变化的范围确定。推进剂雾化后，液滴最大直径和最小直径之间的差值越小，则均匀度越好。

（c）液氧直流式喷嘴设计过程

直流式喷嘴的设计是根据喷注器设计给定的条件来确定喷嘴压降，选取或计算流量系数，最终求出喷嘴数量、单个喷嘴数量及喷嘴几何尺寸。直流式喷嘴的设计过程大致如下。

首先确定喷嘴压降。喷嘴压降是根据燃烧稳定性和燃烧效率等因素决定的。喷嘴压降选取时也要兼顾供应系统的负荷、推力及混合比调节范围。对于泵压式系统，喷嘴压降一般为燃烧室压力的 15％～25％。提高喷嘴压降可以减小推进剂雾化液滴直径，改善雾化质量，且有利于抑制低频燃烧不稳定性。但喷嘴压降高于某个值后，对雾化质量的改善不明显，反而增大了供应系统的负荷，还有可能增大高频不稳定燃烧的风险。如果喷嘴压降过小，则会导致雾化质量变差，降低燃烧效率，并且易受到供应系统的干扰，增大低频不稳定燃烧的风险。因此，在选取喷嘴压降时，一般需综合考虑各方面的因素，并参考喷嘴冷试结果以及以往型号的经验。

其次计算或选取流量系数。流量系数与喷嘴的几何形状、加工情况、液体的物理性质、喷嘴压降及燃烧室压力有关。直流式喷嘴的流量系数可初步按照 $C_d = 0.75 \sim 0.85$ 来设计，并根据喷嘴冷态试验对喷嘴流量系数进行修正。

最后确定喷嘴节流孔面积。喷嘴节流孔面积采用下式计算，即

$$A_n = \frac{q_m}{C_d \sqrt{2\rho \Delta p_n}} \tag{3-5}$$

根据以上喷嘴计算设计出来的喷注器，需根据液流试验及热试车结果进行修正，最终确定喷嘴结构尺寸。

（d）液氧离心式喷嘴设计过程

离心式喷嘴在设计时已知或选定的参数包括：

1）单喷嘴流量。离心式喷嘴的质量流量一般为 $30 \sim 300$ g/s。

2）喷嘴压降。喷嘴压降选取原则与直流式喷嘴类似，不再赘述。

3）喷雾锥角。一般选取喷雾锥角 $\alpha = 60° \sim 120°$，不宜过大，否则可能造成喷嘴出口烧蚀。

4）推进剂的物理性质。如密度、黏度等。

5）离心式喷嘴型式。如切向孔式离心式喷嘴或涡流器式离心式喷嘴。

切向孔式离心式喷嘴设计步骤如下：

1）按照选定的雾化角 $\alpha$，根据基于最大流量原理的阿勃拉莫维奇理论或基于动量方程的离心式喷嘴理论，确定对应 $\alpha$ 的流量系数 $C_d$ 和几何特性 $A$。

2）计算喷嘴出口直径 $d_n$。按照 $d_n = \sqrt{\dfrac{4q_m}{C_d \cdot \pi \cdot \sqrt{2\rho \cdot \Delta p}}}$ 计算。

3）根据喷嘴排列可能允许的外廓尺寸选择旋转臂 $R_t$ 的值。一般情况下，取 $R_t = (2.5 \sim 3.0)r_n$，其中 $r_n = \dfrac{d_n}{2}$。

4）选取切向孔数目 $n$。

5）计算切向孔进口半径 $r_t = \sqrt{\dfrac{R_t r_n}{nA}}$。

6）计算旋流室半径 $R_k = R_t + r_t$。

7）根据结构安排情况，确定喷嘴的其他结构尺寸：

喷嘴旋流室外径：$d_{k,ex} = 2R_k + (3 \sim 5)r_t$；

切向孔长度：$l_t \geqslant 2d_t$，其中 $d_t = 2r_t$；

喷口圆柱段长度：$l_n = (0.25 \sim 1.0)d_n$；

喷口进口锥角：$\psi = 60° \sim 150°$；

旋流室长度 $l_k$ 根据具体结构形式确定。

涡流器式离心式喷嘴计算过程与上述基本相同，即按照同样顺序计算至第 5）步，然后按照以下步骤进行：

6）给定涡流器螺纹头数 $n$ ，通常取 $n = 2 \sim 4$ 。

7）给定涡流器螺纹升角 $\beta$ ，通常取 $\beta = 25° \sim 35°$ 。

8）计算涡流器螺纹槽的法向截面积 $A_t = \dfrac{\pi r_n R_t \cos\beta}{nA}$ 。考虑到螺纹槽的流量系数一般取 0.9，因此需要将螺纹槽通道面积增大到 $A_t' = A_t / 0.9$ 。

9）计算涡流器和旋流室的几何尺寸。若螺纹槽为矩形，则螺纹槽法向截面上的宽 $S$ 和高 $h$ 可通过 $A_t' = Sh$ 确定；涡流器外径，即旋流室内径 $d_k = 2R_t + h$ ；涡流器螺纹内径 $d_{in} = 2R_t - h$ ；涡流器长度 $l_w$ 一般取一圈螺旋线间距的 1/3～3/4，且螺纹头数越多，涡流器可越短。

根据以上喷嘴计算设计出来的喷注器，需根据液流试验及热试车结果进行修正，最终确定喷嘴结构尺寸。

（2）气氢喷嘴

在氢氧膨胀循环发动机中，液氢经过身部冷却夹套气化后驱动涡轮做功，然后再进入推力室头部组织燃烧。因此，燃料喷嘴一般为气体直流式喷嘴。气体喷嘴在计算时需要考虑气体的压缩性。气体直流喷嘴的质量流量方程为

$$q_{mg} = C_d v_g A_n \rho_g \tag{3-6}$$

式中　$C_d$ ——流量系数，一般取 0.75～0.85；

　　　$v_g$ ——气体喷射速度；

　　　$\rho_g = \rho_{in}\left(\dfrac{p_c}{p_{in}}\right)^{\frac{1}{\gamma}}$ ——喷嘴出口截面气体密度；

　　　$A_n$ ——喷嘴出口截面面积；

　　　$\rho_{in}$ 和 $p_{in}$ ——喷嘴入口的气体密度和压力。

喷嘴入口的气体压力为

$$p_{in} = p_c + \Delta p_n \tag{3-7}$$

式中　$\Delta p_n$ 和 $p_c$ ——喷嘴压降和燃烧室压力。

喷嘴压降相对于燃烧室压力不高，喷嘴内的气体流动一般为亚声速流动，气体的喷射速度为

$$v_g = \sqrt{\frac{2\gamma}{\gamma - 1} R T_{in}\left[1 - \left(\frac{p_c}{p_{in}}\right)^{\frac{\gamma-1}{\gamma}}\right]} \tag{3-8}$$

式中　$R$ 和 $T_{in}$ ——喷嘴前的气体常数和总温；

　　　$\gamma$ ——比热比。

由上式可得，喷嘴出口处的截面积为

$$A_n = \frac{q_{mg}}{C_d \rho_{in}\left(\dfrac{p_c}{p_{in}}\right)^{\frac{1}{\gamma}} \sqrt{\dfrac{2\gamma}{\gamma-1} R T_{in}\left[1 - \left(\dfrac{p_c}{p_{in}}\right)^{\frac{\gamma-1}{\gamma}}\right]}} \tag{3-9}$$

### 3.2.3.4　总体结构设计

典型的氢氧膨胀循环发动机喷注器结构如图 3-2 所示，基本可以分为：第一底（有

的称为面板或下底）、中底、三底（或上底）、环、氢集合器、氢/氧进口法兰、承力座、点火喷管等。在具体设计喷注器结构时，需要根据工艺和材料基础、连接技术水平等因素来决定零件的组合与装配，尽可能地减少零件数量，提高结构可靠性。

结构设计时需要考虑的因素有：

1）加工制造工艺。欧美日等发达国家普遍采用精密铸造、电子束焊接来制造喷注器壳体。这种工艺具有一体化程度高、焊缝数量少的优点。俄罗斯、中国则使用传统的机械加工的方式生产喷注器零件，零件与壳体之间以氩弧焊连接。

2）所用材料。目前在喷注器上使用的材料主要为镍基高温合金、不锈钢、铜合金等。镍基高温合金可用作三底、承立座、发汗面板等，不锈钢可用于喷嘴、中底、环、集合器、法兰等，铜合金在欧洲用作氢喷嘴和喷注面板。

在喷注器零件设计与装配关系中，关键问题是喷嘴与中底的连接和密封结构设计。由于中底的两侧分别是气氢和液氧，一旦出现中底连接处密封失效，会造成氢氧窜腔、喷注器烧毁的严重事故。图 3-2 中所示发动机喷注器，中底是单独的零件，氢喷嘴与中底钎焊，离心式氧喷嘴插在氢喷嘴中间，与氢喷嘴钎焊连接。随着精密铸造、增材制造等技术的发展，将喷注器的三底、中底和喷嘴一体化设计制造，尽可能地减少中底上的贯通性连接结构，是喷注器结构设计的努力方向。图 3-8（a）中，VINCI 发动机将 122 个氧喷嘴与中底铸造成一体，通过电子束焊接到喷注器外壳（相当于三底）上；图 3-8（b）中，LE-X 的中底与头部壳体（相当于三底）铸造成一体，氧喷嘴与中底钎焊连接。

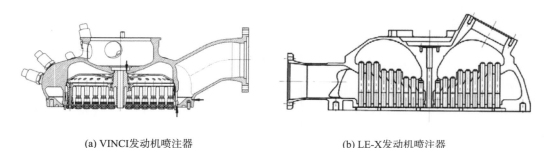

(a) VINCI发动机喷注器　　　　　　　　　　　(b) LE-X发动机喷注器

图 3-8　VINCI 发动机和 LE-X 发动机喷注器结构

## 3.3　燃烧室

### 3.3.1　功能及结构形式

燃烧室是推力室中进行推进剂燃烧的部件，又称作推力室身部。由于燃烧温度远高于大多数燃烧室内壁材料的熔点，因此必须对内壁壁面进行冷却，或者使发动机在内壁区域的温度过热前就停止工作。在膨胀循环发动机中，燃烧室既是将化学能转化为机械能产生推力的装置，又是为驱动氢、氧涡轮做功的氢气提供能量的加温器，是发动机的核心组件之一。

膨胀循环发动机推力室身部在保证最高气壁温不超过安全使用温度的前提下，在给定的冷却通道压降条件下，需要通过与燃气换热获得尽可能高的温升。这是与燃气发生器循环和补燃循环用推力室在功能和设计上的主要区别。所以膨胀循环发动机推力室设计尤其要注重传热结构的设计与优化，以满足换热需要的高热负荷和多次点火起动工作需要的高疲劳寿命要求。另外，膨胀循环发动机氢工质在经过推力室身部换热后，先驱动涡轮做功，然后输送至头部喷注器参与燃烧；在身部换热部位需单独设置氢进口和出口集合器（或集液腔），根据选择的冷却流向（如顺流、逆流和来回流等）确定集合器的具体位置。

为了获得较高的换热能力，同时满足多次起动工作的寿命要求，身部可采用大深宽比铣槽式或管束式换热结构，选用具有较高导热率的铜合金材料。对于铣槽式身部可通过加长圆柱段、内壁加肋等措施提高换热能力。而为减小发动机系统负荷，又希望身部冷却换热通道的流阻越低越好。

美国 P&W 公司 RL10 系列和 RL60 膨胀循环发动机燃烧室采用变截面管束式结构。RL60 燃烧室的管束式结构如图 3 – 9 所示。RL60 燃烧室的冷却管采用一种铜合金材料 PWA 1177，管子与管子之间通过钎焊连接。在管束外表面上采用真空等离子喷涂（VPS）技术，先喷涂一层铜，再喷涂较厚的承力结构材料 AISI 347 不锈钢。

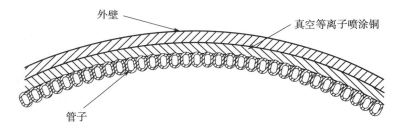

图 3 – 9　RL60 管束式燃烧室

欧空局 VINCI 发动机和日本 LE – 5B 发动机燃烧室采用沟槽式结构，沟槽式结构示意如图 3-10 所示。沟槽式结构传统的制造工艺是在铜合金材料上铣削出冷却通道，将冷却通道用蜡填充，先电镀一薄层铜封闭通道，后电铸镍作为承力结构，最后熔腊去除。后又发展出了脉冲电铸镍技术、扩散焊（或热等静压）等新型高效外壁制造技术。我国氢氧火箭发动机也采用了此结构形式。

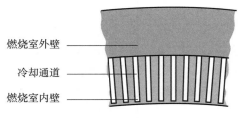

燃烧室外壁
冷却通道
燃烧室内壁

图 3-10　沟槽式结构

　　与铣槽结构相比，管束式结构的换热表面积相对更大，其换热能力更强，另外管状结构既有利于减少流阻又有利于提高承载能力。不过与铣槽结构相比，其对加工制造工艺技术要求高，而可靠性较低且成本相对更高。

　　对于膨胀循环发动机推力室身部换热结构，为了降低流阻、提高温升，同时兼顾考虑推力室整体重量、加工工艺和研制成本等因素，需要对身部换热流动方式进行权衡比较。

　　现有四种身部换热流动方式供比较选择，具体形式如图 3-11～图 3-14 所示。

　　顺流方式，是指冷却剂流动方向与燃烧室内燃气流动方向相同的换热流动方式。

　　逆流方式，是指冷却剂流动方向与燃烧室内燃气流动方向相反的换热流动方式。

　　来回流，是为了考虑减少进口或出口集器器重量或优化总体布局等因素，在冷却剂流路某处实施往返来回流。为表述方便，对大部分冷却剂流程为顺流的，简称为顺来回流；对大部分冷却剂流程为逆流的，简称为逆来回流。

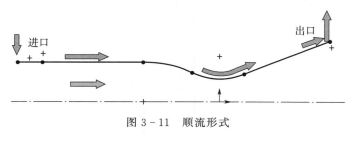

图 3-11　顺流形式

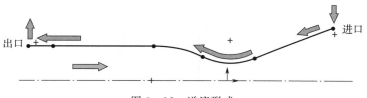

图 3-12　逆流形式

　　膨胀循环发动机燃烧室冷却通道的设计思路和重点是，了解或掌握燃烧室内燃气热流

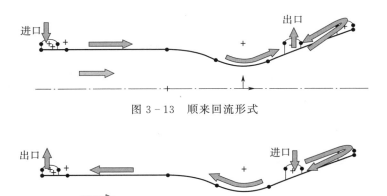

图 3 - 13　顺来回流形式

图 3 - 14　逆来回流形式

密度随位置分布的规律（见图 3-15）。在此基础上根据传热计算、强度计算和加工能力等因素，确定冷却流向、不同位置处冷却结构尺寸（如肋数、肋高和肋宽等），如图 3 - 16 所示。在气壁温不超过材料最高安全使用温度的前提下实现温升和压降的综合最优结果。设计中的难点是掌握热流密度随位置的分布规律，这主要通过相近结构尺寸燃烧室的类推或通过缩比件甚至全尺寸传热试验来获得。需要指出的是，通常受限于结构尺寸、测量手段和加工水平等综合因素的制约，在传热试验中获得的数据是有限的甚至是不足的。这是目前制约传热设计精准的短板所在。当今随着计算机和计算流体软件的高速发展，可以通过大计算量的传热计算并结合实测传热试验数据对计算模型的修正，来不断提高传热设计的准确性，以期减少前期设计验证的试验件数量或试验次数。

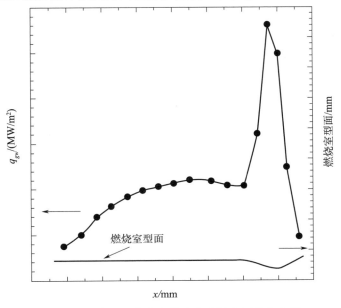

图 3 - 15　典型的燃烧室热流密度随位置分布曲线

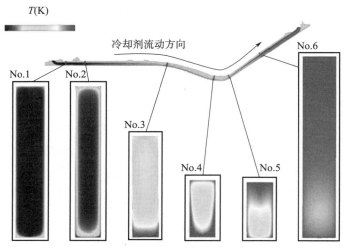

图 3 - 16　不同位置的冷却结构示意图

表 3 - 4 列出了国内外主要氢氧膨胀循环发动机燃烧室的主要参数和结构特点。

### 3.3.2　燃烧室的容积与形状

推进剂在燃烧室里完成燃烧过程需要一定的时间，这个时间需要由燃烧室的容积来保证。因此确定燃烧室的容积十分重要。燃烧室容积定义为从喷注器面至喷管喉部截面之间的容积。对于目前普遍采用平坦喷注器面的圆柱形燃烧室来说，燃烧室容积包括圆柱段和喷管收敛段。由于燃烧室内进行的各种物理、化学过程十分复杂，目前通过理论计算模型尚不能准确给出燃烧室容积。因此工程设计上通过燃气停留时间和燃烧室特征长度等经验参数选择燃烧室容积。

特征长度与停留时间是个经验的特征参数，停留时间应当大于推进剂完全燃烧所需时间，它与推进剂种类、喷注器形式和燃烧室压力等因素有关。

特征长度是个统计数据，对不同的推进剂，特征长度也不同；由于燃烧压力不同，喷注结构不同，即使对相同的推进剂，其值变化也比较大。这些变化主要与下列因素有关：

1）推进剂种类：低沸点推进剂的特征长度小，其次是自燃推进剂。

2）燃烧室压力：压力增加，特征长度缩短。

3）喷注器结构：互击式喷注单元和喷嘴孔径小的喷注器，特征长度可以减小。

4）推力室整体尺寸的限制。

在特征长度相同的情况下，当喷注器尺寸允许时，希望减小燃烧室直径，增加长度，延长燃气的行程，提高燃烧效率。

燃烧室容积确定后，根据流量密度和收缩比确定燃烧室的直径和长度。目前，多数液体火箭发动机燃烧室的收缩比为 1.5～3.0。

表 3 - 4　国内外膨胀循环发动机燃烧室参数和结构特点

| 发动机型号 | RL10A-4-2/RL10B-2 | RL60 | VINCI | RD0146 | LE-5B | MB-60 | LE-X | YF-75D |
|---|---|---|---|---|---|---|---|---|
| 国家/地区 | 美国 | 美国 | 欧洲 | 俄罗斯 | 日本 | 美日联合 | 日本 | 中国 |
| 循环方式 | 闭式 | 闭式 | 闭式 | 闭式 | 开式 | 开式 | 开式 | 闭式 |
| 室压/MPa | 4.2/4.44 | 8.3 | 6.12 | 7.9 | 3.58 | 13.4 | 12 | 4.1 |
| 混合比 | 5.5/6.0 | 5.85 | 5.85 | 5.9 | 5 | 5.8 | 5.9 | 6.4 |
| 冷却流量/(kg/s) | 3.4473 | 8.55 | 5.71 | 3.21 | — | 2.03 | — | 2.7 |
| 温升/K | 180/— | 350 | 205.6 | 275 | ≈380 | 435 | — | 221 |
| 冷却压降/MPa | 1.2/— | 4.32 | 3.26 | 3.5 | — | 3.2 | — | 0.8 |
| 喉部直径 $D_t$/mm | 125.6 | 161.6 | 138 | 86.2 | 160 | — | 258 | 118.6 |
| 圆柱段直径 $D_c$/mm | 260.65 | — | 213 | 165 | 240 | — | 440 | — |
| 收缩比 | 4.3 | — | 2.38 | 3.66 | 2.25 | — | 2.95 | — |
| 换热段面积比 | 61 | — | 22.3 | 67.8 | 8.5 | — | 3.6 | 7 |
| 扩张段集合器所在面积比 | — | — | 8.5 | 18 | — | — | 3.6 | 7 |
| 燃烧室长度（喷注面至喉部）/mm | 381 | — | 620 | 500 | 454 | — | — | — |
| 换热段长度/mm | 1 143 | — | 1 062 | 1 120 | 682 | — | 1 200 | — |
| 冷却结构形式 | 管束式 | 管束式 | 铣槽式 | 铣槽式 | 铣槽式 | 铣槽式 | 铣槽式 | 铣槽式 |
| 冷却剂流动方向 | 逆末回流 | 逆流 | 顺流回流 | 逆末回流 | 顺流 | 逆流 | 逆流 | 顺流 |
| 冷却通道数量 | 扩张段 360，其余 180 | — | 324，回流段 628 | — | 232 | — | 486 | 288/144 |

　　燃烧室的几何形状有多种。早期的液体火箭发动机曾有采用球形或梨形的。现代绝大多数发动机都采用圆筒形（或称圆柱形），如图 3 - 17 所示。球形或梨形燃烧室虽然具有较好的承压能力和燃烧稳定性，及相同容积下结构质量轻、受热面积小等优点，但由于其结构复杂，喷注器喷嘴布置和加工都比较困难，后来很少采用。圆筒形燃烧室便于头部喷注器设计和身部内、外冷却设计，且结构简单、容易制造、经济性好。当前的氢氧膨胀循环发动机均采用的是将喷注器布置在头部的圆筒形燃烧室。

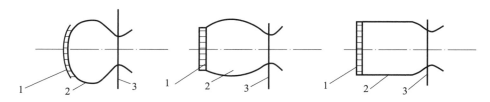

图 3 - 17　燃烧室的几何形状

1—喷注器；2—燃烧室；3—喉部

### 3.3.3　传热分布及冷却

　　火箭发动机推力室燃烧产生的热量将传递给与高温燃气接触的所有内部表面，即喷注器面、燃烧室壁面和喷管的壁面。不同部位的传热速率在推力室内是变化的。同时有研究表明，燃烧室内仅有 $0.5\%\sim5\%$ 的燃气能量以热量的形式传给燃烧室壁面。

　　燃烧室中燃气以热传导方式传递给室壁的热量几乎可以忽略不计，大部分热量通过对流传热方式传递，还有约 $5\%\sim35\%$ 的热量以热辐射方式传递。燃烧室传热的三个主要过程为：燃气与燃烧室室壁的对流及辐射换热、室壁的热传导、冷却剂与室壁液侧的对流换热。

　　现在液体火箭发动机中，燃烧室内是高温、高压的燃气，温度远高于大多数材料的熔点。因此必须对燃烧室内壁壁面进行冷却，防止燃烧室壁面过热，使其在规定的工作时间内保证室内壁处于容许的热状态。

　　再生冷却是现代较大推力液体火箭发动机上普遍采用的冷却方法。氢氧膨胀循环发动机推力室燃烧室也采用了此冷却方法。利用液氢推进剂作为冷却剂，在喷入燃烧室之前，以一定的流速经过燃烧室内、外壁之间的通道，将由燃气传给室壁的热量带走，达到冷却燃烧室的目的。燃烧室再生冷却结构示意如图 3 - 18 所示。

　　燃烧室传热的三个热交换过程为：燃气向室壁的对流和辐射传热，室壁的热传导，室壁向冷却剂的对流传热。燃烧室的传热及流阻计算，首先将燃烧室划分成若干个计算截面，依次对每个截面进行热平衡计算，分别求出热流密度、燃气侧壁温、冷却剂侧壁温、冷却剂温度、冷却剂压强。燃烧室外壁与外界环境的对流或辐射换热量相比燃气侧换热量很小，计算中常常不予考虑。因此，热流达到平衡时，燃气侧对流换热热流与辐射换热热流之和等于内壁热传导热流，也等于冷却剂侧对流换热热流，即 $q_{cv}+q_r=q_w=q_l$。图 3 - 19 为典型的燃烧室燃气经室壁向冷却剂传热过程简图。

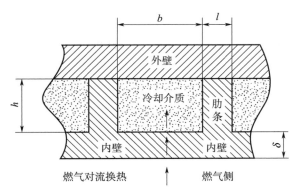

图 3 - 18　再生冷却结构示意图

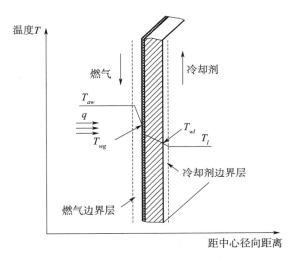

图 3 - 19　推力室室壁传热过程简图

燃烧室传热分析的主要经验公式或准则方程介绍如下。

（1）燃气对流传热

燃气对流传热是燃烧室内燃气向室壁传热的主要形式。在燃烧室内，对流热流通常占总热流的 80% 以上，喉部附近可达 95%。因此，确定燃气对流热流数值，是分析燃烧室传热计算的首要工作。采用以下基本关系式求热流

$$q_{cv} = h_g(T_{aw} - T_{wg}) \tag{3-10}$$

式中　$q_{cv}$ ——对流换热热流密度；

　　　$h_g$ ——燃气对流换热系数；

　　　$T_{aw}$ ——燃气的绝热壁温；

　　　$T_{wg}$ ——燃气侧当地室壁温度。

计算燃气对流换热系数是一个相当复杂的问题，美国学者巴兹在实验基础上，提出的液体火箭发动机推力室内燃气对流换热系数计算方法（即 Bartz 公式）为

$$h_g = \frac{0.026}{d_t^{0.2}} \left( \frac{\eta^{0.2} c_p}{Pr^{0.6}} \right)_{T^*} \left( \frac{P_c^*}{c^*} \right)^{0.8} \left( \frac{d_t}{d_c} \right)^{1.8} \sigma \tag{3-11}$$

对于喉部，考虑到纵向曲率半径的影响，加入修正项 $(d_t/R_t)^{0.1}$，即得喉部换热系数计算式为

$$h_g = \frac{0.026}{d_t^{0.2}} \left( \frac{\eta^{0.2} c_p}{Pr^{0.6}} \right)_{T^*} \left( \frac{P_c^*}{c^*} \right)^{0.8} \left( \frac{d_t}{R_t} \right)^{0.1} \left( \frac{d_t}{d_c} \right)^{1.8} \sigma \qquad (3-12)$$

式中　　$h_g$ ——燃气对流换热系数；

　　　　$\eta$ ——动力黏度；

　　　　$c_p$ ——定压比热容；

　　　　$Pr$ ——普朗特数；

　　　　$P_c^*$ ——燃烧室总压；

　　　　$c^*$ ——特征速度；

　　　　$d_t$ ——喉部直径；

　　　　$R_t$ ——喉部纵向曲率半径；

　　　　$d_c$ ——燃烧室内径；

　　　　$\sigma$ ——定性温度变换系数，$\sigma = \left[ \dfrac{1}{2} \dfrac{T_{ug}}{T^*} \left( 1 + \dfrac{\gamma-1}{2} Ma^2 \right) + \dfrac{1}{2} \right]^{-0.68} \left( 1 + \dfrac{\gamma-1}{2} Ma^2 \right)^{-0.12}$；

　　　　$T^*$ ——燃气总温；

　　　　$\gamma$ ——定熵指数；

　　　　$Ma$ ——马赫数，由 $\left( \dfrac{d}{d_t} \right)^2 = \dfrac{1}{Ma} \sqrt{\left( \dfrac{1 + \dfrac{\gamma-1}{2} Ma^2}{\dfrac{\gamma+1}{2}} \right)^{\frac{\gamma+1}{\gamma-1}}}$ 计算得到；

　　　　近似地：$Pr \approx 4\gamma/(9\gamma-5)$，$\eta \approx 1.184 \times 10^{-7} \times M_r^{0.5} \times T^{0.6}$，$M_r$ ——相对分子量；下标 $T^*$ ——以总温为定性温度。

使用 Bartz 公式时，需要注意如下几点事项：

1）系数 0.026 是基于特定的喷管并按照湍流边界层理论分析得出的喉部参数修正值，为提高传热预测准确度，可通过传热试验对该系数进行修正。

2）当喷管段的收敛和扩张半角分别在 15°～45°、7.5°～22.5°范围内，且当 $d_t/Rt$ 不大于 3 时，该公式适用性较好。

3）当存在边区混合比时，燃气温度和物性都按边区混合比计算，一般情况下，边区混合比可近似为最外圈低混合比的喷嘴流量与次外圈流量的一半之和作为边区流量求出的平均混合比。

（2）冷却剂侧传热

由于冷却侧的壁温较低，辐射热的传热量很小，因此燃烧室壁与冷却剂之间主要是以对流方式进行热交换。与燃烧室内的情况类似，冷却剂在冷却通道内的流动传热可视为充分发展的湍流流动，对流换热计算采用管道内强制对流换热公式

$$q_l = h_l (T_{wl} - T_l) \qquad (3-13)$$

式中　　$q_l$ ——冷却剂对流换热热流密度；

　　$h_l$ ——冷却剂对流换热系数；

　　$T_{wl}$ ——冷却剂侧室壁壁温；

　　$T_l$ ——冷却剂温度。

　　考虑铣出矩形截面槽道结构的肋条效应时的对流换热系数为

$$h_l = h_c \eta_p \tag{3-14}$$

其中

$$\eta_p = \frac{a}{a+b} + \frac{2h}{a+b} \frac{th(\zeta)}{\zeta} \tag{3-15}$$

$$\zeta = \left( \sqrt{\frac{2h_c}{\lambda b}} \right) \cdot h \tag{3-16}$$

式中　$h_c$ ——不考虑肋条效应的冷却剂对流换热系数；

　　　　$\eta_p$ ——肋条效应系数；

　　　　$a$ ——冷却通道宽度；

　　　　$b$ ——肋条厚度；

　　　　$h$ ——冷却通道高度；

　　　　$\lambda$ ——燃烧室内壁材料导热系数。

　　由努塞尔数 $Nu$ 确定对流换热系数 $h_c$。对流换热系数 $h_c$ 的计算公式为

$$h_c = \frac{Nu \lambda_f}{d_e} \tag{3-17}$$

式中　$\lambda_f$ ——冷却剂导热系数；

　　　　$d_e$ ——冷却通道当量直径。

　　单相液体对流传热的 $Nu$ 计算通用准则方程为

$$Nu = 0.021 Re^{0.8} Pr^{0.4} (Pr_w / Pr)^{0.25} \tag{3-18}$$

式中　$Pr_w$ ——以壁温 $T_{wl}$ 为定性温度的 $Pr$ 数，其余未注下标的准则数均以主流体温度
　　　　　　　　$T_l$ 为定性温度。该准则方程仅以 $T_l$ 作为定性温度，其预测准确度较低。

　　在氢氧膨胀循环发动机燃烧室中，均是采用氢作为再生冷却剂。再生冷却是对流冷却的一种，其传热状态包括单相传热和相变传热。燃烧室热流密度较大，液壁温不可避免地要超过液体饱和温度或临界温度。因而传热状态实际为表面沸腾传热或表面超临界传热，这种方式可以使得散热能力大大增加。单相气体对流传热与单相液体对流传热性质相同。液氢这样的超低温推进剂，进入冷却夹套后很快就完全气化，成为单相超临界低温氢气。由于氢温太低，壁温 $T_{wl}$ 与主流体温度 $T_l$ 的比值很大，壁温对传热系数的修正更为重要。不同研究者根据实验等研究成果提出了不同的修正方法。

　　Schaeht & Quentmeyer 提出的积分法似较合理，通过对各热物理参数 $X$ 取积分平均值，再按如下常用准则方程进行计算

$$Nu_{\int} = 0.023 Re_{\int}^{0.8} Pr_{\int}^{0.4} \tag{3-19}$$

其中，$X = \dfrac{1}{T_{wl} - T_l} \displaystyle\int_{T_l}^{T_{wl}} X(T) \mathrm{d}T$。

式（3-19）计算太繁，以膜温 $T_f = (T_{wl} + T_l)/2$ 作为定性温度，Hess & Kung 提出了黏度修正法计算公式

$$Nu_f = 0.020\,8Re_f^{0.8}Pr_f^{0.4}\left(1 + 0.014\,57\,\frac{v_w}{v_b}\right) \tag{3-20}$$

式中　$Nu$ ——努赛尔数；

　　　$Re$ ——雷诺数；

　　　$v_w$ ——以壁温为定性温度的运动黏度；

　　　$v_b$ ——主流体温度下的运动黏度；

　　　下标 $f$ 表示定性温度 $T_f = (T_{wl} + T_l)/2$。

有研究者经过实验认为式（3-20）的误差太大，提出包括各种修正因素在内的新方程。通过换热或缩比试验更为准确地确定 $Nu$，常用的形式为

$$Nu = Nu_s\psi_{ent}\psi_r\psi_c \tag{3-21}$$

式中　$Nu_s$ ——充分发展光滑管流努赛尔数；

　　　$\psi_{ent}$ ——入口修正系数；

　　　$\psi_r$ ——粗糙度修正系数；

　　　$\psi_c$ ——曲率修正系数。

其中，各项修正系数的选取方法如下

$$Nu_s = 0.023Re_f^{0.8}Pr_f^{0.4} \tag{3-22}$$

$$\psi_{ent} = 2.88(x/D)^{-0.235} \tag{3-23}$$

$$\psi_r = \frac{1 + 1.5Pr_b^{-1/6}Re_b^{-1/8}(Pr_b - 1)}{1 + 1.5Pr_b^{-1/6}Re_b^{-1/8}(Pr_b\xi - 1)}\xi \tag{3-24}$$

$$\psi_c(\pm) = (Re_b(D/2R)^2)^{\pm 0.05} \tag{3-25}$$

式（3-22）～式（3-25）中　$x$ ——距冷却剂入口距离；

　　　　　　　　　　　　　$D$ ——通道当量直径；

　　　　　　　　　　　　　$R$ ——曲率半径；

　　　　　　　　　　　　　$\xi$ ——粗糙与光滑管路摩擦系数之比。

其中，式（3-25）中"＋"表示凹曲率，"－"表示凸曲率。

（3）燃气辐射传热

氢氧火箭发动机燃烧室燃烧产物只有 $H_2O$ 气体，它不含固体微粒。燃气辐射主要来自三原子气体——$H_2O$ 气体。辐射热流密度取决于燃气温度和压力、$H_2O$ 分压以及燃烧室的几何尺寸。一般只计算燃烧室的最大辐射热流密度 $q_{r,max}$，其余位置的热流密度由经验关系得到。燃气辐射热流密度沿推力室轴线变化情况如图 3-20 所示。

实验研究表明，燃烧室中距喷注面 50～100 mm 至喷管收敛段 $d = 1.2d_t$ 处，辐射热流密度最大且数值不变；距喷注面 50～100 mm 开始，辐射热流密度 $q_r$ 朝喷注面方向直线降低，喷注面处 $q_r$ 下降为 $q_{r,max}$ 的 20%；喷管收敛段 $d = 1.2d_t$ 之后，燃气加速膨胀，静温、静压都急剧下降，辐射热流密度也随之下降，喉部 $q_r$ 仅为 $q_{r,max}$ 的 50%；喉部之后辐射热流密度 $q_r$ 降低更快，在面积比 $A/At = 1$、2、3、4 处，$q_r$ 与最大值之比 $q_r/q_{r,max}$ 相

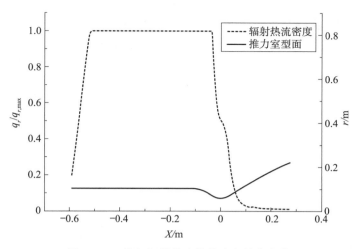

图 3-20　燃气辐射热流沿推力室轴线变化

应下降为 50%、12%、6%、3%。其余截面处的 $q_r/q_{r,\max}$ 值可用内插和外推法求得。不同文献对 $q_r$ 的衰减速度定义有所不同，而内插、外推值也不免有误差。不过，此处 $q_r$ 值仅占总热流密度值的很小一部分，稍有差别也无关紧要。

均匀成分燃气对壁面的辐射热流密度计算式为

$$q_r = \varepsilon_{w,ef}\sigma(\varepsilon_g T_g^4 - a_w T_{wg}^4) \tag{3-26}$$

式中　$\varepsilon_{w,ef}$——壁面有效黑度，可近似为 $\varepsilon_{w,ef} \approx (1+\varepsilon_w)/2$，$\varepsilon_w$ 为壁面材料黑度；

　　　$\sigma$——斯忒藩-玻耳兹曼常数，$\sigma = 5.67 \times 10^{-8}$ W/(m² · K⁴)；

　　　$\varepsilon_g$——燃气黑度，此处为水蒸气黑度 $\varepsilon_{H_2O}$；

　　　$a_w$——壁面吸收率。

由于 $T_{wg}^4$ 比 $T_g^4$ 小得多，故 $a_w T_{wg}^4$ 相对于 $\varepsilon_g T_g^4$ 可忽略不计。

黑度 $\varepsilon_{H_2O}$ 是分压 $p_{H_2O}$、燃气静温 $T_g$ 和辐射路程 $L$ 的函数，可按图 3-21 查得。实际上，分压 $p$ 与 $L$ 对 $\varepsilon$ 的作用并不相等，即乘积 $pL$ 相同时，其对应的 $\varepsilon$ 值并不相同，$p$ 较大者，$\varepsilon$ 也较大。因此，需要对查得 $\varepsilon$ 值按 $p$ 作修正。其中经常使用的弗罗劳夫修正方法如下

$$\varepsilon_{H_2O} = 1 - (1 - \varepsilon_{H_2O,0})^{1+k_{H_2O}p_{H_2O}} \tag{3-27}$$

式中　$\varepsilon_{H_2O,0}$——按图 3-21 查得未经修正的 $\varepsilon_{H_2O}$；

　　　$k_{H_2O}$——压力修正系数，可按图 3-22 查得。

（4）室壁导热

燃气向室壁传递的热流量，靠热传导通过室壁传递给冷却剂侧，热流密度的计算公式为

$$q_w = \lambda/\delta(T_{wg} - T_{wl}) \tag{3-28}$$

式中　$\lambda$——按定性温度 $\frac{1}{2}(T_{wg} + T_{wl})$ 计算的室壁材料导热系数。

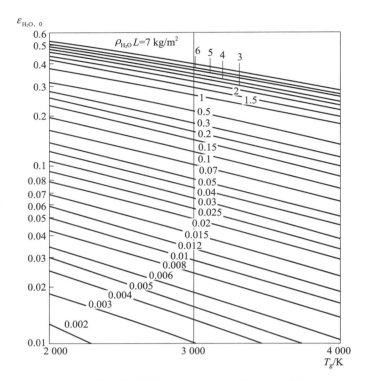

图 3 - 21　$H_2O$ 黑度 $\varepsilon_{H_2O,0} = f(T_g,\ \rho_{H_2O}L)$

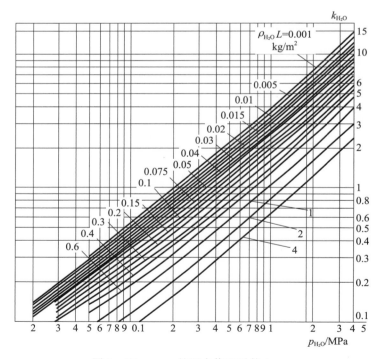

图 3 - 22　$\varepsilon_{H_2O}$ 的压力修正系数 $k_{H_2O}$

### 3.3.4　冷却通道的压降损失

燃烧室冷却夹套一方面要确保冷却剂能够吸收由燃烧室内壁传递的所有热量，另一方面又要尽量减少冷却剂的压降。提高冷却剂压降能提高冷却通道内冷却剂的速度，从而增强冷却效果。但这会增加供给系统的负担，使其更为庞大并增加结构质量。闭式氢氧膨胀循环发动机中对燃烧室冷却夹套的压降更为敏感。

冷却夹套内的大部分压降发生在流动方向或通道截面发生变化的部位，如突扩或突缩处。冷却通道内的压降可以通过理论计算得到。计算时需要关注温度升高后冷却剂密度和黏度改变的影响。通常情况下，冷却通道中流体的压力公式为

$$P_i = P_{i-1} - \Delta P_1 - \Delta P_2 - \Delta P_3 \qquad (3-29)$$

式中　$P_i$——计算截面冷却剂压力；

$P_{i-1}$——计算前一截面冷却剂压力；

$\Delta P_1$——沿程摩阻损失，$\Delta P_1 = \dfrac{2\xi \rho V^2}{d_L \cos\theta}\Delta x$，式中冷却通道摩阻系数 $\xi$ 由

$$\frac{1}{\sqrt{\xi}} = \left[ -4.0\log\left(\frac{e/d_L}{3.7} + \frac{1.255}{Re\sqrt{\xi}}\right)\right]\left[Re\left(\frac{d_L}{2r_i}\right)^2\right]^{-0.05}$$

计算得到，

其中雷诺数 $Re = \dfrac{\rho V d_L}{\mu}$；

$e$——冷却通道壁面粗糙度；

$\Delta P_2$——动量损失，$\Delta P_2 = \dfrac{1}{2}(\rho_i V_i + \rho_{i-1} V_{i-1})(V_i - V_{i-1})$；

$\Delta P_3$——局部损失，$\Delta P_3 = \dfrac{1}{2}\zeta\rho_i V_i^2$。

上述公式中 $\rho$、$\mu$ 均以 $\dfrac{1}{2}(T_{wl} + T_l)$ 为定性温度。

### 3.3.5　室壁载荷、应力及使用寿命

火箭发动机工作期间，所有推力室室壁承受着燃烧室压强、飞行加速度、振动及热应力等产生的轴向、径向等载荷，还必须承受可能超过额定室压的瞬时点火冲击，还要传递推力载荷、伺服机构作用的推力矢量控制力矩等。推力室壁面还必须承受起动时初始热应力的"热冲击"。因此需要对火箭发动机推力室进行强度分析，更好地了解推力室在复杂力热载荷联合作用下的应力分布以及变形，为设计人员提供必要的参考数据。

通常对关键的燃烧室室壁区域（有时也包括喷管出口）进行传热和强度分析。室壁内外温差引起的热应力是需要关注的最严重的应力，而传热或壁面温度分布的变化也会影响室壁应力。一般情况下，燃烧室壁内外温差使室壁内表面产生压缩应力，外表面产生拉伸应力。当处于较冷环境温度的内壁受热时，它们会向各个方向略微膨胀，但是由于结构特

点，被较冷的外壁限制了自由膨胀。内壁在较高温度下屈服强度降低，受压时内壁的屈服会使温度较高一侧轻微收缩。而停止工作后内壁也会收缩，但不会回到原来的大小，出现了屈服。这些效应将在内壁形成小的表面裂纹。随着每一次新的起动和关机，这种裂缝将会不断加深并越来越多，最终内壁不能承受压力载荷而失效。这些现象限制了推力室的使用寿命。

对燃烧室进行传热和强度分析，一般采用大型通用的有限元分析计算软件进行仿真分析预示。

通常情况下，限制火箭发动机燃烧室寿命的因素包括：低循环疲劳、蠕变断裂、热腐蚀、氢脆、氧化、降解、软化、融化、丧失稳定性。虽然所有的因素都会影响燃烧室寿命，低循环疲劳和蠕变是最主要的因素。和大多数延性金属一样，在高温和循环加载下，铜合金显示应变硬化和应力松弛。由于它的硬化和循环加载，内壁材料发生塑性变形，最终导致疲劳失效。影响疲劳裂纹成长率的主要参数是加载频率、应力比和温度。当温度达到 35%～70% 熔点时，发生蠕变变形，时间相关蠕变主导塑性变形，蠕变是在高温下和恒定载荷下塑性变形的不断累积。蠕变和疲劳交互作用出现塑性棘轮，或循环相关蠕变。这个过程使冷却通道壁面出现不断的变形和薄化。

## 3.4　喷管延伸段

### 3.4.1　功能及结构形式

喷管延伸段是短喷管推力室拉瓦尔喷管的延续部分，又叫扩张段。喷管延伸段的作用是将燃烧室燃烧生成的高温高压燃气继续加速成超声速气流喷出，产生更大的推力推动火箭飞行。

液体火箭发动机喷管一般由收敛段、喉部（最小截面）以及扩张段组成，横截面通常采用圆形。目前，已有多种成熟的喷管构型在使用中。不同的喷管型面对气流的作用不同，喷管型面设计就是力求寻找最佳的几何形状，使之对气流加速所产生的反作用力最有利。液体火箭发动机喷管的发展中，一直在致力于以下四个方面的探索研究：

1）气流在喷管中边流动边加速过程中造成的损失最小，获得尽可能高的喷管效率。

2）尽可能缩短喷管长度，减少质量，便于组织冷却。

3）造型简单，工艺上容易实现。

4）能够在所有工作高度上都保持高效率工作。

根据不同火箭发动机的设计要求，喷管延伸段的具体结构形式也不尽相同，有再生冷却结构、排放冷却结构和辐射冷却结构等。某型喷管延伸段由数百根变截面矩形螺旋管组成排放冷却结构，通过管束焊接组件、法兰、出口集合器等焊接而成，如图 3-22 所示。

### 3.4.2　型面设计

按照几何形状的不同，现在液体火箭发动机喷管最常见的主要有锥型和钟型（或特型）。

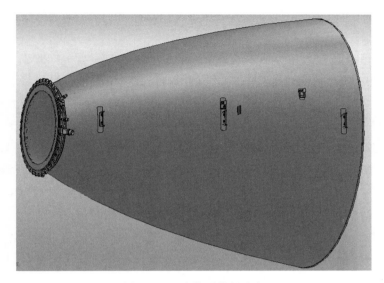

图 3-22　喷管延伸段示意

　　锥形喷管是使用最早且结构最为简单的喷管构型，在早期使用的火箭发动机上，几乎都采用锥形喷管。锥形喷管采用母线为直线，造型简单，制作方便，也容易进行增大或减小，但其缺点也很明显，质量大、长度长、损失大、效率低。目前多应用于小型或微型不冷却喷管的液体火箭发动机上。

　　钟型喷管是目前最常用的喷管形状。钟型喷管采用母线为曲线，形面是逐渐变化的，在初始扩散区内采取快速膨胀或径向流动部分，在出口处引导为一个近似均匀的轴向流动。钟型喷管可以得到较高的喷管效率，还具有尺寸相对较小、重量轻和结构简单、工艺上容易实现等优点。工程上通常用当量半角为 15°的锥形喷管作为基准来说明钟形喷管。例如，一个 80%长度的钟形喷管（由喉部到出口平面间的距离），即表示在喉部面积、喉部下游处的半径和膨胀面积比相同的条件下，钟形喷管的长度为 15°半角锥形喷管长度的 80%。

　　钟型喷管型面的设计方法有多种，包括特征线法、抛物线法、双圆弧法、三圆弧法和最大推力喷管（罗氏法，即 Rao 氏法）。其中三圆弧法喷管型面的计算方法和罗氏喷管的计算方法基本一样，只是进行了简化，也算是最大推力喷管。各型面的具体设计方法可参考其他相关文献。

　　对于喷管扩张比较大的上面级发动机，通常采用 Rao 氏最大推力喷管造型，通过按最大推力原理设计喷管型面，使喷管处于最佳膨胀状态，获得更高的性能。其原理是基于拉格朗日乘子采用变分优化方法在给定长度条件下获取推力最大的喷管型面。有研究发现，抛物线能够很好地近似代表该喷管型面的曲线，仅带来很少的性能损失。一般，最大推力喷管长度选取相同面积比的 70%~85%的 15°锥形喷管。

　　对于大多数火箭发动机而言，工作高度存在一定的范围限制，即燃烧室压强一定时，喷管压强比有一定的变化范围。同时，即使按照理想的最大推力原理设计的喷管型面，因其具有固定的出口面积比，最佳膨胀状态只存在于特定高度上，因此喷管延伸段绝大多数时间工作在欠膨胀或过膨胀状态。

喷管出口面积比固定，喷管排出燃气的压强也基本固定。当出口面积太小，以至于燃气无法实现完全膨胀，喷管以大于外部压强的出口压强排出燃气，燃气将会在喷管外进一步膨胀，此时喷管出现欠膨胀状态。当出口面积相对最佳面积而言太大或者外界压强相对较大，燃气出口压强低于外界压强，同样无法达到最佳状态，此时喷管出现过膨胀状态。

喷管内的过膨胀流动分离及其理论预测一直是人们研究的对象。人们提出了不同的流动分离预测物理模型和假设。当喷管处于强过膨胀状态时，在一定的压比（壁面压力与环境压力 $p_w/p_{amb}$）下，气流会从壁面分离。自由激波分离点附近流场的典型结构和壁面压力数据如图 3 - 23（a）所示。还有一种流动分离模式是受限激波分离，气流在初始分离后会发生再附。这种流场结构如图 3 - 23（b）所示。实验研究和数值分析可以表明，喷管气流中帽状激波中的那道内激波（例如，在抛物线喷管内）驱动气流产生再附现象。理论和实验研究也证实了帽状激波下游典型漩涡区的存在。

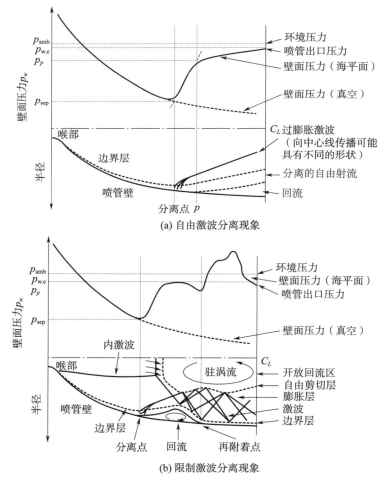

(a) 自由激波分离现象

(b) 限制激波分离现象

图 3 - 23　过膨胀喷管中的分离流场与壁压分布

在正常工作条件下，因为分离区域流动具有三维和随机运动的特点，而这些流动可能会产生侧向载荷，所以喷管内的流动分离是不希望出现的。火箭喷管中的侧向载荷可能有不同的来源。目前研究认为非对称分离线、分离区域和分离后流动区域的随机压力脉动、气动弹性耦合、最大推力或抛物线喷管中流动分离模式的转变、外部流动不稳定性和抖振是气动侧向载荷的潜在来源。

### 3.4.3　冷却

大多数液体火箭发动机依靠冷却剂在管束或通道中循环来主动冷却喷管。冷却的主要目的是防止喷管壁面过热，以致其无法承受所施加的载荷或应力，造成喷管破坏。大多数室壁材料的强度随着温度增加而降低，若进一步升高温度，材料最终将失效，甚至烧穿熔化。因此必须对喷管进行冷却，防止壁面材料超出最高的许用温度。冷却剂通常是从燃料中抽取的（如氢、煤油、一甲基肼等）。

为了尽可能不影响发动机总体性能，建议采用再生冷却。美国航天飞机主发动机SSME 和 RL10 发动机均为再生冷却。但是这种技术对涡轮泵功率的要求较高，不太适合中等室压的发动机，比如燃气发生器循环或抽气循环的发动机很少使用该技术，这些发动机绝大部分采用了排放冷却。阿里安-5 芯级火神发动机喷管延伸段采用了排放冷却。这种技术比再生冷却简单，但会导致发动机性能有所损失。

另一种冷却喷管壁面的方法是辐射冷却。这种技术的冷却效果不如主动冷却，而且要采用能承受燃烧室主燃气所释放的高热流的复合材料或铌合金等高温材料。阿里安-4 运载火箭一级和二级的 Viking 发动机就采用了钴基合金单壁喷管延伸段。辐射冷却在阿里安-4 运载火箭三级 HM7 发动机上也得到了验证，碳-碳化硅喷管成功经受住了试验考核。用于阿里安-5 三级的 Aestus 发动机采用了钴基辐射冷却喷管延伸段。

辐射冷却可以和膜冷却组合使用。得益于冷却膜对喷管壁面的保护，这种方式的冷却效果更好。燃气发生器循环发动机也可以用涡轮排气（TEG）作为冷却膜，这样能减少冷却剂的排放量，从而提高发动机性能。通常只有喷管下段才能用这种方式冷却，冷却膜入口上游的喷管可以采用再生冷却或排放冷却。

### 3.4.4　可延伸喷管

理想的钟型喷管相对较长，通常长喷管质量较大，当火箭质量要求严格时，需要考虑缩短的钟型喷管。另外为了达到最高性能，在高空工作的火箭发动机应采用更大面积比的喷管，以使燃气能够达到最佳膨胀状态。本节介绍可延伸喷管的基本结构和在典型发动机上的应用情况。

可延伸喷管在多级火箭或飞行器的上面级（又叫顶级或末级）中应用。火箭发动机可延伸喷管是指将喷管设计成固定段与延伸段两部分，在发动机非工作时，延伸段喷管处于收起状态；在发动机起动工作前，通过延伸机构展开延伸段喷管并锁紧，形成完整的喷管。

采用可延伸喷管技术可以有效增大喷管面积比，提高发动机比冲性能，缩短发动机轴向尺寸，节省安装空间，减少火箭级间段结构等惰性质量，增大火箭的运载能力。对于成熟的发动机，通过应用可延伸喷管技术，可以实现在发动机系统改动较小的情况下有效提高发动机性能。

可延伸喷管需要作动器、电源，用于将延伸段喷管移动到位的延伸机构及紧固和密封装置。可延伸喷管目前只能在点火前完成展开，迄今为止还没有在火箭发动机工作时改变面积比的做法。

延伸机构一般包括动力系统、传动导向系统和锁紧结构等。动力系统为传动系统提供动力，常采用电机方式。传动导向系统在展开过程中应能保证平顺传动和导向，使得延伸段与固定段有较高的同轴度，避免因延伸段偏斜产生密封不严、推力偏斜等问题。锁紧结构用于延伸段展开后锁紧，使延伸段喷管位置固定。延伸段普遍采用单壁轻质材料加辐射冷却技术，材料以碳-碳复合材料、碳-酚醛等非金属材料为主，也有发动机使用耐高温金属材料。

目前国际上采用喷管延伸机构的发动机主要有美国的 RL10B-2 和欧空局的 VINCI。

美国的 RL10B-2 发动机采用大尺寸可延伸碳-碳复合材料喷管（见图 3-24）。喷管分为三段，喷管出口直径达到 2.13 m。喷管展开后的面积比高达 285，真空比冲高达 464 s，比冲增加了约 30 s。

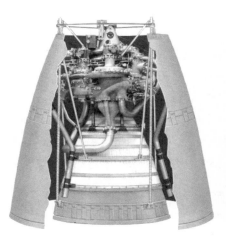

图 3-24　RL10B-2 发动机

1998 年欧空局开始研制的新一代低温上面级 ESC-B 发动机名为 VINCI，也采用了大尺寸可延伸喷管（见图 3-25），固定段面积比为 93，展开后面积比为 243。喷管由三段组成，全部采用复合材料，固定段为 C-SiC 材料，其余延伸段为碳-碳材料。

该两型发动机的喷管延伸机构结构相似，均采用三根平行布置的丝杠将延伸喷管移动到位。RL10B-2 采用单直流有刷电机，在展开过程中电机转速恒定不变。VINCI 采用高、低速两个电机，实现快慢速两种转速推动。RL10B-2 上电机通过齿轮+同步带驱动

图 3 - 25　VINCI 发动机

三根丝杠，而 VINCI 上电机是通过齿轮＋传动杆驱动三根丝杠运动的，工作过程更为可靠。RL10B－2 发动机的传动用同步带由内侧带齿的凯夫拉纤维增强材料制造，与滚珠丝杆顶端的齿轮啮合传动。VINCI 发动机的传动系统是通过主变速器内的大锥齿轮带动三根传动杆，再由传动杆将动力传递到每根丝杆顶端的锥齿轮上。RL10B－2 发动机和 VINCI 发动机均采用滚珠丝杆作为传动导向，滚珠丝杆相比螺纹丝杆，把后者的滑动摩擦变成了滚动摩擦，提高了传动效率，降低了对电机的扭矩需求。滚珠丝杆材料可以为铝合金或钛合金材料。RL10B－2 和 VINCI 的传动结构示意如图 3－26 所示。

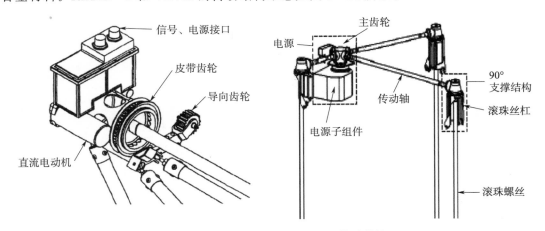

图 3 - 26　RL10B - 2 和 VINCI 的传动结构

　　RL10B－2 发动机和 VINCI 发动机固定喷管与延伸段喷管之间的锁紧均采用自身锁紧方案，如图 3－27 所示。在固定段喷管上设计锁片＋凸沿作为锁紧结构，工作时延伸段喷管产生的推力，通过锁片传递到固定段喷管上，由喷管自身结构承受。

　　RL10B－2 发动机和 VINCI 发动机固定段喷管与延伸段喷管的密封面均为环形接触

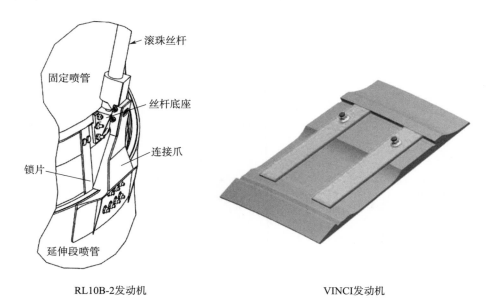

图 3-27　RL10B-2 和 VINCI 的锁紧结构

面，随着延伸段喷管移动展开，该处的间隙会越来越小（图 3-28）。在发动机工作时，固定段喷管和延伸段喷管受燃气压力、热膨胀作用不同而使间隙减小甚至贴合，从而对燃气实现密封。

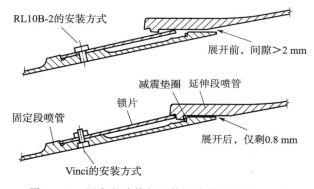

图 3-28　固定段喷管与延伸段喷管间的密封结构

# 参 考 文 献

［1］　刘国球，等．液体火箭发动机原理 ［M］．北京：中国宇航出版社，2005.

［2］　关英姿．火箭发动机教程 ［M］．哈尔滨：哈尔滨工业大学出版社，2006.

［3］　蔡国飙，李家文，等，液体火箭发动机设计 ［M］．北京：北京航空航天大学出版社，2011.

［4］　杨立军，富庆飞．液体火箭发动机推力室设计 ［M］．北京：北京航空航天大学出版社，2013.

［5］　王治军，田干，等．液体火箭发动机推力室设计 ［M］．北京：国防工业出版社，2014.

［6］　张忠利，张蒙正，等．液体火箭发动机热防护 ［M］．北京：国防工业出版社，2016.

［7］　朱森元．氢氧火箭发动机及其低温技术 ［M］．北京：中国宇航出版社，2016.

［8］　George P. Sutton，Oscar Biblarz. 火箭发动机基础（英文第 9 版）［M］．谢侃，等译．北京：北京理工大学出版社，2019.

［9］　G Y R RAO. Exhaust nozzle contour for optimum thrust，jet propulsion，1958.

［10］　Maynard F Taylor. Applications of Variable Property Heat Transfer and Friction Equations to Rocket Nozzle coolant Passages and Comparison with Nuclear Rocket Test Results. AIAA 70 - 661.

［11］　M Niino, et al. Heat transfer characteristics of liquid hydrogen as a coolant for the LO2/LH2 rocket thrust chamber with the channel wall construction. AIAA - 82 - 1107.

［12］　J H Castro, et al. Development and Qualification of a Translating Nozzle Extension System for the RL10A - 4 Rocket Engine. AIAA 93 - 2135.

［13］　R A Ellis，J C Lee, et al. Testing of the Rl10b - 2 carbon - carbon nozzle extension. AIAA - 98 - 3363.

［14］　M Terhardt，G Hagemann. Flow separation and side - load behavior of the Vulcain engine. AIAA 99 - 2762.

［15］　T B Mattstedt，C Hensel，F Haidinger. Full Scale Development of Advanced Expander Cycle Thrust Chambers. AIAA 2001 - 3999.

［16］　Yukio Fukushima，Hiroyuki Nakatsuzi，Ryuji Nagao. Development status of LE - 7A and LE - 5B engines for H - IIA family ［J］. Acta Astronautica. 2002，50（5）：275 - 284.

［17］　O Knab，A Fröhlich，D Wennerberg，W Haslinger. Advanced Cooling Circuit Layout for the VINCI Expander Cycle Thrust Chamber. AIAA 2002 - 4005.

［18］　T B Mattstedt，F Haidinger，P Luger，H Linner. Development，Manufacturing and Test Status of the VINCI Expander Thrust Chamber Assembly. AIAA 2002 - 4009.

［19］　F Bouquet，B Sanders. Development Status Of The Ignition System For Vinci. AIAA 2002 - 4330.

［20］　Walter Oechslein. Status of the Vinci Combustion Chamber Vacuum Ignition Tests. AIAA 2004 - 3531.

［21］　Thierry PICHON，Hervé COPERET，Armelle FOUCAULT，Alain LACOMBE. Vinci Upper Stage Engine Nozzle Extension Development Status. AIAA 2005 - 3757.

［22］　Alain LACOMBE，Thierry PICHON，Marc LACOSTE. High temperature composite nozzle extensions，a mature and efficient technology to improve upper stage Liquid Rocket Engine performance. AIAA

2007 - 5470.

[23] S J Zhang，et al. Aeroelastic Coupling and Side Loads in Rocket Nozzles. AIAA - 2008 - 4064.

[24] Makoto KOJIMA，Hideo SUNAKAWA，Akihide KUROSU，et al. Preliminary Design and Analysis for the LE - X Engine Components [J]. AIAA 2009 - 5485.

[25] Daiki Watanabe，Kazuhiro Imai，Akira Ogawara. Application of High Fidelity Simulation to LE - X Engine Development [J]. AIAA 2011 - 5930.

[26] L Brox，et al. Hot testing of laser welded channel wall nozzles on Vulcain 2 Engine and subscale staged combustion demo. AIAA 2011 - 5939.

[27] T S Wang，et al. Transient Side Load Analysis of Out - of - Round Film - Cooled Nozzle Extensions. AIAA 2012 - 3968.

[28] Dietrich Haeseler1. Development and Testing Status of the Vinci Thrust Chamber. AIAA 2012 - 4334.

[29] Y Allamaprabhu，et al. Numerical prediction of nozzle flow separation：Issue of turbulence modeling. Aerospace Science and Technology 50（2016）31 - 43.

[30] 葛明龙，田昌义，孙纪国. 碳纤维增强复合材料在国外液体火箭发动机上的应用 [J]. 导弹与航天运载技术，2003（4）：45 - 49.

[31] 周伟. 某膨胀循环发动机推力室冷却结构流场仿真分析 [J]. 火箭推进，2015，41（2）：63 - 69.

[32] 宣智超，谢恒，袁宇. 某氢氧发动机推力室氢喷嘴烧蚀问题仿真分析 [J]. 火箭推进，2016，41（5）：6 - 11.

[33] 王晓丽，谢恒，王坤杰，等. 氢氧发动机大尺寸薄壁碳/碳-SiC 复合材料喷管设计与研究 [J]. 导弹与航天运载技术，2019（1）：22 - 26.

[34] 孔维鹏，谢恒，王晓丽. 基于激光选区熔化技术的大尺寸喷注器设计 [J]. 火箭推进，2023，49（04）：68 - 73.

# 第 4 章　涡轮泵技术

## 4.1　概述

氢氧膨胀循环发动机中涡轮泵的功能是将贮箱的低压液氢和液氧经液氢泵和液氧泵增压到系统需要的压力，送入到推力室燃烧，泵增压需要的机械功则来自泵后高压液氢经推力室换热，转变为具有一定温度的高压气氢吹动涡轮产生。涡轮泵一般由泵、涡轮、轴向力平衡装置、轴系、轴承和支承、动密封等部分组成。

由于膨胀循环发动机液氢泵泵出的介质要先进入推力室换热通道冷却换热，然后进入涡轮做功，最后进入推力室燃烧。这就导致液氢泵泵后压力需要达到推力室室压的 2.5～3 倍。由于液氢的密度低，只有液氧的 1/16，因此液氢泵需要达到的扬程极高，功率很大。同时，驱动涡轮的做功能源全部来自推力室身部冷却夹套的结构换热，由于氢介质能够获取的热量有限，为了保证膨胀循环发动机性能达到设计要求、起动迅速可靠，氢涡轮泵必须具有较高的效率。为达到尺寸小、重量轻、效率高的要求，液氢涡轮泵的转速就必须非常高，一般要采用多级泵结构，其设计转速可达 60 000～80 000 r/min，某些膨胀循环发动机液氢涡轮泵转速可达 100 000～120 000 r/min。氢泵多采用诱导轮＋两级叶轮的离心泵结构。涡轮多采用低压比、大流量反力式涡轮的结构。液氢涡轮泵高转速和多级泵的特点也使得转子动特性、轴承、密封等设计难度大幅度提高。液氧涡轮泵则由于扬程和功率较低，一般转速较低的单级泵即可实现，转子动特性、轴承等设计难度不大，但由于液氧泵和涡轮介质需要有效隔离，其密封系统设计较复杂，难度较高。另外膨胀循环的突出优势之一是涡轮工质为常温气体，工作温度的降低大大减小了高温导致的温度应力，从很大程度上避免了制约涡轮泵寿命的涡轮高温蠕变和高温疲劳问题，因而涡轮泵的寿命长、可靠性高。

由以上论述可知，对于膨胀循环发动机而言，氢涡轮泵需要克服由于其高压力、高转速、高效率要求所带来的泵、涡轮、转子动特性、轴承、动密封等一系列问题，因此，氢涡轮泵是膨胀循环发动机研制的重点和难点。氧涡轮泵转速和压力较低，设计上难度较小，重点是解决可靠密封问题。本章重点论述膨胀循环发动机氢涡轮泵技术，氧涡轮泵只有涉及难点问题会有所论述。

## 4.2　涡轮泵总体结构

### 4.2.1　涡轮泵总体结构布局

涡轮泵的总体布局，对于涡轮、泵、轴承、密封的设计等影响很大。根据轴承位置不同，共有 4 种结构布局，如图 4 - 1 所示。

双向外伸：轴承冷却方便，两端悬臂均较大，不利于转子动特性，轴和轴承尺寸较大，轴承 $Dn$ 值和密封 $PV$ 值高，难度提高。

泵端外伸：涡轮端无悬臂，有利于转子动特性，涡轮端轴和轴承尺寸较小，轴承 $Dn$ 值和密封 $PV$ 值低，但冷却较为复杂。

诱导轮外伸：泵端和涡轮端悬臂均较小，转子动特性最有利，两端轴承尺寸较小，轴承 $Dn$ 值和密封 $PV$ 值低，但冷却复杂，且不利于泵的效率，轴向尺寸也较大。

双向部分外伸：泵端悬臂较小，涡轮端悬臂较大，涡轮端轴承冷却有利，但不利于泵的效率。

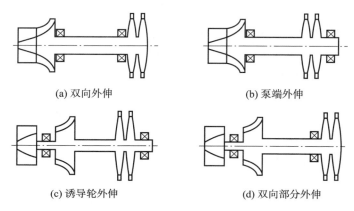

(a) 双向外伸

(b) 泵端外伸

(c) 诱导轮外伸

(d) 双向部分外伸

图 4 - 1　涡轮泵转子布局形式

## 4.2.2　转速的选取

转速是涡轮泵最重要的设计参数之一，转速越高则泵的比转速、涡轮的速比越高。因此涡轮泵的效率是随着转速的升高而增加的。同时转速增加后，离心轮和涡轮盘的直径均可以减小，使得离心轮叶片出口宽度、涡轮流道宽度增加，涡轮泵的重量和外廓尺寸减小，同时更有利于加工。但转速的增加又会造成轴承 $Dn$ 值和动密封工作线速度的增加、离心泵的抗汽蚀性能降低等影响，也受到轴系的转子动特性限制，因此，选取合适的转速对涡轮泵的设计至关重要。

（1）离心叶轮叶尖线速度

对一个给定参数的离心泵，其扬程与离心叶轮出口叶尖切线速度的平方成正比。因此，当泵的扬程一定时，如果转速选得高一些，离心轮的外径就可以小一些，泵的外廓尺寸和质量也会小一些。反之，如转速选得低一些，离心轮的外径、泵的外廓尺寸和质量都会大一些。

但是，离心叶轮的出口叶尖切线速度也受到材料强度的限制，不能太高。如果线速度太高，那么会导致离心力引起的应力超过离心轮材料的允许强度而导致叶轮破坏。对于膨胀循环氢涡轮泵，一般都选取强度与密度比较高的钛合金作为叶轮的原材料。根据目前钛合金材料的强度与密度，一般对叶轮出口叶尖切线速度 $u_2$ 的推荐值为：对于带前盖板的钛合金叶轮，$u_2 \leqslant 600$ m/s，不带前盖板的钛合金叶轮，$u_2 \leqslant 800$ m/s；诱导轮叶片外径，$u_2 \leqslant 450$ m/s。

（2）泵的抗汽蚀性能

涡轮泵转速的选择同时还受到泵入口抗汽蚀性能的影响。泵的抗汽蚀性能一般采用无量纲参数——汽蚀比转速表示。汽蚀比转速是代表泵汽蚀性能的特征参数，在泵结构确定后，它只与泵的制造水平和结构有关，是泵的固有特性。

泵的汽蚀比转速与转速成正比。泵的转速越高，泵需要达到的汽蚀比转速就越高，泵的设计和生产难度就越大。反之，泵的转速越低，泵的抗汽蚀设计和生产难度会降低。目前虽然泵的设计和制造水平均较高，但带诱导轮的离心泵汽蚀比转速最高也只能达到 5 000～6 000。因此，在确定涡轮泵转速时应充分考虑设计制造水平以及发动机对泵抗汽蚀性能的要求。

（3）泵的比转速 $n_s$ 和涡轮的速比 $U/C$

泵的比转速 $n_s$ 是泵设计中非常重要的设计参数，它对确定泵的类型、级数有着重要的意义。其计算公式与汽蚀比转速的计算公式类似，即泵的比转速与转速成正比。低比转速离心泵效率与比转速的关系可如图 4 - 2 所示。由图可以看出，泵的比转速越高，泵能够达到的效率就越高。

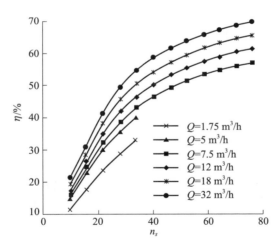

图 4 - 2　低比转速离心泵效率与比转速和流量的关系

根据图 4 - 2 可以看出，为达到膨胀循环发动机对涡轮泵高效率的要求，应尽可能提高泵的比转速。对涡轮来说，速比 $U/C$ 是最重要的设计特征参数，其中 $U$ 为涡轮叶片中径的线速度，$C$ 为等熵喷射速度。涡轮效率与 $U/C$ 的关系如图 4 - 3 所示。

根据图 4 - 3 可以看出，为了获得较高的涡轮效率，必须选取较大的涡轮速比 $U/C$ 以及合理的级数。由于 $C$ 只与涡轮进出口压力比值、进口介质温度有关，即在发动机确定涡轮输入参数后，$C$ 即为定值。因此，在给定涡轮工况后，只有提高涡轮中径线速度才能提高速比。但涡轮盘的叶尖线速度又受到材料强度的限制，因此在确定涡轮泵转速时也要充

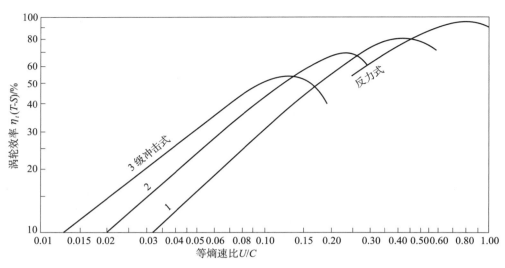

图 4 - 3　涡轮效率与 $U/C$、级数的关系

分考虑涡轮的 $U/C$ 以及线速度。

（4）轴承 $Dn$ 值和动密封线速度

轴承 $Dn$ 值和动密封线速度也是确定涡轮泵转速时需要重点考虑的因素，不同形式的轴承和动密封的性能和可以承受的线速度也不同。轴承的 $Dn$ 值、动密封的线速度越高，轴承和动密封可供选择的形式就越少，设计难度也越大，也越容易失效。轴承和动密封是影响涡轮泵工作可靠性的核心零件，一旦失效就会造成严重后果。因此，涡轮泵设计时应尽可能改善轴承、动密封的工作条件，降低轴承 $Dn$ 值和动密封线速度。目前，在液氢环境下使用的滚动轴承 $Dn$ 值最高可达到 $3 \times 10^6$ mm • r/min，端面密封的线速度最高可达到 150 m/s。滑动轴承和浮动环密封及迷宫密封则可以更高。

（5）转子临界转速和动特性

在确定涡轮泵转速时，还必须考虑转子临界转速和动特性。目前膨胀循环氢涡轮泵普遍采用了柔性转子，即工作转速超过了转子的临界转速。涡轮泵转速应尽可能地远离转子的临界转速，否则就会导致转子工作时发生共振，严重时会导致转子破坏。

目前对于柔性转子，一般推荐

$$n_{cr2} \leqslant 0.8n, n_{cr3} \geqslant 1.2n \qquad (4-1)$$

式中　$n$ ——工作转速；

　　　　$n_{cr2}$、$n_{cr3}$ ——转子第二、三阶临界转速。

针对上述几方面，根据相应的研制水平和技术进展，确定涡轮泵的设计转速后，就可以开展详细的结构设计了。目前国内外不同循环方式氢氧发动机氢涡轮泵的转速见表 4 - 1，由表可以看出膨胀循环氢涡轮泵的转速显著高于其他循环方式。

表 4 - 1 国内外氢氧发动机氢涡轮泵转速比较

| 发动机型号 | 发动机推力 $T$ | 循环方式 | 氢涡轮泵转速/(r/min) |
| --- | --- | --- | --- |
| YF - 75 | 8 | 燃气发生器 | 40 000 |
| YF - 77 | 50 | 燃气发生器 | 35 000 |
| HM - 60 | 115 | 燃气发生器 | 33 500 |
| LE - 7 | 120 | 燃气发生器 | 42 000 |
| SSME | 215 | 高压补燃 | 35 200 |
| РД - 120 | 200 | 高压补燃 | 32 080 |
| RL10 | 6.8 | 膨胀循环 | 30 250 |
| RL - 60 | 27.24 | 膨胀循环 | 90 000 |
| VINCI | 18.37 | 膨胀循环 | 91 000 |
| RD - 0146 | 10 | 膨胀循环 | 123 000 |
| YF - 75D | 9 | 膨胀循环 | 65 000 |

氢涡轮泵的结构设计应满足以下要求：在满足发动机性能要求的前提下，具备较小的结构质量和外廓尺寸；结构简单、零件数量尽可能地少、装配分解方便；在发动机的所有工况下及规定寿命内，具有高可靠性。在膨胀循环氢涡轮泵的设计过程中，首先应该确定合理的总体布局并选取合适的设计转速。

### 4.2.3 典型氢涡轮泵及其技术特点

氢涡轮泵主要由氢泵、氢涡轮、轴承、密封、转子等组成，其中氢泵由变螺距诱导轮、两级离心轮、级间回流壳体和螺壳组成，氢涡轮由涡轮叶轮、喷嘴环、导向环等组成。

目前，国内外膨胀循环氢涡轮泵的总体结构布局均采用了气氢涡轮和液氢离心泵分置在两端、轴系设置两支承的方案。采用这种方案更有利于轴系的转子动特性、液氢泵采用轴向进口也有利于汽蚀性能。图 4 - 4 所示为欧洲 VINCI 发动机氢涡轮泵的结构示意图。

图 4 - 4 欧洲 VINCI 氢涡轮泵示意图

　　膨胀循环氢涡轮泵轴系的总体布局大都采用泵和涡轮叶轮分置在两端的悬臂支撑形式。两端悬臂的轴系布局根据轴系零件的压紧方式又可分为两种：一种是轴较刚性，轴系上的离心轮、涡轮盘等零件仅采用螺母和轴套压紧；另一种采用较细的中心拉杆将轴系零件压紧，这种方式的优点是轴系零件数量较少，但对轴系零件的加工精度要求很高。目前美国、欧洲氢涡轮泵轴系大都采用第二种方式。VINCI氢涡轮泵轴系的布置图如图4-5所示。由图可见，涡轮和泵分置在轴系两侧，轴系共采用两个支点支撑，分别位于一二级离心轮之间、二级离心轮和涡轮盘之间。采用这种布局转子更加紧凑、结构质量更轻。

图4-5　VINCI膨胀循环氢涡轮泵转子布置图

　　根据文献资料，目前国内外典型膨胀循环发动机氢涡轮泵及零组件的特点见表4-2。

表4-2　典型膨胀循环发动机氢涡轮泵的特点

| 发动机代号 | 泵 | 涡轮 | 轴承 | 转子 |
|---|---|---|---|---|
| VINCI | 诱导轮＋两级离心轮，Ti6Al-4v ELI 粉末冶金；二级叶轮后盖板设置平衡活塞平衡轴向力 | 单级反力式涡轮，Ti6Al-4v 锻件，无卫带，叶片磨加工 | 混和陶瓷球轴承，SEP460 碳纤维增强保持架；轴承 Dn 值约3百万 | 91 000 r/min，二三阶临界转速之间 |
| RL10A-3-3 | 诱导轮＋两级离心轮，二叶轮背对背设置以平衡轴向力，AMS 4135 铝合金锻件 | 两级反力式涡轮，铝合金锻件加工，有卫带 | 推力球轴承，铝合金骨架的氟塑料保持架 | 40 000 r/min，一阶临界转速之下 |
| RL-60 | 诱导轮＋两级离心轮，钛合金材料；叶轮由两部分扩散焊接而成 | 两级反力式涡轮，Inconel718 材料，流道电火花加工，无卫带 | 混合角接触陶瓷球轴承；轴承 Dn 值约3百万 | 90 000 r/min，二三阶临界转速之间 |
| YF-75D | 诱导轮＋两级离心轮，TA7ELI 合金粉末冶金成型；二级叶轮后盖板设置平衡活塞平衡轴向力 | 两级反力式涡轮，TC11 钛合金锻件，壳体为 TC4 锻件；流道电火花加工，有卫带 | 混合角接触陶瓷球轴承；玻璃层压布保持架 | 66 000 r/min，二三阶临界转速之间，双弹性阻尼支承 |

续表

| 发动机代号 | 泵 | 涡轮 | 轴承 | 转子 |
|---|---|---|---|---|
| RD-0146 | 诱导轮＋两级离心轮,钛合金粉末冶金成型;采用平衡活塞平衡轴向力 | 两级涡轮盘为镍基钢合金材料,涡轮流道电火花加工 | 轴承 $Dn$ 值大于 3 百万 | 123 000 r/min,二三阶临界转速之间,高阻尼的弹性支承 |
| MB-XX | 诱导轮＋两级离心轮,二级叶轮后盖板设置平衡活塞平衡轴向力 | 两级涡轮盘,涡轮流道电火花加工 | 未知 | 70 000 r/min |

## 4.3　泵

### 4.3.1　泵设计要求

在泵压式液体火箭发动机中,推进剂的增压主要是通过泵来实现的,由于叶片泵具有扬程高、尺寸小的优点,在液体火箭发动机中广泛采用。叶片泵又分为离心泵、轴流泵及混流泵。由于离心泵尺寸小、扬程高,因此在液体火箭发动机中多采用离心泵。按级数的多少,还可将泵分为单级泵和多级泵。膨胀循环发动机对泵的设计要求主要有以下几个:

1) 扬程高、效率高。泵的扬程和效率是涡轮泵中影响最大的参数,特别是液氢泵。

2) 尺寸小、重量轻。这是所有火箭发动机设计的主要要求之一,由于泵是发动机的主要部件,其尺寸及重量对发动机有重要影响。

3) 转速高。为了达到高扬程、高效率和尺寸小、重量轻的要求,泵的转速就必须高。

4) 抗汽蚀性能好。为尽可能降低贮箱压力,从而减小贮箱重量,往往要求泵具有良好的抗汽蚀性能,并且较高的泵设计转速,也带来泵的汽蚀性能设计难度增加。

5) 性能平稳、结构可靠性高。由于发动机性能校准和变推力要求,泵的变工况工作特性要尽量保持平缓,不出现类似驼峰的大幅变化。同时结构可靠性高,以保证发动机长时间重复使用要求。

6) 工艺性和经济性良好。综合考虑方案验证迭代的快速性和批量生产的成本,同时便于加工、检验、装配。

7) 良好的环境适应性。在所有任务剖面的力、热、潮湿、盐雾、沙尘等环境中均不发生影响工作的变形、应力、表面状态变化等。

8) 测试性、安全性、维修性、保障性良好。便于试验和飞行的参数测量,以及故障诊断;满足低温、高压、高转速等危险源的安全性设计要求;便于维修和保障。

### 4.3.2　泵结构

泵部分主要由诱导轮、离心轮、蜗壳、级间壳体(多级泵需级间壳体连接)等结构组成。对于密度较大、扬程要求较低的推进剂泵,例如液氧泵,其轮缘速度不高,较低转速的单级离心泵就可以有效地满足扬程和效率的要求。而对于密度小、扬程要求高的推进剂泵,例如液氢泵,采用单级离心泵的轮缘速度过高,其离心应力将超过现有材料所允许的强度极限，其效率也将明显降低，还会带来径向尺寸增大而使重量上升，因此多设计成两级泵或三级泵。

单级离心泵主要由诱导轮、离心轮、蜗壳组成，其结构如图4-6所示。

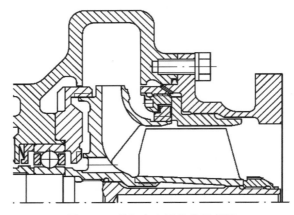

图4-6　单级离心泵结构示意图

多级离心泵由诱导轮、多级离心轮、级间壳体、蜗壳等结构组成，如图4-7所示。

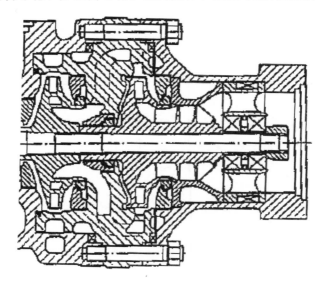

图4-7　多级离心泵结构示意图

根据相似准则，表征离心泵性能的一个极为重要的参数就是比转速。比转速表示压头、体积流量和转速三者的关系，其计算公式为

$$n_s = \frac{3.65 n_p \sqrt{q_{vp}}}{H_p^{\frac{3}{4}}} \qquad (4-2)$$

比转速越高，离心泵的效率越高，其离心轮出口与入口的直径比越小，越接近轴流。膨胀循环发动机离心泵的比转速一般为30～150。这个区间转速为中低比转速泵，30～80

称低比转速泵，80~150 称中比转速泵。叶轮的形状、泵的效率与比转速的大致关系见表 4 - 3。

表 4 - 3　泵的几何形状及其效率与比转速的关系

| 泵类型 | 离心泵 | |
|---|---|---|
| | 低比转速 | 中比转速 |
| 比转速 | $30 \leqslant n_s \leqslant 80$ | $80 < n_s < 150$ |
| 叶轮简图 | | |
| 尺寸比 | $D_2/D_j \approx 2.5$ | $D_2/D_j \approx 2.0$ |
| 效率 | 0.5~0.7 | 0.6~0.85 |
| 叶片形状 | 圆柱形或双曲率叶片 | 双曲率叶片 |
| 性能曲线形状 | | |

### 4.3.3　诱导轮

为降低泵入口所需的介质压力，降低运载火箭贮箱的壁厚和重量，提高推重比，广泛采用诱导轮改善泵的汽蚀性能。诱导轮根据其叶片结构形式可分为等螺距和变螺距两种，根据理论和试验研究表明变螺距诱导轮可以更好地兼顾抗汽蚀性能和扬程。诱导轮的结构示意图如图 4 - 8 所示。

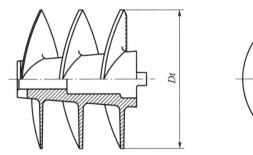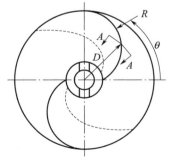

图 4 - 8　诱导轮结构示意图

设计诱导轮时，首先应计算泵的设计净正抽吸压头 NPSH_d。由于理论计算、加工、装配的误差，为确保泵在任何使用工况下都不发生严重汽蚀，泵的设计静正抽吸压头一般应在发动机系统给定净正抽吸压头上取一定的安全系数。

发动机系统给定的可用净正抽吸压头 $NPSH_a$ 为

$$NPSH_a = \frac{1}{g}\left(\frac{P_i}{\rho_i} - \frac{P_s}{\rho_s}\right) \times 10^6 \qquad (4-3)$$

设计净正抽吸压头 $NPSH_d$ 为

$$NPSH_d = \frac{NPSH_a}{K_d} \qquad (4-4)$$

式中　$K_d$——安全系数，一般取 1.5～2.0。

离心泵机组的汽蚀比转数 $C_d$ 为

$$C_d = \frac{5.62n\sqrt{Q}}{NPSH_d^{0.75}} \qquad (4-5)$$

汽蚀比转数 $C_d$ 代表了离心泵设计汽蚀性能的优劣。转速越高、体积流量越大、设计净正抽吸压头越小的离心泵，汽蚀比转数越高，相应的设计难度就越大。当前，带诱导轮离心泵技术水平能达到的汽蚀比转数在 3 500～6 000 之间。

在诱导轮的结构参数中，外径 $D_t$ 对其汽蚀性能的影响较大。诱导轮的最佳进口外径可根据以下公式进行计算

$$D_t = \sqrt[3]{\frac{240Q}{\eta_{iv} n\pi^2 \phi(1 - \overline{d}_{BT1}^2)}} \qquad (4-6)$$

式中　$n$——转速；

$\phi$——流量系数，较低的进口流量系数能获得较高的汽蚀性能，根据经验，一般 $\phi$ 可取 0.06～0.12；

$\eta_{iv}$——诱导轮的容积效率，一般为 0.95～0.97。

为便于装配，并在转子工作轴向窜动时保证诱导轮外径与壳体的间隙不变，一般诱导轮外径均设置为等外径结构。诱导轮的轮毂轴面形状一般可分为圆柱形、圆锥形、变直径锥形等。轮毂进口直径与诱导轮外径的比值称为进口轮毂比，一般进口轮毂比 $\overline{d}_{BT1}$ 取 0.2～0.4，轮毂锥角一般取 8°～15°。出口轮毂直径应根据叶片根部不产生回流来确定，一般出口轮毂比约 0.4～0.5。

诱导轮叶片的进口液流冲角是影响汽蚀性能的重要参数，一般应取正冲角。采用正冲角能提高抗汽蚀性能，且对效率影响不大，通常 $i_t = 2°～5°$。进口液流冲角 $i_t$ 与叶片角 $\beta_{1+\Lambda}$ 之比为流动特征参数，其比值范围取 $i_t/\beta_{1t\Lambda} = 0.35～0.5$；对汽蚀要求很高，采用很薄的叶片时或诱导轮尺寸较大时，可取小比值 0.35；对一般汽蚀要求，采用厚叶片时或诱导轮尺寸较小时，可取大比值 0.5。

诱导轮叶片的出口角应保证诱导轮具有足够的扬程，使得离心轮入口具有较高的压力从而不会发生汽蚀。由于变螺距诱导轮的效率较高，因此如离心轮的级比转速较低导致泵总效率较低，则可以通过适当增加诱导轮出口角，合理分配诱导轮的扬程和离心轮级扬程，从而使泵获得较好的总效率。

变螺距诱导轮叶片从进口到出口的螺距变化规律有很多种,如线性、抛物线等。诱导轮的叶片数一般为 $Z_i = 2 \sim 3$。对于尺寸较小的诱导轮通常取 $Z_i = 2$。但选用奇数叶片 $Z_i = 3$ 可防止产生交替叶片汽蚀。选取叶片数时,还应考虑泵离心轮的结构条件,尽可能使泵整体获得更好的流场分布和流动稳定性。

叶片入口边应进行修圆,使得液氢进入诱导轮叶片流道时先通过轮毂部分的叶片获得部分能量和预旋,从而提高诱导轮的抗汽蚀性能。如果叶片入口边的前缘较厚,就会产生较大的阻力,并且会产生较大的低压区旋涡。因此,为减小低压区、同时增加叶片进口的有效流通面积,进而减小叶片对流体的阻塞,进口叶片边缘厚度应尽量薄,一般为 $0.2 \sim 0.3$ mm。并且叶片表面粗糙度应尽可能地高。将叶片在吸力面上从轮毂到叶尖修磨成楔形,修磨长度 $l$ 与相应的半径 $D$ 之比一般为 $l/D = 0.3 \sim 0.7$,过渡部分应圆滑转接。

在上述诱导轮的尺寸确定后,就可以计算出变螺距诱导轮的扬程特性,进而进行诱导轮与离心轮无汽蚀断裂工作条件的检查,可以采用公式计算,也可以进行三维流场仿真校核。如果不满足要求,则应适当调整诱导轮的结构参数,适当提高离心轮的进口能量。

另外,进行诱导轮结构设计时,还应注意叶片的强度和叶尖的间隙。为保证叶片结构强度,叶片断面应设计为锥形结构,即叶根应加厚,同时叶根与轮毂连接处有足够圆角过渡,避免应力集中造成断裂损坏。另外,诱导轮叶尖与泵外壳体入口通道内表面之间的径向间隙应尽可能地小,以减小叶尖泄漏损失。选择间隙时,要考虑工作环境的温差变化对结构尺寸的影响、爆燃起火特性、诱导轮的振动位移等因素,避免因间隙过小,使诱导轮叶尖与泵入口通道内表面碰磨接触、爆燃起火、卡死等。

诱导轮的材料需考虑与介质相容性、比强度、加工工艺性和经济性。一般在液氢泵中,可以选择铝合金、不锈钢、钛合金;液氧泵由于其强氧化性,不能选择钛合金,可以选择铝合金、不锈钢、高温合金等。加工方式为数控铣、铸造或 3D 打印以及多种加工方式的结合。

### 4.3.4　离心轮

离心轮按结构可分为闭式、半开式和开式三种形式,如图 4 - 9 所示。

(1) 闭式离心轮

叶片间流道是全闭的,由前、后盖板与叶片组成一个整体。因此,离心轮的刚度较高,运转稳定。这种离心轮容积损失最小,因此成为涡轮泵最常用的一种形式。

(2) 半开放式离心轮

叶片间的流道有三面是封闭的,无前盖板,叶片与后轮盘做成一体。其结构也比较简单,但因没有前盖,所以仍有较大的容积损失。

(3) 开式离心轮

离心轮间的流道是全开的,结构上没有前、后盖板,只是在轮盘上做几个径向排列的叶片即可。这种离心轮质量最轻,结构最简单,但容积损失最大。同时,叶片的刚度和强度较弱,容易引起振动和损坏。

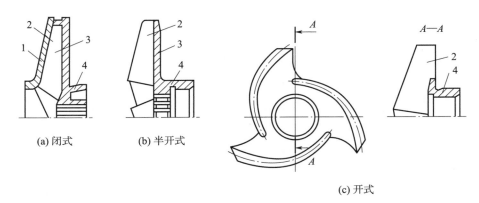

(a) 闭式　　　　　(b) 半开式

(c) 开式

图 4-9　离心轮的结构形式

1—盖板；2—离心轮；3—轮盘；4—轮毂

离心轮的主要几何参数是叶片数、叶片形状、叶片角和进出口直径等。对中比转速泵来说，为提高汽蚀性能和效率，必须设计成双曲率叶片，一般选用后弯式叶片如图 4-10 所示。

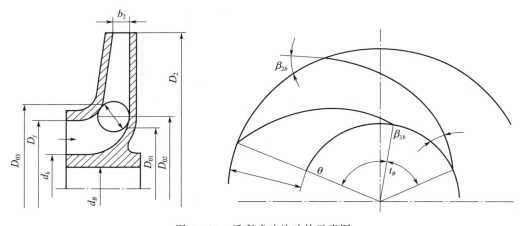

图 4-10　后弯式叶片叶轮示意图

叶轮轮毂直径 $d_h$ 一般根据诱导轮出口轮毂和涡轮泵组件具体结构来确定。叶轮的体积流量 $q_{vim}＝q_{vp}/\eta_v$（$q_{vp}$ 为泵的体积流量，$\eta_v$ 为泵容积效率）。

叶轮的入口直径 $D_j$ 可按式（4-7）计算

$$D_j = (D_{0n}^2 + d_h^2)^{1/2} \tag{4-7}$$

式中，$D_{0n}＝K_0(q_{vim}/n_p)^{1/3}$，$K_0＝3.5～5.5$（对汽蚀性能要求高时取大值）。

$D_0$ 应与诱导轮出口叶尖直径 $D_t$ 相匹配。叶轮进口轮毂和叶尖直径要设计成进口面积等于或大于诱导轮出口面积，考虑到叶轮前密封环中的附加流量，叶轮进口直径常常要比诱导轮出口叶尖直径大。如 $D_0$ 无法与诱导轮尺寸相匹配，可在叶轮与诱导轮之间设置固定导叶进行过渡。

叶片进口安装角一般为 15°～30°，进口冲角一般为 3°～15°，在叶尖处取较小的值。

根据泵的比转速、叶片数、推进剂和压头—体积流量特性选择叶轮出口叶片安装角 $\beta_{b2}$，范围为 $20°\sim30°$，但对于低密度推进剂如液氢则可取 $45°\sim90°$。

　　进口叶片数应与叶片厚度一起考虑，使流通面积超过 $80\%$ 的环形面积；出口叶片数也应与叶片厚度一起考虑，使流通面积超过 $85\%$ 的环形面积。否则，较大的出口堵塞会减小流量范围、降低汽蚀性能，较大出口堵塞会降低效率。为此，叶轮进口处的叶片通常要较少些，一般取 6 至 8 片，而出口叶片数可取 6 至 24 片。叶轮可采用长叶片或长短叶片交叉的配置形式。短叶片前缘在叶片通道中的位置十分关键，它必须根据充分的流动分析来选定，以避免前缘发生汽蚀并达到较均匀的分流。叶轮出口直径通常用逐次逼近法求定，直至外径偏差小于 $3\%\sim5\%$。

　　直径比 $\overline{D}$ 影响离心轮的结构形式和叶片造型。对于 $\overline{D}\leqslant0.55$ 的叶轮，在传递能量方面起主要作用的是科氏力而不是环量力，可选择圆柱形叶片；对于 $\overline{D}\geqslant0.6$ 的叶轮，环量力传递能量的作用较大，基本采用双曲率叶片。离心式叶轮这个比值应当保持低于 $0.70$ 以免效率降低。

　　根据比转速和经验给定流道中线的形状和长度。流道子午面的宽度 $b$ 按轴面速度 $C_m$ 的变化规律求定：$b=q_{vim}/(\pi DC_m)$，轴面速度一般从入口均匀过渡到出口呈线性变化。然后以中线上的点为圆心、以 $b/2$ 为半径作圆，再作圆的包线即得到流道的两个侧壁，画好轴面投影图后，应检查流道的过水断面变化情况，如图 $4-11$ 所示。

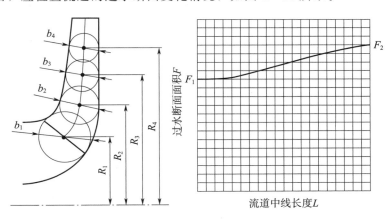

图 $4-11$　离心轮过水断面的面积变化规律

　　叶片型面按包角变换法绘制，圆柱形叶片也可用圆弧法绘制。叶片绘型质量检查按下列要求：

　　1）叶片流通截面面积变化应是平缓的。

　　2）叶片间流道扩散情况。两叶片间流道面积变化情况，尤其是两叶片间流道有效部分出口和进口面积之比，对性能有非常重要的影响，推荐比值在 $1.0\sim1.3$；除低比转速泵外，该比值一般不要大于 $1.3$，否则流道扩散严重，效率下降。

　　3）相对速度及速度矩沿流线变化规律检查。一般希望两条曲线是单调变化的，不应有极大值和极小值，否则对减小水力损失不利。

4）液流从入口的相对速度到出口应平滑变化。

离心轮材料的选择与诱导轮基本相同。但由于液氢泵的离心轮线速度和压力高，一般选择比强度高的钛合金；液氧泵中可以选择铝合金、不锈钢、高温合金。加工方式为数控铣、钎焊、铸造、粉末冶金或3D打印以及多种加工方式的结合。

### 4.3.5 级间壳体

级间壳体的回流通道是前一级离心叶轮出口和下一级叶轮入口之间的流道，其作用是利用级间导叶对上级叶轮出口的径向流体进行收集、扩散，将大部分动能转化为压力能，然后流经回流段，形成轴向流动，到达次级叶轮进口。多级液氢泵和单级液氢泵的主要区别在于增加了级间导叶，在设计和优化液氢泵过程中，级间导叶应该是重点考虑的部件。

级间导叶主要有三种型式：径向导叶、流道式导叶、无正导叶即扩压叶片的结构。其中无正导叶的结构可以缩小径向尺寸，但流动损失较大，因此在液体火箭发动机上通常不会使用。多级液氢泵一般采用径向级间导叶和流道式级间导叶。

径向式导叶由正导叶、环形空间和反导叶组成，其导叶相对轴心均为径向。正导叶起压水室作用，包括螺旋线部分和扩散段部分。环形空间的作用在于改变液流的方向。反导叶除降低速度、消除液体旋转分量外，还起着把液体引入下级叶轮的吸水室的作用。径向式导叶具有结构简单、轴向尺寸短的优点。但径向导叶为了降低制造难度，将正导叶和反导叶设计成相互独立的，在正导叶出口和反导叶入口之间形成了一个没有叶片的区域。这部分环形空间形状较复杂，流体在流动过程中没有叶片的约束。流体的冲击、冲撞、旋涡产生及其引起的阻力、径向速度环量的形成以及它们在反导叶中消失和改变流动方向的水力损失等都消耗能量，从而降低了泵的效率，这对低比转数氢泵尤为明显。

在流道式导叶中，正反导叶是连续的整体，从正导叶进口到反导叶出口形成了独立的流道，不存在径向式导叶的无叶片环形空间。由于各流道内的液体不进行混合，可以大幅降低环形空间的水力损失。同时由于流道式导叶的叶片进口和出口间有较大的轴向空间，可以更合理地布置轴承、弹性支承及密封等组件，使氢涡轮泵的总体设计更加紧凑合理。典型流道式级间导叶的轴面投影图和流道示意图如图 4-12 所示。

液氢泵流道式级间导叶的设计可以根据结构功能的不同划分为两个部分，第一部分为离心轮叶片出口到图示 ACE 的扩散正导叶部分。第二部分是从图示 ACE 到 FDB 的扭曲叶片部分，在这一部分导叶的方向发生了很大变化，叶片表面存在较大的扭曲。这样划分为两部分的设计可以使液氢在进入扩散正导叶后减速增压，从而以较低的流速通过后面扭曲导叶的流道，能有效降低损失。

对于扭曲叶片部分的设计，其进口部分设计参数即为扩散正导叶的出口部分，出口叶片角可根据下一级离心叶轮的进口液流角确定。其叶片的过渡部分可利用保角变换法进行设计计算，通过保角变换法计算出扭曲叶片的两个面，至少计算四条流线（每个流面两条），对于高度较高的扭曲叶片应再计算两条中间流线。

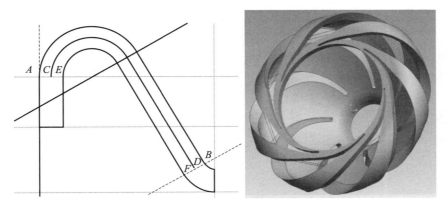

图 4 - 12　流道式级间导叶的轴面投影图和流道示意图

　　扭曲叶片初步设计完成后，应进行流道截面面积变化规律的检查、叶片表面流道内外径表面夹角的检查。流道截面面积变化规律应平滑稳定，不应出现剧烈变化及波动。

　　级间壳体材料的选择与离心轮基本相同，液氢泵一般选择比强度高的钛合金；液氧泵中可以选择铝合金、不锈钢、高温合金。加工方式为数控铣、电子束焊接、铸造、粉末冶金或 3D 打印以及多种加工方式的结合。

### 4.3.6　蜗壳

　　蜗壳（也称作压水室）的作用是把叶轮出口处流出来的介质收集起来，并把它送到管路中。由于介质从叶轮中流出时速度很快，为了减小管路中的损失，在介质被送入管路以前，须将液体的速度降低，将部分动能转化为压能，这个减速扩压的过程就是在蜗壳中完成的。

　　蜗壳的内壁形状必须与叶轮的外形相适应。蜗壳一般由无叶片扩压器或叶片扩压器、蜗道和扩散管组成，如图 4 - 13 所示。

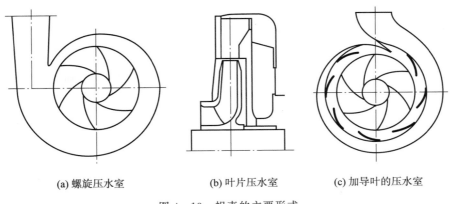

　　(a) 螺旋压水室　　　　　　(b) 叶片压水室　　　　　(c) 加导叶的压水室

图 4 - 13　蜗壳的主要形式

　　氢泵一般采用叶片扩压器，这样可以约束叶轮出口压力的介质流动，使蜗道内的流动均匀，避免产生大的旋涡，从而提高泵的效率；并且还能使叶轮出口压力趋于一致，从而显著减小叶轮的径向力。一般叶片扩压器的叶片数 $Z_d$ 为 6～8 个，为了避免泵运转过程中出现共振，扩压器叶片数与叶轮叶片数应互为质数。

蜗道的外壁形状必须与叶轮出口后自由流动液体的流线方向相一致，为减少损失，外壁对液流不应有扰动的作用。蜗道内介质按"$C_u R =$ 常数"的规律流动，即蜗壳的外半径公式是对数螺旋线。扩散管的扩散角要兼顾减小扩张损失和长度尺寸，一般取为 7°～12°。

蜗壳材料的选择与级间壳体基本相同，液氢泵一般选择比强度高的钛合金；液氧泵中可以选择铝合金、不锈钢、高温合金。加工方式为数控铣、电子束焊接、铸造、粉末冶金或 3D 打印以及多种加工方式的结合。

### 4.3.7　泵的试验

为保证泵的设计满足设计要求，在研制过程中须进行下列项目的试验。

#### 4.3.7.1　结构强度试验

（1）叶轮焊缝强度试验

对钎焊叶轮钎焊后焊缝应作拉力强度试验，检查焊透率及焊缝组织。

（2）叶轮超速强度试验

膨胀循环发动机氢泵离心轮线速度可高达 550 m/s，为检验设计及材料方案，按照应力或应变安全裕度准则，考虑温度对材料性能的影响，进行相应转速的超速强度试验。超速试验转速按照不低于 1.1 倍的设计工作转速确定。疲劳试验工作时间按照工作循环数不低于 5 倍的发动机任务确定时间。两种试验中，离心轮都不产生明显的塑性变形。低温工作的离心轮在常温下进行超速试验，需对离心轮的转速进行折算，使常温与低温下工作应力相对于材料性能的强度安全系数 $k$ 相当。超速破裂试验则将转速升高至离心轮破裂，以确定破裂转速和强度裕度。离心轮超速试验如图 4 - 14 所示。

（3）泵壳液压强度试验

泵壳体采用液压试验检验设计及材料方案，按照应力或应变安全裕度准则，考虑温度对材料性能的影响。液压试验压力不低于最大工作压力下安全系数的 1.5 倍，保持时间不少于 5 min，泵壳体不产生明显的塑性变形。试验后零件进行去应力退火和精加工处理。液压破裂试验则将压力升高至泵壳体破裂，以确定破裂压力和强度裕度。液压强度试验工装装配如图 4 - 15 所示。

#### 4.3.7.2　动特性试验

（1）诱导轮、离心轮动平衡试验

由于涡轮泵转速极高，必须严格控制转动件的动不平衡量，诱导轮和离心轮在加工完成后均要进行单件产品的低速动平衡试验，动平衡精度等级为 G1，离心轮在转子上的低速动平衡试验如图 4 - 16 所示。

图 4 - 14 氢泵离心轮超速试验

图 4 - 15 泵壳体液压强度试验工装装配

（2）泵壳体、诱导轮、离心轮模态试验

为了避免泵主要零组件的自身结构频率与涡轮泵主要频率接近发生共振，除在设计仿真中需计算诱导轮、离心轮和泵壳体的模态频率外，还需进行单独零件的模态试验。模态试验主要测量转子自由状态（见图 4-17）和固支状态（见图 4-18）下的各阶模态参数。自由状态将转子系统水平悬吊（距托架 50～100 mm 左右，以模态试验时试件不碰托架为

图 4-16　转动件低速动平衡试验件

原则），用敲击法测出转子系统的固有频率、振型等参数；固支状态时，利用自行设计的
工装将转子系统固定在铸块上（铸块固定在地轨上），用敲击法测出转子系统的固有频率、
振型等参数。通常为了分析真实壳体和支承对转子模态参数的影响，会将真实壳体和转子
安装起来，进行壳体装配状态下的模态试验。

锤击激励方法是一种瞬态激励。采用瞬态信号激励时，由于力信号和响应信号为确定
性信号，可以用傅里叶分析求得复数幅值谱 $F(f)$ 及 $X(f)$，频响信号可用式（4-8）求
取 $H(f) = X(f)/F(f)$

$$H_1(f) = \hat{G}_{fx}/\hat{G}_{ff} = \sum_{k=1}^{m} F^*(f)X(f) \bigg/ \sum_{k=1}^{m} F^*(f)F(f) \tag{4-8}$$

或

$$H_2(f) = \hat{G}_{xx}/\hat{G}_{xf} = \sum_{k=1}^{m} X^*(f)X(f) \bigg/ \sum_{k=1}^{m} X^*(f)F(f) \tag{4-9}$$

图 4-17　自由状态加速度测点布置图

图 4-18  固支状态加速度测点布置图

#### 4.3.7.3  性能试验

（1）水力试验

通常采用水作为试验工质，按照相似准则进行换算，给定转速和流量，得到各流量下的扬程、功率与和效率，得到扬程与流量、效率与流量的特性曲线。介质粘度影响较大时，则用真实介质或粘度接近的介质作为试验工质。泵水力试验如图 4-19 所示。

图 4-19  泵水力试验

（2）汽蚀试验

通常用水作为试验介质，通过连续降低入口压力得到泵的扬程显著下降（一般取扬程下降 2.5% 或 5%）时的入口压力，然后按照相似准则进行换算。低温介质由于其热力学效应，汽蚀性能会高于水介质，且需要精确掌握其汽蚀性能时，可采用其他低温介质或真实推进剂。图 4-20 为 Vulcain 诱导轮汽蚀可视化试验装置。

图 4 - 20　Vulcain 诱导轮可视化试验装置

## 4.4　涡轮

### 4.4.1　涡轮设计要求

　　涡轮的功能是将泵后高压介质经过推力室换热产生高压气体的压力势能转换为轴功，为泵提供能量。涡轮根据流动方向的不同，可分为轴流式涡轮和径流式涡轮；根据动叶焓降占比的不同，可分为冲击式涡轮和反力式涡轮；根据喷嘴出口速度的不同，可分为亚声速涡轮和超声速涡轮；根据涡轮级数，可分为单级涡轮和多级涡轮；根据涡轮级反力度的大小，可分为速度分级和压力分级；根据喷嘴分布数量的不同，可分为全周进气涡轮和部分进气涡轮。液体火箭发动机通常采用轴流式涡轮。膨胀循环发动机涡轮由于其工质最后要进入推力室，导致涡轮背压较高，涡轮压比较小、流量较大、喷嘴出口速度较低，一般采用双级或单级全周进气亚声速反力式涡轮。径流式涡轮也有过应用，但由于转子在平衡轴向力过程中需要轴向移动，导致其叶顶间隙变化较大，从而造成其效率变化显著，限制了径流式涡轮在液体火箭发动机中的应用。

　　膨胀循环发动机对涡轮的设计要求主要有以下几个：

　　1）压力高、效率高。涡轮的效率也是涡轮泵中影响很大的参数，特别是液氢泵的涡轮。由于液氢泵的功率很大，需要对应涡轮的功率也很大，因此涡轮的效率对发动机性能影响也很大。另外由于涡轮工作的介质是泵后高压介质经过推力室换热的高压气体，其工作压力也高。

　　2）尺寸小、重量轻。涡轮也是决定涡轮泵尺寸和重量的主要组件。

　　3）转速高。为了达到高效率和尺寸小、重量轻的要求，涡轮的转速也必须高。

　　4）性能平稳、结构可靠性高。与泵一样，涡轮的变工况工作特性也要尽量保持平缓。

同时由于涡轮的工作压力高、转速高，其结构可靠性也面临较大挑战。

5）工艺性和经济性良好。综合考虑方案验证迭代的快速性和批量生产的成本，同时便于加工、检验、装配。

6）良好的环境适应性。在所有任务剖面的力、热、潮湿、盐雾、沙尘等环境中均不发生影响工作的变形、应力、表面状态变化等。

7）测试性、安全性、维修性、保障性良好。便于试验和飞行的参数测量，以及故障诊断；满足高压、高转速等危险源的安全性设计要求；便于维修和保障。

### 4.4.2　轴流涡轮

轴流涡轮主要由涡轮进气壳体、导向环、涡轮盘（排气壳体根据出气速度和方向需要设置）等结构组成。气流先进入喷嘴叶片前的环型腔（集气环），然后通过喷嘴叶片形成的流道做加速膨胀运动。在这一过程中，压力和温度下降，速度升高。喷嘴出口的高速气流吹动一级动叶从而把气流能量转化成动叶的旋转动能，通过涡轮盘、轴输出动力到泵。涡轮效率与 $U/C$ 和级数及反力度的关系如图 4-3 所示。某闭式膨胀循环发动机轴流涡轮示意图如图 4-21 所示。一级动叶出口的气流，经导向环叶片调整气流方向后吹动二级动叶。一排静叶（喷嘴或导向叶片）和一排动叶组合在一起就是涡轮的基本单元即级。涡轮级数和每级涡轮的焓降分配以及反力度，则根据涡轮盘线速度（综合考虑强度、转子动特性和结构布局）和涡轮等熵速度（由涡轮总焓降决定）之比，即涡轮速比 $U/C$ 决定。

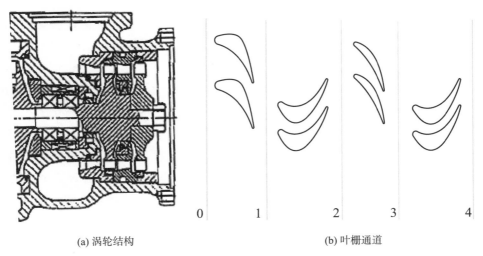

(a) 涡轮结构　　　　　　　　　　　　　(b) 叶栅通道

图 4-21　闭式膨胀循环氢涡轮结构示意图

（1）涡轮一维设计计算

一维设计的目的是从给定的设计条件出发，确定 S1 流面每排叶片进、出口的流动状态，即图中 0、1、2、3、4 截面的流动状态。一维设计本质上说是确定每个截面上的流动平均化（一维化）后的流动状态。但对于子午流道变化大的涡轮来讲误差较大，通常需进行 S2 流面上的二维设计。另外如果叶片较长，沿叶高方向叶片线速度差别大，为避免沿叶高存在较大径向掺混及损失，需按一定规则进行径向平衡。由于膨胀循环发动机涡轮叶片较短，以按等环量规律进行扭向设计为例，叶根到叶顶的安装角变化也就在 1°左右，可以忽略叶高方向的流动差别，且小通径有围带整体叶盘的弯扭叶片加工难度高，通常按直叶片设计。因此对膨胀循环发动机涡轮来说，一维设计具有更重要的作用，其结果直接为后续叶片造型提供输入条件。

一维设计也可以看作是中径截面上的流动设计，涡轮设计条件为进口总压 $P_0^*$，进口总温 $T_0^*$，出口压力 $P_4$、转速 $n$ 和质量流量 $G$。由于喷嘴喉部是整个涡轮最小面积处，喷嘴前的集气环容腔相对很大，因此进口截面一般流速很低，总参数和静参数差别很小。涡轮设计条件确定之后，气流流过涡轮能提供的最大能量就确定了，一般表示为能量与流量的比，即单位流量气体能做的功。气流流过涡轮通道与其外的热交换通常忽略不计，涡轮可看做绝热系统。根据能量方程，输出功就等于涡轮进、出之间的总焓降，按式（4 - 10）计算

$$L_u = H_0^* - H_4^* = C_p(T_0^* - T_4^*) \qquad (4 - 10)$$

按等熵过程，可表示为

$$L_{\text{uad}} = C_p T_0^* \left[ 1 - (P_4^* / P_0^*)^{(k-1)/k} \right] \qquad (4 - 11)$$

在出口速度较小时，也可用出口静压代替出口总压，表示为

$$L_{\text{uad}} = C_p T_0^* \left[ 1 - (P_4 / P_0^*)^{(k-1)/k} \right] \qquad (4 - 12)$$

实际发出的单位功与总焓降的比，即为涡轮效率。以式（4 - 10）为总焓降计算得到的效率称为总总效率，以式（4 - 12）为总焓降计算得到的效率称为总静效率。总静效率不考虑出口余速动能对下游流动的作用，将其认为是涡轮损失，因此总静效率低于总总效率。

一维设计计算过程首先是根据涡轮形式，确定各截面的压力。比如冲击式速度分级涡轮，喷嘴出口压力就是涡轮出口压力，喷嘴出口及以后各叶片排间的压力都是不变的，即：$P_1 = P_2 = P_3 = P_4$。

反力式压力分级涡轮，则需根据反力度及轴向力情况优化各叶片排的进出口压力。确定了各截面压力及每一排叶片的工况确定后，从第一排叶片顺序向下计算，确定满足设计要求的各截面速度矢量，计算下一排叶片几何结构参数。以一级涡轮为例，即图中假设 2 截面就是涡轮出口。这中间涉及一个相对坐标系的问题，即静叶用绝对坐标系计算，动叶用相对坐标系计算（认为坐标与动叶作同样的旋转）。对图 4 - 22（b）所示的基元级叶栅，动叶被认为是以中径处线速度平动的，平动速度可以通过转速和中径计算，一般也称作牵连速度，方向与转动方向相同。

$$u = \pi \cdot D_m \cdot n / 60 \qquad (4 - 13)$$

叶片排之间无论是先算出了绝对速度（静叶出口）还是相对速度（动叶出口）都可以通过矢量加、减运算确定另一个。因为矢量加、减运算符合三角形法则，因此一维计算也

就是确定速度三角形的过程。以 $C$ 代表绝对速度，$W$ 代表相对速度，它们之间的关系为

$$W + u = C \text{ 或 } C - u = W \tag{4-14}$$

根据进、出口条件如何确定出口速度是一维计算重要的一环，计算的出发点都是能量守恒方程，只是坐标系有区别。

对静叶而言有

$$H_0^* = C_p T_0^* = H_1^* = C_p T_1 + C_1^2/2 \tag{4-15}$$

从而

$$C_1 = \sqrt{2 C_p T_0^* \left( 1 - \frac{T_1}{T_0^*} \right)} \tag{4-16}$$

对于等熵流动，速度达到最大值，以 $C_{1ad}$ 表示，有

$$C_{1ad} = \sqrt{2 C_p T_0^* \left( 1 - \frac{T_1}{T_0^*} \right)} = \sqrt{\frac{2k}{k-1} R T_0^* \left[ 1 - \left( \frac{P_1}{P_0^*} \right)^{\frac{k-1}{k}} \right]} \tag{4-17}$$

对动叶有

$$H_{1w}^* = C_p T_1 + W_1^2/2 = H_{2w}^* = C_p T_2 + W_2^2/2 \tag{4-18}$$

从而

$$W_2 = \sqrt{2 C_p T_1 \left( 1 - \frac{T_2}{T_1} \right) + W_1^2} \tag{4-19}$$

对于等熵流动，速度达到最大值，以 $W_{2ad}$ 表示，有

$$W_{2ad} = \sqrt{2 C_p T_1 \left( 1 - \frac{T_2}{T_1} \right) + W_1^2} = \sqrt{\frac{2k}{k-1} R T_1 \left[ 1 - \left( \frac{P_2}{P_1} \right)^{\frac{k-1}{k}} \right] + W_1^2} \tag{4-20}$$

涡轮进口的总压、总温是确定的，因此一定要从第一排叶片开始计算，按顺序算到涡轮出口。气体的流动都是有损失的，这在设计中必须考虑。因此，式（4-17）和式（4-20）都要计入本排叶片的损失，得到实际速度。通常用速度系数来修正等熵速度，用 $\varphi_i$，$i = 1, 2, \cdots$，来表示第 $i$ 排叶片的速度系数，则有

$$C_1 = \varphi_1 C_{1ad} \tag{4-21}$$

$$W_2 = \varphi_2 W_{2ad} \tag{4-22}$$

知道一个截面的速度后可以计算该截面的温度。至于绝对速度和相对速度的转换就不再细述，由速度三角形可以确定。

一般都认为涡轮进口速度的方向是轴向的，进口流速很低。冲击式涡轮动叶进出口是对称的，因此给定喷嘴出口气流角就可以进行后续计算，一般在 $15°{\sim}25°$ 之间。反力式涡轮则需要指定各叶片排之间的气流角，每排叶片都有压降，因此每排叶片通道都是收敛的，以实现气体膨胀加速。对于叶片 S1 流面来说是靠出口气流角大于进口气流角，即出口气流更偏离轴向来实现的，因此指定气流角要符合这个原则。此外，速度三角形和叶高确定之后，可以从轮缘功、各排动叶的弯角、叶高变化等方面综合考虑，应尽量使这些参数在各级之间分布均匀，并需要在设计中反复迭代以得到更优化的结果。

叶片高度则要根据流量来确定，式（4-23）是气体动力学中最常用的流量公式

$$G = K \frac{P^*}{\sqrt{T^*}} A q(\lambda) \sin\alpha \qquad (4-23)$$

由式（4-23）变换可以求出叶排间环形面积 $A$，再根据叶片数、中径栅距及根据经验选取叶片堵塞系数，即可确定叶高。

（2）损失模型

在一维计算的过程中，采用速度系数来表征气流通过叶片的速度损失，因此速度系数的准确性对设计结果影响很大。需要从损失来源、前人的研究结果及实际使用经验等方面进行更深入的分析。

对于亚声速涡轮，一般把叶栅损失分为四类。

1）叶型损失。这部分损失主要是指叶型型面与气流的摩擦损失。

2）二次流损失。这部分损失主要是指轮毂、轴缘处的损失以及非主流方向流动引起的掺混损失等。

3）间隙损失。由于动叶与机匣之间、静叶（不含喷嘴）与动叶之间必然存在间隙，由此引起介质泄漏、造成能量损失。

4）尾缘损失。尾迹区域内的摩擦和掺混损失。

为了对各类损失进行量化研究，定义损失系数 $Y$ 来表示损失。

$$Y = \frac{P_1^* - P_2^*}{P_2^* - P_2} \qquad (4-24)$$

式（4-24）中分子代表流过叶栅的总压降低，动叶要用相对总压；分母为出口动压头，作为比较的基准。损失系数与其他表示损失方法如总压恢复系数 $\sigma$ 等存在转换关系

$$\sigma = \frac{P_2^*}{P_1^*} = \frac{1}{1 + Y[1 - \pi(M_2)]} \qquad (4-25)$$

由于损失系数是压差的概念，因此总损失是各部分损失之和。用 $Y_p$、$Y_s$、$Y_K$ 和 $Y_T$ 分别代表叶型损失系数、二次流损失系数、间隙损失系数和尾缘损失系数，则有总损失 $Y = Y_p + Y_s + Y_K + Y_T$。

膨胀循环发动机反力式涡轮以低展弦比、高负荷为其特征。由于涡轮进出口压力高、体积流量小，一般展弦比都不超过 1，喷嘴叶片甚至在 0.5 以下。高负荷则主要在于介质以氢气为主，而氢气的焓值高，气体常数约为航空燃气的 15 倍。从载荷系数看，航天反力式涡轮一般在 2.0 左右，而航空亚声速涡轮一般在 1.4～1.7。基于这些特点，航天反力式涡轮二次流损失和间隙损失占了很大的比例，喷嘴叶片二次流损失占到总损失的 65% 以上，动叶内二次流和径向间隙损失占到总损失的 75% 以上。近半个世纪以来，总结出大量关于涡轮损失的经验和半经验公式，其中应用较为广泛的是 Ailey/Marthieson/Dunham/Came（AMDC）的损失模型。由于此模型对于低展弦比、高载荷涡轮损失预测误差相对大些，Kacker 和 Qkapuu 在 AMDC 损失模型的基础上，通过大量的涡轮试验和叶栅试验建立了一套更具适应性的损失体系，KQ 损失体系。在航天反力式涡轮设计中采用这套体系进行了尝试，取得了很好的效果。

（3）叶片造型

由于膨胀循环发动机涡轮属于小通径反力式涡轮，综合考虑各种因素，叶片造型主要是平面叶栅造型设计，即只要确定了叶型，叶型沿径向拉伸就可以形成叶片。

叶型设计的输入条件是速度三角形，叶型的进、出口几何构造角要与速度三角形确定的气流角相适应。一般叶型构造角即叶型中弧线在进出口的切线夹角。叶型构造角与气流角也不是完全相等的，进口处的差别一般称为攻角，出口处的差别为落后角。对航天反力式涡轮进口攻角一般取 $0 \sim 3°$，落后角受附面层、叶型几何参数等因素影响，需要大量叶栅试验来获得。在大量试验和分析的基础上，许多学者提出了一些经验公式可供参考，这里不再详述。

确定了叶型构造角之后，就可以根据角度来进行叶型型线设计，大体的原则都要求型线光滑，同时考虑进口速度的高低，合理分布叶型厚度。大致有两种方法，早期是通过大量平面叶栅实验，优化叶型几何参数的配比，形成了一些气动性能好的标准叶型，再根据角度要求，把标准叶型按中弧线进行同样的厚度分布以形成叶型。近年来，随着计算机技术的发展，已开发了大量的计算机造型程序，并成功应用于航空航天和民用领域中。

由于叶型损失只占总损失的一小部分，单纯追求叶型损失最小是不全面的，不能保证总损失也一定小。因此，随着计算机技术特别是 CFD（计算流体力学）技术的发展，开展三维校核及优化越来越普及。

（4）三维校核及优化

涡轮在一维设计过程中用到大量的简化假设和经验系数，氢涡轮一维设计完成后，首先要进行额定点的三维流动计算，校核额定工况的功率、效率和流量等是否满足系统要求，如有较大偏差则还需调整。随着计算机和 CFD 技术的发展，大量实例表明采用三维 CFD 计算校核方法偏差更可控，可有效降低设计误差，并可对叶片造型进行进一步优化以尽可能提高效率，还可进一步计算出涡轮在不同压比、不同转速下的变工况性能曲线，便于系统进行计算优化和仿真。目前涡轮 CFD 计算中较常用的商业软件有 FLUENT、NUMECA 和 CFX 等。

（5）涡轮的材料与制造技术

涡轮结构一般由进气壳体组件、涡轮盘、导向环和排气壳体组成。

进气壳体组件一般由连接来流管路的进气管、把径向流入的燃气转成轴向的集气环以及集气环出口处的喷嘴（一级静叶）组成，一般通过焊接连成整体。由于需要焊接，一般选用同一种材料以保证焊接的可靠性。喷嘴叶片部分需要特别关注，既要满足流动性能，又要兼顾强度，一般都是进气壳体组件中最薄弱的环节，有时需要特别设计一些加强环节。由于喷嘴叶片尺寸精度要求很高，进气壳体组件也很少采用整体铸造方案。集气环较多采用弯管方案，也可锻造后机加工成形。高温介质下，涡轮进气壳体组件一般使用强度和高温性能好的高温合金 GH4169。膨胀循环发动机涡轮由于是常温工作，通常使用比强度高、轻质、易加工和焊接的钛合金 TC4。

涡轮盘由于高线速度带来的高应力，一般采用盘叶整体结构，即在盘上直接加工出叶片。高温下一般使用强度和高温性能好的高温合金 GH4169 或 GH4586。膨胀循环发动机涡轮由于是常温工作，通常使用轻质高强度的钛合金 TC11。早期受加工技术限制一般采用电解工艺加工成无叶冠（围带）叶片。随着电火花加工技术的不断进步，现在普遍采用电火花工艺加工有围带叶片。电火花加工尺寸精度高，围带有助于提高涡轮盘整体刚性，并且可与壳体蜂窝结构配合密封，有助于大幅提高涡轮效率。电加工后表面一般要进行磨粒流处理，以提高表面光洁度，对电解加工还有消除表面腐蚀的作用。涡轮盘与轴之间的联接要求尽可能地提高联接刚度，常用的有盘轴一体、过盈不可拆卸和花键联接。过盈不可拆卸联接一般在盘轴一体锻件生产有困难或其后续加工有困难的情况下使用。花键联接在某膨胀循环发动机氢涡轮泵上使用，主要受限于轴承 $Dn$ 值，采用了中间粗两头细的轴方案，必需从涡轮端装卸涡轮盘。即使这样，涡轮与轴之间的定位面也使用轻度过盈配合以尽量提高联接刚度。两级动叶在同一盘体上，采用音叉结构，进一步增强涡轮盘刚度。

导向环上与涡轮盘径向配合位置设置了密封环，以减少涡轮盘和导向环之间的泄漏。一般采用蜂窝结构金属环，由镍基高温合金薄板制成，钎焊到导向环相应位置。导向环本身受力情况较好，因此选材上受限较少，较多考虑与蜂窝环之间的焊接可靠性。一般选用与蜂窝钎焊性较好的高温合金 GH4169。由于涡轮盘为整体结构，导向环加工完成后需要沿径向线进行线切割将其分成几瓣以实现安装。导向叶片与动叶一样，采用电火花加工成有围带叶片。

排气壳体可以设置排气叶片以略微提高效率，但重量、成本和工艺难度也显著增加。压力低可采用钣金成型后焊接，压力高则可采用铸造方案。高温下可采用高温合金 GH4169。常温工作，通常使用轻质易加工和焊接的钛合金 TC4。为方便试车后检查转子转动情况，排气壳体上要开检查孔，重点要考虑装拆方便和密封可靠。

### 4.4.3　径流涡轮

径流式涡轮主要包括集气环、导向器和动叶。集气环在静叶周围形成气流流道，将气流导入到导向器中，集气环进气可以是径向进气、也可以是切向进气。一般切向进气通过蜗壳实现，气流在蜗壳中切向流动，并为导向器进口提供预旋。动叶进口相对气流速度一般为径向，动叶叶片入口一般为直叶片。

热力设计中三个计算截面如图 4 - 22 所示。0 截面为导向器进口，4 截面为导向器出口与叶轮进口交接面，6 为叶轮出口截面。在一维热力设计中一般先不用考虑蜗壳。

径流涡轮一级焓熵图和速度三角形如图 4 - 23、图 4 - 24 所示。基本热力过程与轴流涡轮相似。但由于动叶进出口半径不同，导致在相对坐标系下，动叶进出口相对压力、相对温度产生较大变化。

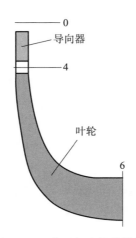

图 4 - 22　典型径流涡轮结构

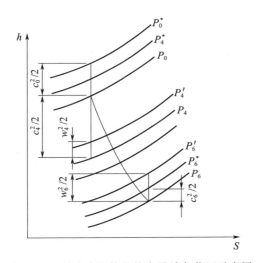

图 4 - 23　径流式涡轮的热力设计各截面示意图

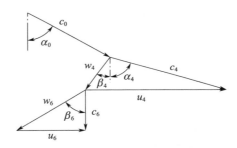

图 4 - 24　径流式涡轮速度三角形

考虑截面 4 和截面 6 之间的流动，流体对外做功，满足

$$L = U_4 V_{u,4} - U_6 V_{u,6} \tag{4-26}$$

不同于轴流涡轮进出口圆周速度 $U$ 基本相同，流体做功主要通过绝对速度在圆周方向的分量实现，径流涡轮进口圆周速度大于出口圆周速度，从而可以实现更大的做功能力。

（1）损失模型

对径流式涡轮，损失主要包含以下几种：冲角损失、通道损失、尾迹损失、叶顶间隙损失、风阻损失等。与离心泵叶轮类似，径流式涡轮的向心叶轮也有个比转速的概念，用于类比叶轮的形状特征和性能。对于不同比转速径流涡轮，损失占比会随比转速发生变化，在设计时应予以考虑。

（2）叶轮

径流式涡轮叶轮是涡轮的核心部件，其主要作用是将工质所具有的动能转换成机械能。径流式涡轮叶轮的造型方法目前主要有两种，一种是 Tan（1984）提出的大折转角叶片设计理论，另一种是黄希程（1981）提出的圆柱抛物线造型方法。

径流式涡轮叶轮的型面一般分为两部分，工作轮和导风轮。圆柱抛物线造型方法严格上讲是指导风轮部分的设计方法。工作轮则在叶轮进口线速度高时为了减小应力一般被设计成直叶片形式。图 4 - 25（a）所示为一种径向直叶片的叶轮。

（3）导向器

导向器的主要作用类似于轴流涡轮的喷嘴，是将蜗壳的整圈气流膨胀加速，并且以一定的角度流出。其结构形式主要有薄板、楔状对称、岛状以及气动叶型四种。图 4 - 25（b）所示为一种采用岛状叶型的叶片。

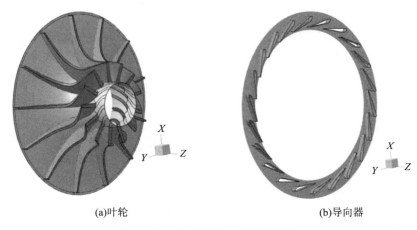

(a)叶轮　　　　　　　　　　　　　　　(b)导向器

图 4 - 25　叶轮和导向器三维模型

（4）蜗壳

蜗壳是径流式涡轮的进气道结构，从性能、结构角度考虑，可以采用不同形式的蜗壳。图 4 - 26 给出了三种形式的蜗壳。

叶顶间隙对径流式涡轮效率的影响很大。图 4 - 27 给出了轴流涡轮和径流涡轮的落压比-折合功曲线。对比轴流式和径流式氢涡轮的性能分布可知，径流涡轮折合功较低，说明径流涡轮顶部间隙对其性能影响明显。较大的顶部间隙会造成显著的气动性能损失。设计中需在确保安全性的前提下，尽量减小径流式涡轮的顶部间隙，以减小泄漏损失，提高涡轮整机性能。液体火箭发动机涡轮泵往往设置平衡活塞进行轴向力平衡，转子可以轴向移动，这对保证径流式涡轮叶顶间隙造成了很大困难。

（5）三维校核

与轴流涡轮类似，径流涡轮在一维设计完成后，需要进行三维流动校核，以确定额定工况的功率、效率和流量等是否满足系统要求，如有较大偏差则还需调整。

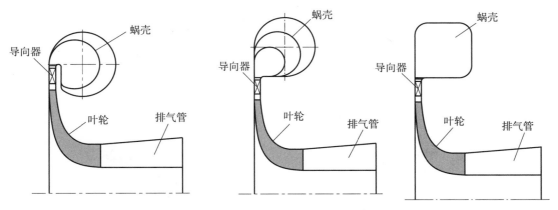

图 4 - 26　不同形式蜗壳结构示意图

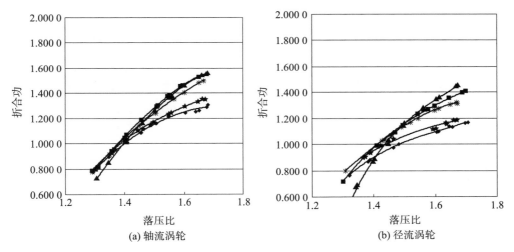

图 4 - 27　轴流涡轮、径流涡轮性能曲线

### 4.4.4　强度设计

涡轮强度设计主要包括静止件强度设计和转动件强度设计两部分。静止件主要有涡轮进气壳体、排气壳体和导向环；转动件主要是涡轮盘。这两部分结构由于承受的载荷不同，因此在强度设计方面考虑的点略有差异。强度分析可以采用 ANSYS、ABAQUS 等成熟的商业软件，也可以采用一些自主开发的国产软件。采用的主要功能是传热、静强度计算、模态分析、谐响应分析、随机振动分析、谱分析等。

涡轮静止件主要为进、排气壳体结构。对于闭式膨胀循环发动机，其设计上追求质量轻，因此常采用比强度高的轻质合金，典型如钛合金，并且在结构设计上尽量采用薄壁结构。

涡轮进气壳体结构设置有进气道、喷嘴叶片，处于涡轮结构的上游，具有压力高、体积大的特点。通常进气道壳体本身承压造成的结构应力水平较低，但与进气道壳体一体化的嘴叶片前尾缘圆角应力通常较高，这主要是因为进气道壳体受内压力变形，对喷嘴叶片产生拉伸、弯曲和剪切作用，叠加叶片圆角应力集中效应。因此进气壳体结构设计的一个难点是如何降低喷嘴叶栅的应力水平。采用进气道壳体中心拉杆是一种有效的降低喷嘴叶片应力水平的方法，由中心拉杆承受较大的拉力，从而减小壳体变形，降低叶片所受的拉力。图 4 - 28 为涡轮进气壳体应力、变形云图。

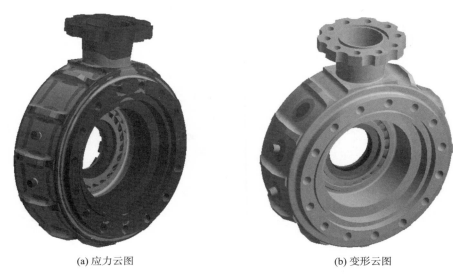

(a) 应力云图　　　　　　　　　　　(b) 变形云图

图 4 - 28　涡轮进气壳体应力、变形云图

导向环结构主要受到叶片气动力和前后压差作用，总体受力非常小。共振分析上，把其作为涡轮盘激励条件一并予以考虑，一般不单独做动强度分析。图 4 - 29 为导向环应力云图。

图 4 - 29　导向环应力云图

涡轮盘采用音叉盘结构，即两列涡轮叶片长在一个盘面上，这种结构可以减小涡轮盘

重量并兼顾涡轮盘刚度，对于悬臂结构较为有利。此外采用钛合金材料，有利于降低结构应力水平和结构变形。从涡轮盘坎贝尔图（考虑了离心载荷、压力载荷、温度载荷的频率）看到，涡轮盘最低的二节径在工作转速范围内，与发动机激励阶次裕度非常大，这对涡轮盘可靠工作是有较大益处的。图 4 - 30 为涡轮盘强度分析。

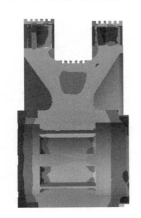

(a) 应力云图

(b) 变形云图

(c) 二节径模态振型图

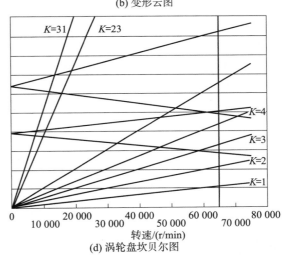

(d) 涡轮盘坎贝尔图

图 4 - 30　涡轮盘强度分析

经过流场非定常计算可以获得作用在涡轮盘、叶片上的交变载荷情况。图 4 - 31 给出了某膨胀循环发动机流场交变载荷情况，可见交变载荷幅值很小，幅值不到 5 N。因此结构具有非常大的寿命裕度。

### 4.4.5　涡轮的试验

涡轮产品开展的试验主要为获取涡轮的气动性能以及对结构强度开展相关的验证。气动性能方面，开展涡轮性能试验。结构强度验证方面，主要开展涡轮盘超转试验和模态试验。

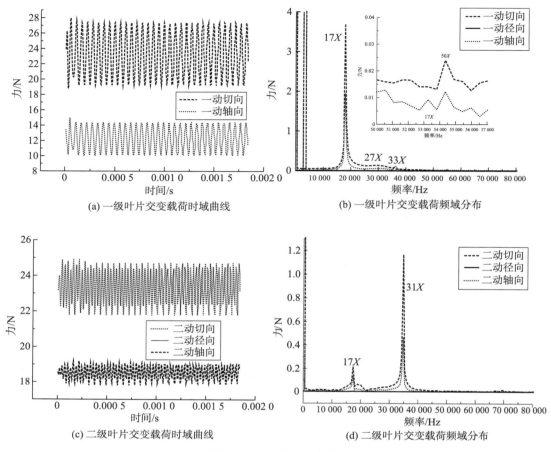

图 4-31　叶片交变载荷

（1）涡轮性能试验

涡轮真实工作介质为燃气或氢气，由于这些较难获得，因此试验代价较高。为获得涡轮性能，一般采用空气介质进行模化，按照空气动力学相似工况点参数进行试验，获得涡轮在不同状态下的效率、折合功、折合流量等性能参数与折合转速、压比的关系。

按照相似理论，使用下列两个公式可计算得到模化试验的气动参数。压比相似较好满足，利用试验中实际背压值和设定的压比可得到进口压力。由于模化试验进口温度不同，涡轮在实际运行中的转速会有一定范围变化。

$$(P_0)_m = (P_2)_m \times (P_0/P_2)_d \qquad (4-27)$$

$$(n_m) = (\sqrt{T_0})_m \times (n/\sqrt{T_0})_d \times (\sqrt{2kR/(k+1)})_m/(\sqrt{2kR/(k+1)})_d \qquad (4-28)$$

涡轮产品与试验台需要通过转接轴进行连接，并在轴上设置动密封以防止轴承等部件润滑介质泄漏到涡轮端。由于空气相似工况下涡轮功率显著降低，轴系动密封结构产生的功率损耗占比较大，需要进行专门标定，才能获取实际的涡轮效率。

试验基本原理是，涡轮在模化试验点上工作，来自气源的气体进入涡轮吹动涡轮盘转动做功，涡轮盘通过轴系与测功机、扭矩仪相连，通过测功机、扭矩仪获得涡轮轴功率、扭矩。再加上轴系损耗的功率，就可以获得涡轮轴功。涡轮理论功可以通过公式计算得出。通过调整涡轮工作转速和落压比，获得不同工况点的特性分布。涡轮总静效率计算公式为

$$\eta_{t-s} = \frac{1}{9\,549.3} \cdot \frac{M \cdot n}{G \cdot C_p \cdot T_0 \cdot \left[1 - \left(\dfrac{P_2}{P_0}\right)^{\frac{k-1}{k}}\right]} \tag{4-29}$$

通过试验获得的典型的涡轮落压比-折合流量、落压比-效率曲线如图 4-32 所示。通过该曲线可以获得涡轮实际工作特性数据。

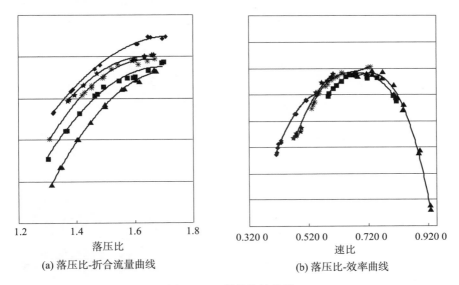

(a) 落压比-折合流量曲线　　　　　　　(b) 落压比-效率曲线

图 4-32　涡轮特性曲线

（2）涡轮盘超转试验

膨胀循环发动机涡轮盘线速度也可高达 500 m/s，为检验设计及材料方案，按照应力或应变安全裕度准则，考虑温度对材料性能的影响，进行相应转速的超速强度试验。超速试验转速按照不低于 1.1 倍的设计工作转速确定，疲劳试验工作时间按照工作循环数不低于 5 倍的发动机任务确定时间，不产生明显的塑性变形和裂纹。图 4-33 为涡轮盘超转试验工装。

（3）模态试验

模态试验用于获取产品结构模态振动频率和模态振型。产品装配会对产品模态产生影响，如涡轮盘的节圆模态会受到盘轴连接的影响，而节径型模态则不受盘轴连接结构影响。

模态试验一般采用测量频响函数的方法来识别结构的模态参数，即：在锤击激励下，通过测量激励力和系统的响应输出，从而得到系统的频响函数，进而得到结构的固有频率、阻尼比和振型。图 4-34 为模态试验及模态振型图。

图 4 - 33　涡轮超转试验工装

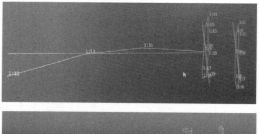

图 4 - 34　模态试验及模态振型图

## 4.5　转子载荷的校核与平衡

### 4.5.1　轴向力平衡

　　膨胀循环发动机涡轮泵的转速和压力均较高，高压使尺寸变化造成的轴向力变化增大，高转速则使轴承的轴向承载能力减小。由于计算、加工与装配的偏差，以及发动机启动、关机、变工况等，都会使轴向力偏离预定值。为了使轴承能在允许的载荷下正常工作，必须采用轴向力平衡装置对轴向力进行平衡。轴向力平衡装置有平衡盘、平衡鼓、平衡活塞等结构，涡轮泵一般采用平衡活塞进行转子轴向力的平衡。

目前液体火箭发动机高压涡轮泵最常用的两种平衡活塞结构形式如图 4 - 35 所示，图中方案（a）的特点是平衡能力强，但对加工、装配精度要求较高；方案（b）的特点是平衡能力稍弱，但加工、装配、调整和控制平衡活塞性能参数比较容易实现。

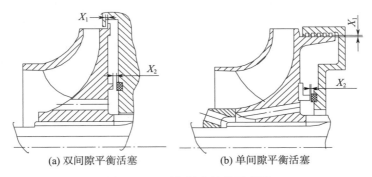

(a) 双间隙平衡活塞　　　　　　　　　　(b) 单间隙平衡活塞

图 4 - 35　平衡活塞结构示意图

平衡活塞有两个间隙直接影响其平衡能力：一个是由离心叶轮后盖板顶部凸肩与泵壳体或迷宫密封间形成的高压间隙 $X_1$，另外一个是离心叶轮后盖板下部一凸肩与泵壳体间形成的低压间隙 $X_2$，平衡活塞高、低压间隙各有其用且相互关联。流体经过平衡活塞低压间隙后通过轮毂上的回流孔或连通管与泵入口相通。流体在高压间隙前的压力是泵末级叶轮出口处的压力 $P_2$，通过高压间隙 $X_1$ 后降为 $P_t$，液体在平衡腔内由于旋转作用沿径向下降至低压间隙 $X_2$ 前 $P_B$，通过低压间隙 $X_2$ 后降为 $P_{bp}$，然后回到泵入口处 $P_1$。平衡活塞腔内的液体作用在叶轮后盖板上的轴向力 $F_p$ 即是平衡活塞的推力，简称平衡推力。

若转子上的轴向力 $F_a$ 大于平衡活塞的平衡推力 $F_p$ 时，则转子向右移动，使高压间隙 $X_1$ 增大，低压间隙 $X_2$ 减小，从而高压间隙后压力 $P_t$ 提高，平衡腔内压力随之提高，转子不断右移，平衡推力不断增大，直至平衡推力与轴向力相等，达到新的平衡；同理，当若转子上的轴向力小于平衡活塞的平衡推力时，则转子向左移动，过程相反。转子的左右移动过程，就是轴向力自动平衡的过程，这种平衡是运动中的平衡，是动态平衡。

涡轮泵在运转中，轴向移动量受到结构限制，过大会使转动件与静止件发生碰磨，导致转子振动增大，特别是在液氧泵中碰磨可能导致爆燃。为了限制转子过大的轴向窜动，必须使平衡活塞在高、低压间隙变化不大的情况下，平衡推力就发生显著的变化，即平衡活塞应具有较大"刚度"。平衡活塞的"刚度"可以认为是单位平衡活塞移动量所产生的推力，即 $\mathrm{d}F_p/\mathrm{d}x$，$\mathrm{d}x$ 是平衡活塞的移动量，因此平衡活塞的"刚度"实际就是推力曲线的斜率。设计平衡活塞时，需对平衡活塞"刚度"进行评估，选择推力曲线的斜率较大的区域作为平衡活塞的工作范围，同时从涡轮泵结构上对转子的轴向移动范围进行限位，确保转子轴向窜动量在合理、可靠的范围内。

如图 4 - 36 所示的平衡活塞结构，叶轮出口液流流经平衡活塞高压间隙、低压间隙，通过叶轮轮毂上的回流孔返回叶轮入口，构成完整的平衡活塞液流环路。环路的压降由四部分组成：高压间隙压降 $\Delta P_1$，径向液流压降 $\Delta P_2$，低压间隙压降 $\Delta P_3$，平衡活塞出口到

泵入口的压降 $\Delta P_4$。设泵入口压力为 $P_1$，出口压力为 $P_2$，根据能量守恒方程，有式（4 - 30）成立

$$P_2 - P_1 = \Delta P_1 + \Delta P_2 + \Delta P_3 + \Delta P_4 \qquad (4-30)$$

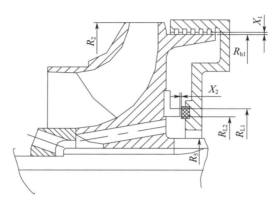

图 4 - 36　平衡活塞结构图

在多级离心泵中，平衡活塞一般设在压力最高的末级泵叶轮上，然后根据需要平衡的轴向力大小来确定返回哪一级泵入口。

平衡活塞高压间隙前的压力为叶轮出口压力，高压间隙的阻力系数 $\zeta_h$，可通过间隙进口、沿程和出口三个阻力系数来计算

$$\zeta_h = \zeta_{hi} + \zeta_{hl} + \zeta_{ho} \qquad (4-31)$$

式中　$\zeta_{hi}$ ——入口阻力系数，$\zeta_{hi} = 0.5\eta$，$\eta$ 为入口圆角系数，一般入口边均为尖角，则
$\eta = 1$；

$\zeta_{hl}$ ——沿程阻力系数，一般 $\zeta_{hl} = \dfrac{\lambda L}{2X_1}$。

式中 $L$ 为迷宫密封面总长度，$X_1$ 为迷宫密封间隙，$\lambda$ 为摩擦阻力系数。$\lambda$ 与间隙中流动的雷诺数及表面粗糙度有关。间隙中流动一般位于阻力平方区，$\lambda$ 与雷诺数无关，一般取 $\lambda = 0.02 \sim 0.06$。另外沿程阻力系数的计算还要考虑密封齿的形状和数量的影响。

$\zeta_{ho}$ 为出口阻力系数，一般 $\zeta_{ho} = \left(\dfrac{R_{h1}}{R_{h2}}\right)^2$

由上述可得

$$\zeta_h = 0.5 + \frac{\lambda (R_{h2} - R_{h1})}{2X_1} \frac{R_{h1}}{R_{h2}} + \left(\frac{R_{h1}}{R_{h2}}\right)^2 \qquad (4-32)$$

高压间隙入口的流通面积为

$$A_h = \pi D_{h1} X_1 \qquad (4-33)$$

当泄漏流量为 $q$ 时，高压间隙的压降为

$$\Delta P_1 = \zeta_h \rho \frac{1}{2g} \left(\frac{q}{A_h^2}\right) \qquad (4-34)$$

高压间隙入口内侧的压力为

$$P_{h1n} = P_2 - \frac{(1 + \zeta_{hi})}{\zeta_h} \Delta P_1 \qquad (4-35)$$

高压间隙的出口压力为

$$P_{h2} = P_2 - \Delta P_1 \qquad (4-36)$$

这里假设泵腔内流体的平均转速为叶轮转速的一半，且不受流量变化的影响。

$$\Delta P_2 = \rho \frac{\varpi_2}{8g}(R_{h2}^2 - R_{h1}^2) \qquad (4-37)$$

低压间隙的阻力系数型式与高压间隙的相同，同样可通过间隙进口、沿程和出口三个阻力系数来计算

$$\zeta_l = \zeta_{li} + \zeta_{ll} + \zeta_{lo}$$

式中　$\zeta_{li}$——入口阻力系数；

$\zeta_{ll}$——沿程阻力系数；

$\zeta_{lo}$——出口阻力系数。

$$\zeta_l = 0.5 + \frac{\lambda(R_{l2} - R_{l1})}{2X_2} \frac{R_{l1}}{R_{l2}} + \left(\frac{R_{l1}}{R_{l2}}\right)^2 \qquad (4-38)$$

低压间隙入口的流通面积为

$$A_l = \pi D_{l1} X_2 \qquad (4-39)$$

当泄漏流量为 $q$ 时，低压间隙的压降为

$$\Delta P_3 = \zeta_l \rho \frac{1}{2g}\left(\frac{q}{A_l^2}\right) \qquad (4-40)$$

低压间隙入口前的压力为

$$P_l = P_{h2} - \Delta P_2 \qquad (4-41)$$

低压间隙入口内侧的压力为

$$P_{l1n} = P_{l1w} - \frac{(1 + \zeta_{li})}{\zeta_l} \Delta P_3 \qquad (4-42)$$

低压间隙的出口压力为

$$P_{l2} = P_{l1w} - \Delta P_3 \qquad (4-43)$$

在叶轮轮毂上开 $n$ 个直径 $\phi$ 的通孔作为回流通道，平衡活塞泄漏流量为 $q$ 时，回路中液流速度为

$$V_d = \frac{q}{nA} = \frac{4}{n}\frac{q}{\pi\varphi^2} \qquad (4-44)$$

低压孔的阻力系数为

$$\zeta_d = \zeta_{di} + \zeta_{dl} + \zeta_{do} \qquad (4-45)$$

式中　$\zeta_{di}$——入口阻力系数，一般取 0.5；

$\zeta_{dl}$——沿程损失系数，$\zeta_{dl} = \lambda\dfrac{l}{\phi}$；

$\zeta_{do}$——出口阻力系数，一般取 1.0。

$$\zeta_d = 1.5 + \lambda\frac{l}{\phi} \qquad (4-46)$$

$$\Delta P_4 = \zeta_d \rho \frac{V_d^2}{2g} = \zeta_d \rho \left(\frac{q}{A_d}\right)^2 \tag{4-47}$$

如果叶轮上回流通道面积足够大，则 $\Delta P_4$ 很小，为了简化计算，可取 $\Delta P_4 = 0$。事实上，回路的压降与路径、通流面积、流量及叶轮转速等有关。对于具体的回路结构，有时其压降会很大，必须加以考虑，这需要根据具体情况具体分析，回路流阻的大小会对平衡活塞的性能产生影响。

平衡活塞的推力 $F_P$ 为

$$F_P = F_2 + F_7 + F_8 - F_3 \tag{4-48}$$

其中 $F_2$ 为平衡活塞腔受压面上产生的力，大小为

$$F_2 = \pi (R_{h2}^2 - R_{h1}^2) \left[ p_{h2} - \frac{\rho g \omega^2}{16g} (R_{h2}^2 - R_{h1}^2) \right] \tag{4-49}$$

低压间隙段上产生的力 $F_7$ 为

$$F_7 = \pi (R_{l1} p_{l2} - R_{l2} p_{lin})(R_{l1} + R_{l2}) - \frac{2}{3}\pi (p_{l1n} - p_{l2})(R_{l1}^2 + R_{l1} R_{l2} + R_{l2}^2)$$

$$\tag{4-50}$$

低压间隙出口到回流通道轮毂处产生的力 $F_8$ 为

$$F_8 = \pi (R_{l2}^2 - R_2^2) p_{l2} \tag{4-51}$$

叶轮顶部凸台左侧产生的力 $F_3$ 为

$$F_3 = \pi (R_{h1}^2 - R_2^2) p_2 + \pi (R_{h2} p_{h1n} - R_{h1} p_{h2})(R_{h2} - R_{h1})$$

$$- \frac{2}{3}\pi (p_{h1n} - p_{h2})(R_{h1}^2 + R_{h1} R_{h2} + R_{h2}^2) \tag{4-52}$$

上述计算泵轴向力的公式，是假设在泵腔内液体无径向流动的条件下推得的。在估算泵的轴向力时，采用简化的计算公式是可以的，但当有径向流时会改变压力分布，因而影响轴向力的数值。如果要精确计算，则应考虑泵腔内泄漏流的方向和大小对叶轮压力分布的影响，进而对轴向力的影响。

根据以上公式计算可得

$$p_2 - p_1 = \varsigma_h \rho \frac{1}{2g}\left(\frac{q}{A_h}\right)^2 + \rho \frac{\omega^2}{8g}(R_{he}^2 - R_{l1}^2) + \varsigma_l \rho \frac{1}{2g}\left(\frac{q}{A_l}\right)^2 + \varsigma_d \rho \frac{1}{2g}\left(\frac{q}{A_d}\right)^2$$

$$\tag{4-53}$$

对于单级泵，$p_1$、$p_2$ 为叶轮进口、出口的静压；对于多级泵，$p_2$ 为末级叶轮出口的静压，$p_1$ 为回流通道返回的某级叶轮入口的静压。

根据以上公式可推导出平衡活塞的泄漏量 $q$ 为

$$q = \sqrt{\frac{2g\left[p_2 - p_1 - \rho \dfrac{\omega^2}{8g}(R_{h2}^2 - R_{l1}^2)\right]}{\rho \left(\dfrac{\varsigma_h}{A_h^2} + \dfrac{\varsigma_l}{A_l^2} + \dfrac{\varsigma_d}{A_d^2}\right)}} \tag{4-54}$$

根据以上公式，对于给定的某一组高、低压间隙，就可以计算出平衡活塞的流量和平衡活塞推力。改变高、低压间隙的值，就可以计算出一系列的工况点，从而得到特定转速

和结构下平衡活塞的性能曲线，即平衡活塞的推力和流量对于转子轴向位置的函数曲线。具体可如图 4 - 37 所示。

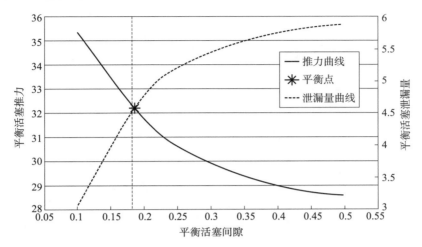

图 4 - 37　泵平衡活塞性能曲线和工作点示意图

平衡活塞的设计工况工作点（即平衡点位置）的选择，对于平衡活塞的设计十分重要，设计平衡点选得合适，则平衡活塞的性能可以达到最佳，亦即平衡活塞的推力调节范围大，且灵敏度高。一般认为平衡活塞最佳相对运行间隙应位于平衡推力范围的中间区域，在此运行间隙附近，平衡活塞既有较大的"刚度"以抵抗轴向力的变化，同时平衡活塞的运行间隙裕度较大，可以确保平衡活塞安全可靠的工作。

## 4.5.2　径向力校核

膨胀循环发动机涡轮泵的径向力由三部分组成：泵离心叶轮出口压力不均匀产生的径向力、涡轮叶轮产生的径向力、转动件自身不平衡量产生的径向力。

从泵离心叶轮中流出的液体，受到叶轮周围压水室中压力的作用，液体流出的速度也是非轴对称的，压力大的地方流速小，压力小的地方流速大，方向与叶轮出口绝对速度方向相反，近似与圆周相切，因此动反力引起的径向力 $R$ 的方向大致为压力引起的径向力 $P$ 反旋转方向旋转 $90°$，$P$ 和 $R$ 合成得到总的径向力 $F_{jp}$。

一般认为，泵叶轮产生的径向力可按下式进行计算

$$F_{jp} = 0.36 \left[ 1 - \left( \frac{Q}{Q_N} \right)^2 \right] \rho g H D_2 B_2 \qquad (4 - 55)$$

式中　$H$ ——泵扬程，m；

　　　$D_2$ ——叶轮外径，m；

　　　$B_2$ ——包括叶轮盖板的叶轮出口宽度，m；

　　　$Q$ ——泵的实际工作流量；

　　　$Q_N$ ——泵的额定工作流量。

随着计算机技术的发展，泵的径向力计算也可通过 CFD 流场计算得到，如图 4 - 38

所示。通过读取整体泵在不同方向上的作用力，可以获得泵的径向力 $F_{jp} = \sqrt{F_X^2 + F_Y^2}$。

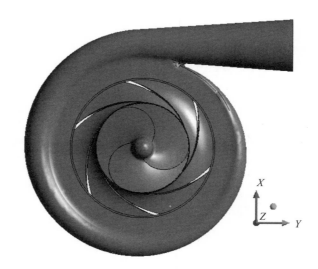

图 4 - 38　三维仿真得到的泵径向力示意图

涡轮叶轮带来的径向力，在涡轮为全周进气时，叶片均布于整个圆周，所受周向力在径向上的分量相互抵消，可忽略不计。在涡轮为部分进气时，叶片所受的周向力由于部分进气度的影响，会在涡轮端产生的径向力，必须进行核算。计算涡轮径向力时可建立坐标，如图 4 - 39 所示。

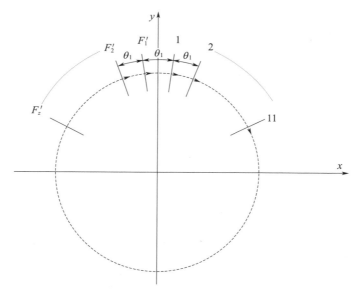

图 4 - 39　涡轮等效叶片分布图

部分进气式的涡轮的径向力计算具体过程如下。

每个叶片所受的周向力为

$$F' = G(C_{ep} \times \cos\alpha_{ep} + C_{ey1} \times \cos\alpha_{ey1})/i_{1\text{等}} \tag{4-56}$$

式中　$G$ —— 涡轮流量，kg/s；

　　　$C_{ep}$、$C_{ey1}$ —— 涡轮动叶进口和出口速度，m/s；

　　　$\alpha_{ep}$、$\alpha_{ey1}$ —— 涡轮动叶气流进口和出口角度；

　　　$i_{1\text{等}}$ —— 动叶等效受力叶片数目，按公式 $i_{1\text{等}} = i_1 \times \varepsilon_1$ 计算，其中 $\varepsilon_1$ 为喷嘴部分进气度，$i_1$ 为动叶数。

涡轮叶片产生的径向力表示为

$$F'_{jt} = 2\sum_{j=1}^{n} F'\cos\left[(j-1)\theta_1 + \frac{\theta_1}{2}\right] \tag{4-57}$$

式中　$j = 1 \sim i_{1\text{等}}/2$；$\theta_1 = \dfrac{360}{i_1}$，为每两个叶片夹角。

除了上述两项内容外，转动件的不平衡量对径向力的影响在计算时也应予以考虑，转动件的不平衡量引起的离心力根据下式获得

$$F_{jz} = \sum_{i=1}^{n} Gr_i\omega^2/g \tag{4-58}$$

式中　$Gr_i$ —— 各转动件的不平衡量，该值根据转动的许用不平衡精度确定；

　　　$\omega$ —— 转子工作转速。

根据公式得到三部分的径向力数值和方向后，即可根据轴系结构力偶平衡和静力平衡，计算出作用在轴承上的径向力。

以图 4-40 为例，根据力偶平衡和静力平衡，可以得到

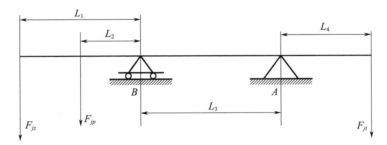

图 4-40　轴承受力与各零组件径向力的示意图

$$A = [F_{jt} * (L_4 + L_3) - F_{jz} * L_1 - F_{jp} * L_2)]/L_4 \tag{4-59}$$
$$B = F_{jt} + F_{jz} + F_{jp} - A$$

求得具体数值后，应根据轴承的实际承载能力，对径向力是否可承受应予以科学评估。如果径向力过大，则需要考虑通过泵压水室设置导叶或者双蜗壳泵等措施，减小泵部分的径向力，其结构如图 4-41 所示。

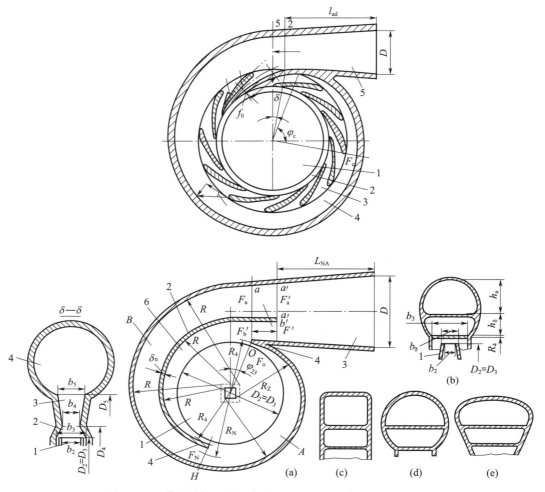

图 4 - 41　带导叶扩压器压水室（左）和双蜗壳泵压水室（右）

## 4.6　转子动力学

### 4.6.1　临界转速

　　液体火箭发动机涡轮泵是旋转机械中功率密度最高的机械装置，具有高转速、高功率、高负荷的特点。膨胀循环发动机因其系统循环特点，氢涡轮泵转速在所有循环方式的发动机中是最高的，一般都工作在临界转速以上，采用高速柔性转子。

　　高速柔性转子的动力学问题十分突出且复杂，是影响涡轮泵总体设计方案的重要因素。动力学特性是转子系统的固有特性，转子系统设计方案的确定就意味着其主要的动力学特性就已确定，后期对其调整将影响涡轮泵设计方案全局，付出的代价很大。因此，在研制初期就必须对转子系统进行全面的动力学设计、优化和试验，只有这样，才能保证涡轮泵研制不至于出现重大方案反复和修改。因此，研究高速柔性转子的转子动力学问题，是研制高转速涡轮泵的重要课题。

### 4.6.1.1　转子动力学基础

本节以最简单的单盘转子为例，介绍转子动力学的基本概念和原理。

单盘转子的临界转速为

$$\omega_k = \sqrt{\frac{k}{m}} \tag{4-60}$$

式中　$k$ ——盘的刚度，N/m；

$\quad\quad m$ ——盘的质量，kg；

$\quad\quad \omega_k$ ——临界转速，rad/s。

单盘转子在不同工作转速 $\omega$ 下的不平衡响应幅值 $y$ 可表示为

$$y = \frac{\omega^2 e}{\dfrac{k}{m} - \omega^2} \tag{4-61}$$

式中　$e$ ——偏心距。

当 $\omega = \omega_k = \sqrt{k/m}$ 时，$y \to \infty$，转子在临界转速下会因振幅过大而无法工作；当 $\omega \to \infty$ 时，$y \to -e$，即当转子超过临界转速以后，会产生自动定心效应，这就是柔性转子的工作原理。

当转子系统采用弹性支承后，转子的支承刚度为轴承与弹支串联后的综合刚度，临界转速为

$$\omega_k = \sqrt{\frac{k_1 k_2}{m(k_1 + k_2)}} \tag{4-62}$$

式中　$k_1$、$k_2$ ——弹支与轴承的刚度。当 $k_2 \gg k_1$ 时，$\omega_k = \sqrt{\dfrac{k_1}{m}}$ 。

此时，转子的临界转速基本上由弹支刚度决定。因此，通过设置弹性支撑，可以有效调整转子临界转速，使之远离工作转速，这是工程上常用的方法。

具有弹性减振支承的转子振幅—频率特性可按下式估算

$$y = \frac{\omega^2 e}{\sqrt{(\omega_k^2 - \omega^2)^2 + (2\xi\omega_k\omega)^2}} \tag{4-63}$$

式中，$\xi = \dfrac{c}{2\sqrt{mk}}$ 表示阻尼比，$c$ 为阻尼系数。

当 $\omega = \omega_k$，$k_2 \gg k_1$ 时

$$y = \frac{e}{2\xi} \tag{4-64}$$

可见，当转子通过临界转速时，支撑刚度已定，振幅的大小主要取决于阻尼。$\xi \to 0$，则 $y \to \infty$；反之，$\xi \to \infty$，则 $y \to 0$。工程上常用的增加阻尼的方法是在弹性支承处设置阻尼器，以确保转子以可接受的振幅安全通过临界转速。对于氢涡轮泵，由于液氢的粘度很低，与空气相当，常用的挤压油膜阻尼器阻尼作用极其有限，因此氢涡轮泵一般采用金

属橡胶阻尼器和箔片式阻尼器。

实际的涡轮泵转子与单盘转子相比要复杂得多，由不同组件安装在一变截面的轴上，转子的临界转速取决于转子刚度、质量分布和陀螺效应，涡轮泵转子的设计应使其临界转速远离工作范围，一般应有20%以上的安全裕度；振型是指转子在临界转速下工作时转子各位置处的相对变形，每个固有频率有一个与共振有关的独立振型，转子振型生动地表明对确定其特性有影响的因素，是进行转子优化、改进设计的重要依据。

转子动力学主要研究转子的横向弯曲振动，转子横向弯曲振动是一种空间振动。当进动角速度与转速相同时称为同步响应。同步响应频率与转子转动频率相同，随转速变化而变化，是转子对不平衡力的响应，属于强迫振动。减小此类振动的有效措施是对转子主要零件进行动平衡，并在此基础上对转子系统进行高速组合动平衡。

当进动角速度小于转速时称为次同步进动，也称次同步涡动。次同步进动的频率为转子的低阶固有频率，不随转子转速变化。次同步进动属于转子系统自身所诱发的交变激振力作用于转子后产生的自激振动，是高速涡轮泵转子最常见的动力不稳定形式。转子不稳定存在一个转速门槛值。转子在低于此门槛值下工作是稳定的，反之则会失稳。因此应保证此转速门槛值高于工作转速并有较大的裕度。转子稳定性是由在工作转速下提供足够的阻尼来控制的，以保证在扰动后振动迅速衰减，若阻尼不足，振动持续发散，则可能导致转子破坏或严重损坏。

### 4.6.1.2　转子动力学设计

（1）临界转速计算

常用的计算方法有传递矩阵法和有限元法，下面以传递矩阵法为例说明计算过程。

在求解转子的临界转速、振型及应变能时，经常用到传递矩阵法。由于氢涡轮泵弹支的隔离作用，在建模时只需要对转子本身进行离散化。沿轴线方向将质量和转动惯量集中到一系列的节点之上，按顺序编号后离散化就完成了。任意节点的质量和转动惯量可以表述为

$$\begin{cases} \boldsymbol{m} = \boldsymbol{m}^E + \boldsymbol{m}^R + \boldsymbol{m}^L \\ J_p = J_p^E \\ J_d = J_d^E \end{cases} \qquad (4-65)$$

各节点之间由无质量的弹性杆连接，其等效抗弯刚度 $EJ$ 按纯弯曲时两端面的相对转角不变求得。

经过离散后的转子系统可以用一多圆盘系统来模拟，如图4-42所示。

与梁不同，转子系统在计算临界转速和变形时，需考虑到转子的陀螺效应。陀螺力矩的存在使得横向弯曲振动固有频率与转速有关。这种关系一般以坎贝尔图的形式呈现出来：转子运转时的临界转速相比于静态固有频率要高；对给定转速，任何阶次的临界转速下都有两个模态，与转速方向一致的正进动和与转速方向相反的反进动。

若将圆盘的直径转动惯量改为 $J_d - \dfrac{\Omega}{\omega} J_p$，则转子在某一转速下的固有频率与振型可

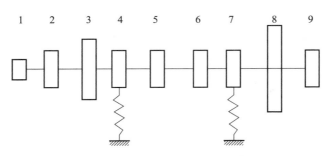

图 4 - 42　离散后的多盘系统示意图

用等价梁求得，当 $\dfrac{\Omega}{\omega} = 1$ 时可求得转子的临界转速。

对第 $n$ 个部件，其左右两端的编号分别为 $n$ 和 $n+1$，则该截面的状态向量可由挠度、转角、弯矩和剪力共同描述为：$\{u\}_n = [y, \theta, M, Q]_n^{\mathrm{T}}$，任一部件的两端面状态向量的关系可由该部件的传递矩阵来描述，即

$$\{u\}_{n+1} = [T]_n\{u\}_n \tag{4-66}$$

其中传递矩阵 $[T]_n$ 为一方阵，阶数与状态向量的维数相同，传递矩阵反应部件上的力与其运动及变形的关系。

将带弹支的圆盘与无质量等截面的弹性轴段组合起来，成为一个组合部件，如图 4 - 43 所示。

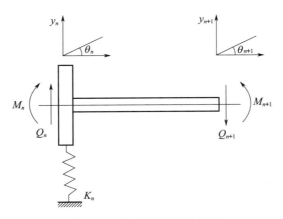

图 4 - 43　组合部件的示意图

设圆盘与轴段的连接处为 $M$，对应状态向量为 $\{u\}^M$，则状态向量 $\{u\}^M$ 与 $\{u\}^L$ 满足圆盘的传递关系，$\{u\}^M$ 与 $\{u\}^R$ 满足无质量轴段的传递关系。即

$$\{u\}^L = [B]\{u\}^M$$

$$\{u\}^M = [D]\{u\}^R \tag{4-67}$$

其中 $[B]$ 为弹支圆盘的传递矩阵，$[D]$ 为无质量轴段的传递矩阵，那么组合部件的传递关系满足

$$\{\boldsymbol{u}\}_n = [\boldsymbol{B}]_n [\boldsymbol{D}]_n \{\boldsymbol{u}\}_{n+1} = [\boldsymbol{T}]_n \{\boldsymbol{u}\}_{n+1} \tag{4-68}$$

组合单元的传递矩阵为

$$[\boldsymbol{T}]_n = \begin{bmatrix} 1+\dfrac{l^3}{6EI}(1-C)B & l+\dfrac{l^2}{2EI}A & \dfrac{l^2}{2EI}+\dfrac{l}{C_h} & \dfrac{l^2}{6EI}(1-C) \\[2mm] \dfrac{l^2}{2EI}B & 1+\dfrac{l}{EI}A & \dfrac{l}{EI}+\dfrac{1}{C_h} & \dfrac{l^2}{2EI} \\[2mm] l & 1 & A & Bl \\[2mm] B & 0 & 0 & 1 \end{bmatrix} \tag{4-69}$$

其中：$A = \left(J_P \dfrac{\Omega}{\omega} - J_d\right)\omega^2 + K_h$；$B = m\omega^2 - K$；$C = \dfrac{6EI}{K_t GAl^2}$。

图 4-42 描述的离散系统由多个类似的组合部件组成，则第 $n$ 个截面的状态向量可以表述为

$$\{\boldsymbol{u}\}_n = [\boldsymbol{T}]_{n-1}\{\boldsymbol{u}\}_{n-1} = \cdots = [\boldsymbol{T}]_{n-1}[\boldsymbol{T}]_{n-2}\cdots[\boldsymbol{T}]_1\{\boldsymbol{Z}\}_1 = [\boldsymbol{A}]_{n-1}\{\boldsymbol{Z}\}_1 \tag{4-70}$$

根据式（4-70），如果已知第一个截面的状态，就可以确定各截面的状态。对图 4-42 所示的两端自由的转子系统，则其满足边界条件

$$M_1 = 0, Q_1 = 0 \tag{4-71}$$

根据式（4-71）对任一截面，其传递方程可以简化为

$$\{\boldsymbol{Z}\}_n = [\boldsymbol{A}]_{n-1}\{\boldsymbol{Z}\}_1 = \begin{bmatrix} a_{11} & a_{12} \\ a_{21} & a_{22} \\ a_{31} & a_{32} \\ a_{41} & a_{42} \end{bmatrix}_{n-1} \begin{Bmatrix} y \\ \theta \end{Bmatrix}_1 \tag{4-72}$$

设转子已被离散成 $N$ 段组合部件，则考虑转子末端满足边界条件

$$M_N = 0, Q_N = 0 \tag{4-73}$$

有

$$\begin{Bmatrix} M \\ Q \end{Bmatrix}_N = \begin{bmatrix} a_{31} & a_{32} \\ a_{41} & a_{42} \end{bmatrix}_N \begin{Bmatrix} y \\ \theta \end{Bmatrix}_1 \tag{4-74}$$

若（4-74）成立，则必然满足

$$\Delta(\omega^2) = \begin{vmatrix} a_{31} & a_{32} \\ a_{41} & a_{42} \end{vmatrix}_N = 0 \tag{4-75}$$

系统的临界转速必然满足式（4-75），令 $\dfrac{\Omega}{\omega} = 1$ 后，在一定范围内，按一定步长或其他方式给出一系列试算频率进行试算，满足特征方程（4-75）的 $\omega$ 值即为临界转速。这样就可以得到感兴趣的几阶临界转速。

（2）振型计算

在求得固有频率后，便可以得到相应的振型，根据式（4-72），任一截面的挠度和转角可表示为

$$\begin{Bmatrix} y \\ \theta \end{Bmatrix}_n = \begin{bmatrix} a_{11} & a_{12} \\ a_{21} & a_{22} \end{bmatrix}_{n-1} \begin{Bmatrix} y \\ \theta \end{Bmatrix}_1 \tag{4-76}$$

由式（4-74）可得到截面转角与挠度的关系满足

$$a_{31N}y_1 + a_{32N}\theta_1 = a_{41N}y_1 + a_{42N}\theta_1 = 0 \tag{4-77}$$

据此可将式（4-74）简化为

$$\begin{Bmatrix} y \\ \theta \end{Bmatrix}_n = \begin{Bmatrix} a_{11} + \alpha a_{12} \\ a_{21} + \alpha a_{22} \end{Bmatrix}_{n-1} y_1 \tag{4-78}$$

其中：$\alpha = -\left(\dfrac{a_{41}}{a_{42}}\right)_N = -\left(\dfrac{a_{31}}{a_{32}}\right)_N$。

这样在求得系统的临界转速后，就可求得各截面挠度和转角的比例解，也就是对应于临界转速的振型。

（3）应变能计算

应变能包括：弯曲应变能、剪切应变能、弹性支承应变能等，下面分别叙述各种能量的计算方法。

（a）弯曲应变能

在转子中取第 $n$ 个单元，单元上任一点的弯矩为：

$$M(z) = M_n + \frac{M_{n+1} - M_n}{l_n} \tag{4-79}$$

微元长度上的弯曲应变能为

$$\mathrm{d}v = \frac{1}{2} \frac{M^2(z)}{EI_n} \mathrm{d}z \tag{4-80}$$

第 $n$ 单元的应变能为

$$\begin{aligned} V_e &= \int_0^{l_n} \mathrm{d}v = \frac{1}{2EI_n} \int_0^{l_n} \left[ M_i^2 + 2\frac{M_n(M_{n+1} - M_n)}{l_n}z + \frac{(M_{n+1} - M_n)^2}{l_n^2}z^2 \right] \mathrm{d}z \\ &= \frac{l_n}{6EI}(M_n^2 + M_n M_{n+1} + M_{n+1}^2) \end{aligned}$$

$$\tag{4-81}$$

若考虑在两平面内的振动，则单元应变能为

$$V_e = (M_{x_n}^2 + M_{x_n} M_{x_{n+1}} + M_{x_{n+1}}^2 + M_{y_n}^2 + M_{y_n} M_{y_{n+1}} + M_{y_{n+1}}^2) \tag{4-82}$$

（b）剪切应变能

剪切应变能为

$$V_s = \frac{l_n}{2A_n G k_n}(Q_{x_n}^2 + Q_{y_n}^2) \tag{4-83}$$

式中　$A$ —— 横截面面积；

　　　$G$ —— 剪切弹性模量；

　　　$k_n$ —— 剪切截面形状系数。

（c）弹性支承应变能

弹性支承反力为

$$\begin{bmatrix} F_x \\ F_y \end{bmatrix} = \begin{bmatrix} K_{xx} & K_{xy} \\ K_{yx} & K_{yy} \end{bmatrix} \begin{bmatrix} x \\ y \end{bmatrix} \tag{4-84}$$

弹性支承应变能为

$$V_k = \frac{1}{2} \begin{bmatrix} x & y \end{bmatrix} \begin{bmatrix} F_x \\ F_y \end{bmatrix} = \frac{1}{2} \begin{bmatrix} K_{xx} x^2 + (K_{xy} + K_{yx}) xy - K_{yy} y^2 \end{bmatrix} \tag{4-85}$$

### 4.6.1.3　设计准则

转子工作转速与相邻临界转速之间应有20%以上的安全裕度。

工作转速以下的各阶振型，其弯曲应变能应小于总应变能的25%（推荐性设计准则）。

例如，某氢涡轮泵转子工作转速35 000 r/min，工作于二、三阶临界转速之间，转子临界转速和应变能的计算结果见表4-4。

**表4-4　某转子临界转速与应变能的计算结果**

| $K_t - K_p$ ($10^7$ N/m) | 临界转速/(r/min) | | | 弯曲应变能 | | |
|---|---|---|---|---|---|---|
| | 一阶 | 二阶 | 三阶 | 一阶 | 二阶 | 三阶 |
| 1—1 | 6 009 | 12 491 | 46 100 | 6.7% | 6.8% | 95.3% |
| 2—2 | 9 455 | 17 108 | 47 244 | 13.3% | 12.0% | 91.8% |
| 3—3 | 11 212 | 20 368 | 48 268 | 19.5% | 16.0% | 89.2% |
| 4—4 | 12 545 | 22 934 | 49 184 | 25.3% | 19.0% | 87.3% |
| 5—5 | 13 602 | 25 071 | 50 004 | 30.9% | 21.4% | 86.0% |

注：刚度 $K_t - K_p$ 栏中的数值，表示涡轮端的支承刚度与泵端的支承刚度相同。

由表4-4可以看出，泵端和涡轮端弹性支承刚度在 $1 \times 10^7 \sim 5 \times 10^7$ N/m 范围内及多种组合下，其临界转速和应变能均能满足设计要求，弹性支承刚度选择余地较宽。

图4-44为该转子的各阶振型。

一阶为平动振型，二阶为俯仰振型，三阶为弯曲振型。弯曲振型下的转子弯曲应变能一般都远高于25%。一般来说，高于临界转速之上工作的转子都统称为柔性转子。但也有的学者提出，在弯曲振型之上工作的转子才是真正的柔性转子。对于涡轮泵设计，转子的工作转速一般应设计在弯曲振型之下，并保证低阶振型的弯曲应变能小于25%，否则对阻尼和动平衡的精度要求很高。但如果确实需要，也可以突破此限制，例如日本LE-7发动机氢涡轮泵转子就工作在三阶和四阶临界转速之间，即弯曲振型之上，但研制中确实遇到了很多挫折和困扰。

转子振型的弯曲应变能可通过修改转子的弯曲刚度和质量分布等手段进行优化。当大于此值又不能充分调整这一类振型时，应采用阻尼器把振动响应减小到可接受的程度，并根据需要进行转子高速动平衡。

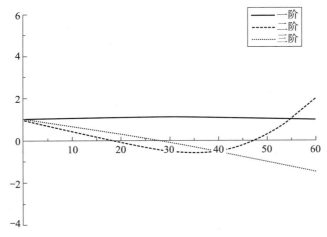

图 4 - 44　某转子振型计算结果

## 4.6.2　不平衡响应

转子在不平衡力或者不平衡力矩的激励下所产生的振动称为不平衡响应，属于强迫振动。因此不平衡响应的大小将直接决定转子的振动水平，进而影响轴承、密封、轮盘的寿命。因此，需对转子进行不平衡响应分析，以确定转子对不同位置上的不平衡量的敏感程度，进而作为制定转子剩余不平衡量的依据，或反过来验证根据转子平衡品质标准制定的剩余不平衡量和转子外阻尼匹配的合理性。

以单盘转子为例进行研究分析（图 4 - 45），坐标原点 $O$ 位于轴承中心连线上，轮盘圆心 $O_1$，轮盘质心为 $O_2$，它到圆心 $O_1$ 的距离为偏心距 $e$。

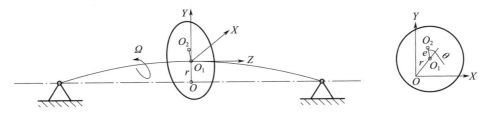

图 4 - 45　单盘转子示意图

用轮盘圆心 $O_1$ 的坐标 $x$，$y$ 来确定圆盘的运动，根据轮盘受力分析可得转子稳态运行时轮盘圆心 $O_1$ 的运动微分方程为

$$\ddot{x} + \omega_n^2 x = e\Omega^2 \cos(\Omega t)$$

$$\ddot{y} + \omega_n^2 y = e\Omega^2 \sin(\Omega t)$$

（4 - 86）

其中，$\omega_n = \sqrt{k/m}$，方程的解可表示为

$$x = \frac{e(\Omega/\omega_n)^2}{1 - (\Omega/\omega_n)^2} \cos(\Omega t)$$

$$y = \frac{e(\Omega/\omega_n)^2}{1-(\Omega/\omega_n)^2}\sin(\Omega t) \qquad (4-87)$$

则轮盘不平衡响应幅值 $r$ 为

$$r = \sqrt{x^2+y^2} = \frac{e(\Omega/\omega_n)^2}{1-(\Omega/\omega_n)^2} \qquad (4-88)$$

表明转子在自转过程中，轮盘圆心（即转轴）也在沿一圆进行涡动，涡动方向与转子的自传方向相同，涡动角速度与转子转速相同，涡动幅度为 $r$，称为同步正进动。另外可以看出，涡动幅值 $r$ 与偏心距 $e$ 成正比并与转速 $\Omega$ 相关。当考虑系统阻尼时，轮盘不平衡响应幅值 $r$ 为

$$r = \frac{e(\Omega/\omega_n)^2}{\sqrt{[1-(\Omega/\omega_n)^2]^2+(2\zeta\Omega/\omega_n)^2}} \qquad (4-89)$$

$\zeta$ 为系统模态阻尼或阻尼比。由于阻尼的存在，响应 $r$ 与不平衡激励力之间发生相位角 $\theta$ 的差别，称为响应相位，为

$$\tan\theta = \frac{2\zeta\Omega/\omega_n}{1-(\Omega/\omega_n)^2} \qquad (4-90)$$

由式（4-89）和式（4-90）可知，不平衡响应幅值 $r$ 随转速变化可分 3 个阶段：

1）$\Omega < \omega_n$ 时，尤其当 $\frac{\Omega}{\omega_n} \ll 1$ 时，$\theta$ 角接近于 $0°$，轮盘圆心 $O_1$、质心 $O_2$ 与坐标原点 $O$ 基本在一条直线；随着转速 $\Omega$ 的增大，响应 $r$ 逐渐增大，$\theta$ 角逐渐增大。

2）$\Omega = \omega_n$ 时，转子产生共振，响应 $r$ 很大，其高低与 $\zeta$ 有关，且不论 $\zeta$ 多大，响应 $r$ 落后于偏心 $e$ 的相位角始终为 $90°$，这是判断转子临界转速的重要特征。

3）$\Omega > \omega_n$ 时，随着 $\Omega$ 的增大，$r/e$ 越来越接近 1，此时 $\theta \approx 180°$，即质心 $O_2$ 逐渐与轴承中心连线重合，转子挠度在逐渐减小，这种现象称为自定心。因此，转子在超临界工况时，能处于较平稳的运转状态。图 4-46 为转子不平衡响应与偏心的关系。

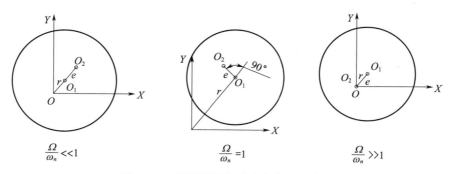

图 4-46 转子不平衡响应与偏心的关系

另外，往往膨胀循环发动机氢涡轮泵转子转速较高，动力学设计难度大，当转子临界转速裕度不足时，还可以根据不平衡响应分析，判断临界转速的影响区范围。图 4-47 所示为某工作在二三阶临界转速之间转子的不平衡响应计算结果，工作转速 80 000 r/min，距离三阶临界转速的裕度不满足大于 20% 的设计标准要求，但可以看出工作转速下的转子

不平衡响应较小，远离临界转速的影响区，也是可以接受的。

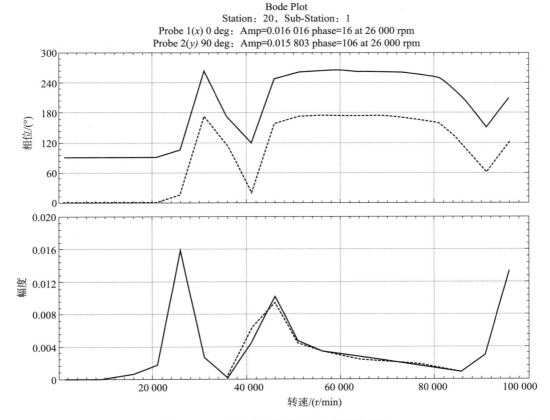

图 4-47　某转子系统不平衡响应计算结果

## 4.6.3　转子工作稳定性

最常见的转子不稳定形式是次同步进动，转子的进动频率为其低阶固有频率，不随转速变化而变化。当转子发生次同步进动时，若系统的阻尼不足，不能将振动迅速衰减而导致发散，则可能导致转子严重的损坏。

转子发生不稳定的激励源以对转子径向运动产生切向力的形式使转子失稳，这种切向力通常称为"交叉耦合"力，可以与轴转动方向相同也可以相反。常见的激励次同步进动的不稳定切向力如下：

1）叶尖切向力。

2）间隙密封处的环向密封力。

3）轴与配合零件间的摩擦力。

4）作用于转子上的切向摩擦力。

5）转子内部滞后力。

6）轴承的非线性力。

7）作用于转子上并相对于转子转动的流体力。

转子的不稳定性往往起始于某一转速，称之为门槛值，当转子的转速达到或超过此转速时，整个转子的响应趋于失稳。

采用有线元方法可以对转子稳定性进行理论分析和计算。首先建立转子系统的非线性动力学方程，应用非线性解法求解该方程，可以研究其周期振动规律（振幅、频率、相位的变化规律），求周期解，研究周期解的稳定条件。从工程角度来说，就是研究转子的运动规律和稳定边界，使系统具有更合理的结构形式和参数。

转子的次同步进动是一个非线性动力学问题，影响因素复杂，且有偶发性，即使进行了详细的理论分析和计算，研制中也可能由于某种原因诱发转子的次同步进动。工程上常用的解决转子次同步进动问题的方法主要有：针对引起失稳的激励源采取措施予以消除；增加转子的刚性和采用弹性支撑减少转子系统内部的摩擦力；采用阻尼器增加转子的外阻尼等。

下面是两个解决转子次同步进动问题的工程实例。

（1）美国航天飞机主发动机 SSME 氢涡轮泵转子次同步进动问题

1976 年，美国航天飞机主发动机的高压氢涡轮泵次同步涡动问题严重影响该发动机的正常工作，次同步振动频率在 19 000 r/min，并会导致涡轮端轴承的失效。

对 SSME 氢涡轮泵次同步进动的研究结果可以得到如下结论：

1）最大的不稳定因素是转子本身较低的固有频率加上级间密封的流体动力耦合和 Alford 效应；转子内部的滞后效应和磨损环是次要因素；其他因素不关键。

2）通过提高轴和轴承支撑刚度来提高轴系的临界转速并使密封间隙尽量平滑，对提高稳定性有非常大的积极作用。

3）库伦阻尼在转子工作时表现为不稳定，在设计时应极力避免。

4）转子的不平衡和边缘载荷虽然推迟了进动的发生，却使振动更加剧烈，故应保证转子尽量平衡。

最终 SSME 发动机通过提高转子支承刚度和修改密封设计，以减小流体动力的交联耦合，成功解决了氢涡轮泵的次同步进动问题。

（2）日本 LE-7 发动机氢涡轮泵轴系次同步进动问题

日本研制的 LE-7 氢涡轮泵工作转速约 50 000 r/min，在三、四阶临界转速之间工作。在早期的试验阶段，氢涡轮泵转子在通过一阶和二阶临界转速时均出现了严重的自激振动问题。

该涡轮泵在试验中出现的振动问题被认为是轴系阻尼偏小、刚度不够等原因引起的。其转子采取如下措施：

1）采用带有金属网阻尼器的柔性轴承支座；

2）在壳体与转子之间的静密封处采用带有细槽的阻尼密封件，增大阻尼系数；

3）中心螺杆的轴向拉力（夹紧力）增大到 88 kN；

4）使用专门工具确保轴的直线度以及直线度的再现性。

采取措施后氢涡轮泵顺利通过了一阶和二阶临界转速，但在三阶临界转速附近再次出现自激振动。经分析，原因是第一级和第二级叶轮连接处存在滑动，轴系阻尼偏小。进行如下改进：

1）在第一级叶轮上增加一个平衡孔，减小第一、第二级叶轮之间的液压扩张力；

2）螺杆轴向拉力由 88 kN 增加到 167 kN；

3）柔性支座的弹簧系数调整到 $0.85 \times 10^5 \sim 1.5 \times 10^5$ kg/cm，减小振幅；阻尼系数调整到 $4.9 \times 10^4$ N · s/cm；

4）花键凸面涂 $MoS_2$，减小摩擦力；

5）诱导轮材料由 A - 286 改为钛合金（EL15A12.5SnTi）；

6）在装配时轴的弯度小于 30 $\mu$m（p - p）；

7）叶轮之间的密封件和脱开式密封件内部采用阻尼密封，减小泄漏，增大阻尼；

8）叶轮之间的扭矩传递装置由花键改成联轴器，增加轴系的刚度。

改进后转子顺利通过三阶临界转速，没有出现自激振动。

## 4.6.4　转子的试验

转子动力学试验主要包括两部分内容：转子在静止状态下的模态试验和转子的转动试验。

### 4.6.4.1　模态试验

转子的模态试验包括单个零件的模态试验、转子在自由状态下的模态试验和转子在支承状态下的模态试验。单个零件模态试验的目的是为了检验在转子的单个零件中是否存在转子工作转速范围内的频率成分，并且为整台转子模态试验的频率辨识提供参考。转子在自由状态下的模态试验是为了考察转子本身的刚度对自振频率的影响。转子在支承状态下的模态试验是为了确定支承刚度对转子系统自振频率的影响，因为它最接近氢涡轮泵转子的工作状态，并且在很大程度上可以与临界转速的计算结果进行对比分析，因此也最重要。方法详见 4.3.7 节。

### 4.6.4.2　动特性试验

（1）低速动平衡试验

发动机振动的主要振源是转子，除了转子的临界转速问题以外，转子的平衡问题也是至关重要的，它将直接影响全转速范围内的振动。由于安装制造误差、工作磨损或者材料的不均匀等原因，所有实际转子的中心惯性主轴或多或少地偏离其旋转轴线。不平衡的表现形式主要有 3 种：

1）静不平衡。转子的质心与转轴不重合，不平衡可简化为作用在质心的一集中不平衡力，此时，如果把转子放在水平的支架上，重心将会自动位于最低位置即"随遇平衡"。

2）偶不平衡。转子中心惯性主轴与转轴不重合且相交于质心，不平衡简化成一力偶。

3）动不平衡。转子的离心惯性力系向质心简化成一力矩和一力偶，这是转子常见的不平衡形式。

动平衡是指根据转子-支撑系统的动力学特性，通过测量转子-支撑系统的有关测点振动与转速同频分量的幅值大小和相位来确定不平衡量的大小和位置，从而采取措施进行平衡的技术。动平衡是保证高速转子平稳安全工作的重要技术手段。

根据转子的弯曲刚度，将转子分为刚性转子和挠性转子。工程中也通常将工作转速低于第一阶临界转速的转子称为刚性转子，高于第一阶临界转速的转子自称为挠性转子。关于动平衡的术语、方法和准则，详见 GB/T 206444 — 2008《机械振动平衡词汇》和 GB/T 206557— 2009《挠性转子机械平衡的方法和准则》。

转子低速动平衡是指将转子按照装配要求安装在一起，在动平衡机上进行较低转速下的动平衡。对于刚性转子，完全可以用低速动平衡代替高速动平衡，在两个平面内校正就完全可以满足使用要求。对于工作于一阶弯曲振型下的柔性转子，如果要求不太高，也可以只进行低速动平衡就可以满足要求。转子低速动平衡试验图见 4.3.7 节。

（2）高速动特性（动平衡）试验

涡轮泵转子由于转速较高，且为柔性转子，为得到转子在转动时的真实临界转速和振动响应，并且由于高速柔性转子在工作转速下已不再是刚体振型，只进行低速动平衡试验无法有效去除其在柔性振型下不平衡量，因此还需要在其工作转速或者至少跨越其临界转速下进行高速动特性试验。高速动特性试验通常与高速动平衡试验联合进行，其目的为：

1）获得转子的临界转速、振形；

2）获得转子位移和幅频特性；

3）获得弹性支撑应力和轴承载荷；

4）研究不同装配和配合状态、不同支撑刚度对转子动特性的影响；

5）进行转子高速动平衡。

高速动特性（动平衡）试验一般在高速动平衡试验台进行，转子安装在真空仓中，由电机通过增速箱驱动至所要求的转速。高速动特性（动平衡）试验前应先进行低速转子组合动平衡，达到所要求的精度后再进行高速动特性（动平衡）试验。在逐渐升速过程中，转子的振幅会逐渐增大，在靠近临界转速时，转子的振幅会明显升高。此时即需在试验台上对转子进行去重平衡，转子逐次在一系列转速下按照振型原理逐次进行平衡。在试验过程中沿转子轴向安置若干位移传感器，在两个支座上安置加速度传感器，在弹性支承的笼条上都贴有水平和垂直方向的应变片。通过这些传感器，可获得转子在整个转速范围内的各类参数，通过对这些参数进行分析即可获得需要的转子动特性和相关数据。高速动平衡的最高转速应能覆盖转子的工作转速。

## 4.7　轴承

### 4.7.1　轴承的形式

对于高速涡轮泵，支撑转子的轴承是非常关键的部件，目前膨胀循环涡轮泵轴承普遍采用的基本上还是滚动轴承。根据轴承在涡轮泵中的工作条件，一般采用角接触球轴承。

角接触球轴承基本形状类似深沟球轴承，有一个套圈只有一个挡边，另一边为斜坡。这种轴承除能承受径向载荷外，还可承受较大的单向轴向载荷。为防止工况变化等特殊情况时轴向力发生变化，一般角接触球轴承都成对使用，以承受双方向轴向力。另外，此种轴承需要一定的轴向预载，以消除轴承游隙，提高轴承旋转精度，并保证各滚动体载荷分布合理。

对于低温液氢中高速运转的轴承，冷却和润滑介质只能采用液氢。因此，轴承材料必须要有良好的低温稳定性，滚珠和内外滚道要具备良好的抗压强度和耐磨性，保持架要有足够的强度和润滑性，在高速运转中能够形成润滑膜转移到滚珠及滚道表面。

为克服滚动轴承在长寿命、高转速涡轮泵应用中的限制，可以考虑使用流体滑动轴承。流体滑动轴承利用泵出口的高压推进剂引入轴承与轴颈之间间隙形成的高压液膜，为转子提供支承。这类轴承基本不受转速限制，还可以为涡轮泵转子提供外部阻尼。因此，当转速和寿命要求较高时，流体滑动轴承就特别适用。目前流体滑动轴承在涡轮泵上应用的主要限制是液膜刚度偏小、泄漏量偏大、在启动和关机阶段的摩擦以及高转速下的稳定性。

### 4.7.2　滚动轴承

（1）轴承材料选择

轴承工作介质为液氢，属易燃、易爆液体，所以需要选用与液氢相容性优良的套圈、滚动体和保持架材料，还要兼顾轴承的润滑和抗磨问题。

在套圈材料方面，目前采用最多的仍是 9Cr18 轴承钢，为提高套圈耐磨性，在套圈滚道表面上进行离子注入表面改性，并在硬化层上镀一层银，以提高轴承滚道初始润滑能力。

滚动体已经普遍采用 $Si_3N_4$ 工程陶瓷。$Si_3N_4$ 陶瓷材料密度小、硬度高、热膨胀系数小、耐高温和耐磨性好的优点，使其代替轴承钢成为高速轴承滚动体的首选材料。

常规轴承保持架一般可供选用的材料有高强度黄铜、优质碳素钢、聚四氟乙烯、聚缩醛、聚甲醛、尼龙（PA）、聚苯硫醚、胶木（酚醛模塑料）等材料。膨胀循环发动机氢涡轮泵工作温度极低（－253 ℃），液氢润滑性极差，转速极高，轴承 $Dn$ 值很大，高达 $2.1 \times 10^6 \sim 3 \times 10^6$ mm·r/min。这样低的温度环境和高转速及 $Dn$ 值对轴承保持架材料的要求很高。首先，介质无润滑性和超低温环境要求保持架材料本身必须在超低温下仍具有良好的润滑性，确保在轴承高速运转中，滚珠表面有从保持架上持续转移过来的润滑膜，并且耐磨性要好，能够在高速摩擦下保持不被严重磨损导致的结构损坏；同时由于高转速和 $Dn$ 值带来的离心力、惯性力、冲击和振动作用等，保持架受力条件也比较恶劣，要求保持架材料还必须有足够的比强度和韧性。满足超低温润滑性的材料，目前仍首选聚四氟乙烯材料，尚无更好的材料能够取代。因此主要围绕聚四氟乙烯材料进行各种增强。

主要有两个方向：一是在聚四氟乙烯基体中混合轻质高强度纤维，如芳纶纤维和玻璃纤维，这种保持架润滑能力强，但增强效果有限，高转速和振动环境下保持架易断裂；另外一个方向是采用高强度材料作为骨架，在保持架兜孔和外圆摩擦部位覆盖或镶嵌聚四氟乙烯。目前，后一方向有两种做法。一种是镶嵌法，美国航天飞机主发动机 SSME 采用的就是这种方法，使用铜作为骨架，在铜骨架上加工窗口，窗口内镶嵌聚四氟乙烯块，其具体结构如图 4-48 所示。这种方式对加工、装配能力要求较高，国内尚无选用。

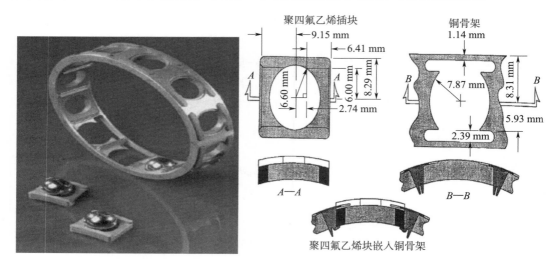

图 4-48　铜骨架镶嵌聚四氟乙烯保持架

另一种是覆盖法，日本 LE-7、LE-5B 火箭发动机轴承保持架采用的是使用玻璃纤维布作为骨架，在玻璃纤维布上浸渍固化聚四氟乙烯，然后缠绕卷制呈环状毛坯，最后机械加工成型，机械加工后使用氢氟酸腐蚀掉表面暴露的玻璃纤维，避免玻璃纤维直接与轴承滚动体摩擦。聚四氟乙烯浸渍纤维布缠绕成型，这种保持架由于使用纤维布作为骨架，强度可以大大提高，其具体结构如图 4-49 所示。

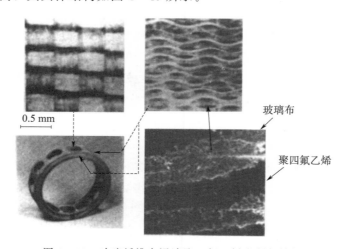

图 4-49　玻璃纤维布浸渍聚四氟乙烯卷制保持架

（2）轴承的润滑

由于液氢黏度很小，几乎没有润滑性能，所以主要靠保持架材料的自润滑性，使滚动体在保持架上摩擦下来的聚四氟乙烯转移到滚动体和滚道上。另外，由于多次起动要求，滚道上一般也要带有固体自润滑膜，一般采用镀银或物理气相沉积（PVD 法）溅射纳米级复合二硫化钼。

（3）轴承的冷却

轴承一般依靠泵本身介质作为冷却剂。由于液氢的气化温度极低，一旦冷却不足，轴承发热，就会导致液氢气化，形成气阻，阻碍轴承冷却介质通过，导致轴承发热恶化。因此，轴承冷却原则是在不影响涡轮泵性能的前提下，尽量加大冷却流量，使轴承冷却充分。

### 4.7.3　流体滑动轴承

流体静压轴承是最有可能用于涡轮泵的流体滑动轴承类型，理论上其转速仅受主轴的离心应力限制，可以在 $Dn$ 值达 $5 \times 10^{6}$ mm · r/min 的转速下工作。在外部供给压力满足条件的情况下，流体静压轴承可产生与滚动轴承相当的承载能力和支承刚度，还能提供较大的阻尼作用，而滚动轴承基本没有阻尼。由于流体静压轴承需要依靠泵出口的高压推进剂作为工作介质。因此，在涡轮泵启动、关机阶段轴承没有外部压力供给，轴承间隙内没有高压液膜，转子与轴承会接触摩擦。

典型的小孔节流径向流体静压轴承如图 4 - 50 所示。轴承的周向均布四个相同尺寸的节流孔，分别与轴承内表面的四个凹腔相连通。轴承工作过程中，外部系统供给的高压润滑介质，经节流孔流入凹腔，再流入轴与轴承之间的间隙，形成具有一定压力的润滑液膜，为主轴提供支承力。

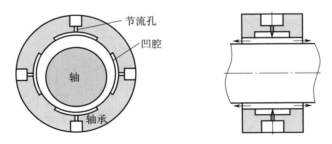

图 4 - 50　典型流体静压轴承示意图

（1）轴承结构设计

流体静压轴承是靠轴承与轴颈间隙内的流体压力为转子提供支承，其承载力、刚度不仅与润滑介质供给压力和物性参数有关，还与轴承内径、轴承宽度、半径间隙、节流孔尺寸、凹腔数目、凹腔尺寸等结构参数密切相关。

在轴承结构设计时，轴承内径通常根据主轴尺寸确定，不受 $Dn$ 值的限制；轴承的宽度与直径之比一般在 0.5～1.5 之间选取；对小孔节流静压轴承，节流孔的直径和半径间隙是影响轴承刚度的关键参数，需要综合考虑其对支承刚度和泄漏量的影响；内径（$D$）在 50 mm 以下的轴承，半径间隙（$CR$）可参考 $C_R = (0.30 \sim 0.50) \times 10^{-3}D$ 选取。轴承的节流孔尺寸、凹腔数目、凹腔尺寸等可参考机械设计手册中工业用油润滑流体静压轴承的设计。对在涡轮泵低温环境工作的流体静压轴承，由于温度、润滑介质与工业用常温轴承的巨大差异，则必须考虑材料低温收缩对轴承工作间隙的影响，轴承其他尺寸的设计也需要根据轴承性能仿真计算结果进行优化调整。

（2）轴承性能

流体静压轴承的承载能力主要由轴承与轴颈之间的液膜压力产生。因此，流体静压轴承的承载力、刚度、阻尼等特性参数需要求解液膜压力分布来获得。由于轴承与轴颈之间的间隙相对轴承的直径和宽度来说非常小，通常为 1∶1 000 量级。因此，可以将液膜简化为二维流动问题，其压力分布满足雷诺方程

$$\frac{\partial}{R\partial\theta}\left(\frac{\rho h^3}{\mu}\frac{\partial p}{R\partial\theta}\right) + \frac{\partial}{\partial z}\left(\frac{\rho h^3}{\mu}\frac{\partial p}{\partial z}\right) = 6\frac{\partial(\rho h U)}{R\partial\theta} + 12\frac{\partial(\rho h)}{\partial t} \qquad (4-91)$$

对上述雷诺方程进行数值求解可得的液膜压力分布，进而计算轴承的承载力、刚度、泄漏量等。需要说明的是，以上雷诺方程是在液膜为层流的假设下推导得到的，没有考虑湍流影响。因此，对高转速、介质黏度低的流体静压轴承，雷诺数较大且需考虑湍流的影响时，则需要采用修正的湍流雷诺方程进行求解，或使用更基础的 N‑S 方程进行三维求解。

流体静压轴承的承载能力基本完全来自外部供给的压力。在结构参数确定的情况下，轴承的承载力、刚度和泄漏量都与供给压力成正比。因此，在供给压力和泄漏量允许的情况下，可以通过调整供给压力达到所需的承载力和支承刚度。

在供给压力一定的情况下，随着转速的升高，由于动压效应的影响，流体静压轴承的承载力会有一定程度的增加，但一般增加有限。在有些应用中为充分利用动压效应产生的承载力，会在轴承设计上采用变深度的凹腔结构，这种通常称为流体动静压轴承。但对于工作在超临界转速的涡轮泵转子而言，动压效应产生的交叉刚度可能会引起转子失稳问题。因此，高转速涡轮泵一般采用动压效应不明显的流体静压轴承，并设法减小转子旋转带来的交叉刚度，以提高转子的稳定性。

（3）需要解决的问题

流体静压轴承的 $Dn$ 值可以很大，而且在稳定工作中没有接触摩擦磨损问题，工作寿命可以很长，特别适用于重复使用液体火箭发动机涡轮泵。但目前流体静压轴承在涡轮泵中应用有以下问题需要解决：液膜刚度偏小、泄漏量偏大；启动、关机阶段由于没有供给压力，轴和轴承直接接触摩擦；在高转速下由于动压效应产生的交叉刚度可能导致的转子失稳问题。

对液膜刚度偏小、泄漏量偏大的问题，由于液氢黏度很小、动压效应较弱，为提高液膜刚度就需要增大轴承入口压力，这就带来泄漏量大的问题，严重影响涡轮泵的效率，这也限制了流体静压轴承在氢涡轮泵上的应用。

对启动、关机阶段的摩擦问题，目前有以下解决方案：1）在轴承表面镀银或喷涂耐

磨涂层，来避免摩擦对轴颈和轴承的损伤；2）采用单独的供压装置在启动、关机阶段为轴承供压；3）采用滚动轴承与静压轴承组合结构，启动、关机阶段靠滚动轴承支承，稳定工作段靠流体静压轴承支承。这些方法理论上都能避免磨损问题，但在工程中使用的便利性和可靠性还有待实际应用的验证。

在涡轮泵中使用的流体静压轴承工作介质虽然黏度较低，但是在高转速下动压效应产生的交叉刚度对转子稳定性的影响不可忽略。若流体静压轴承-转子系统在工作转速下的稳定性不满足要求，需要对轴承的结构进行改进设计，以尽可能减小交叉刚度。根据相关研究，将节流孔倾斜布置以抵消液膜内的旋转流动，采用特殊形状的凹腔等措施从原理上看都对减小交叉刚度提高稳定性有益，但具体作用效果还是要针对具体轴承进行研究。

### 4.7.4　轴承的试验

（1）滚动轴承试验

涡轮泵滚动轴承工作在超低温、重载荷下，工作环境恶劣，易发生磨损、保持架断裂等现象，如图 4 - 51 所示。在研制阶段，通过模拟实际工作环境的台架试验对轴承进行性能测试，是评价轴承性能、研究轴承改进设计方案的有效方法。

 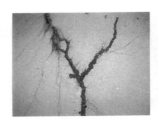 

　　　　(a) 轴承内圈疲劳剥落　　　　　　　　　　　　(b) Si$_3$N$_4$滚珠的微裂纹

图 4 - 51　涡轮泵滚动轴承中的损伤

在工程应用阶段，各批次滚动轴承在正式装配到发动机涡轮泵使用之前，一般也要从同批次的轴承中抽出一定数量进行低温台架试验考核。试验的主要目的是考核该批次轴承是否满足设计要求的工作转速、冷却流量、轴向径向载荷、疲劳寿命、启动次数等指标要求。

轴承试验要保证试验转速不低于轴承在涡轮泵中的实际工作转速，因此在试验台设计时转速要尽可能地高，以覆盖更大的试验转速范围。试验转子一般采用电机驱动，通过齿轮箱连接到试验转子主轴，中间通过联轴器连接。这种驱动方式最高转速可达到 70 000 r/min 左右。若转速要求进一步提高，则需要考虑用气动涡轮驱动。

膨胀循环氢氧发动机涡轮泵轴承工作中一般用液氢或液氧进行冷却，在台架试验运转中，考虑到安全性和成本，一般用液氮冷却。对实际使用中用液氧冷却的轴承，由于液氮的温度和黏度都与液氧较为接近，两者的冷却和润滑效果基本相当。对实际使用中用液氢冷却的轴承，由于液氮的温度和黏度都高于液氢，液氮的润滑效果高于液氢，但冷却效果不如液氢。根据工程经验，试验时液氮的冷却流量一般可与轴承设计要求的液氢冷却流量相当。

轴承台架试验时的轴向、径向载荷应按照设计要求施加；疲劳寿命、启动次数等一般根据轴承在发动机的实际工作情况适当提出更高要求。

（2）流体滑动轴承试验

以涡轮泵为应用对象的流体滑动轴承，在研究中一般是搭建单独的轴承试验台，用水或液氮等低黏度介质进行试验研究；在应用验证时才安装到涡轮泵用真实工作介质进行试验。在试验中需要主要监测主轴的浮起情况（轴心轨迹）、轴承压力（进、出口、各轴承腔）、流量、温度等参数，运转后测量磨损情况。

## 4.8　密封

### 4.8.1　迷宫密封

常用的迷宫密封分别为：直通形迷宫、阶梯形迷宫、复合直通形迷宫和参差形迷宫。液体火箭发动机涡轮泵上常用直通形迷宫和阶梯形迷宫两种形式，如图 4-52 所示。

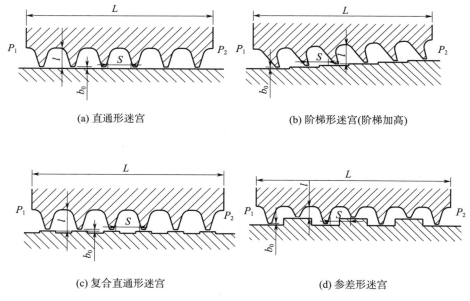

(a) 直通形迷宫　　　　　　　　　　　(b) 阶梯形迷宫(阶梯加高)

(c) 复合直通形迷宫　　　　　　　　　(d) 参差形迷宫

图 4-52　四种常用的迷宫密封形式

迷宫式密封在设计计算中可以近似假设迷宫的圆环是平面，因此，就成为平面的自由流动。迷宫密封结构示意图如图 4-53 所示。

令 $b_r$ 为自由流的宽度，其值由下式求得

$$b_r = 2.4as + b_0 \tag{4-92}$$

如果在设计时选取迷宫室的深度 $l > b_r$，则阻力系数 $\varphi$ 的计算公式为

$$\varphi = 0.0287 \frac{s}{b_0} \tag{4-93}$$

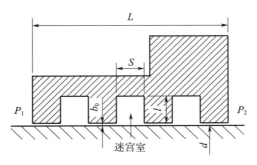

图 4 - 53 迷宫密封结构示意图

如果在设计时选取迷宫室的深度 $l < b_r$，则阻力系数 $\varphi$ 的计算公式为

$$\varphi = 1.5\left(1 - \frac{b_0}{l}\right)^2 \tag{4-94}$$

求得每个迷宫室的阻力系数后，若有 $n$ 个齿形的迷宫室，在整个迷宫密封的总阻力系数 $\varphi$ 为

$$\phi = \varphi_1 + \varphi_2 + \cdots + \varphi_n \tag{4-95}$$

迷宫密封设计时的总阻力系数越大，迷宫密封的效率越高，泄漏量越小。因此，在设计时要选择合适的迷宫室深度 $l$、迷宫室数量 $n$ 和迷宫室长度 $s$ 等参数。

密封结构泄漏量的计算介绍如下：对氢氧火箭发动机涡轮泵，迷宫式密封环的泄漏量 $q$ 的计算公式为

$$q = \mu F_m \sqrt{\frac{2(P_1 - P_2)}{\rho}} \tag{4-96}$$

式中过流断面面积 $F_m$ 的计算公式为

$$F_m = \pi d b_0 \tag{4-97}$$

流量系数 $\mu$ 的计算公式为

$$\mu = \frac{1}{\sqrt{1 + 0.5\eta + \dfrac{\lambda L}{2b_0} + n(a_1 + 0.5\eta b_1)}} \tag{4-98}$$

圆度系数 $\eta$ 一般取 $0.5$；摩擦损失系数 $\lambda$ 一般取 $0.04$；$a_1$ 和 $b_1$ 是与齿形有关的系数，选取范围见表 $4-5$。

表 4 - 5  系数 $a_1$ 和 $b_1$ 的选取

| $s/b_0$ | 10 | 20 | 30 | 40 | 50 |
|---|---|---|---|---|---|
| $a_1$ | 0.29 | 0.52 | 0.65 | 0.73 | 0.77 |
| $b_1$ | 0.16 | 0.31 | 0.40 | 0.46 | 0.51 |

### 4.8.2　端面密封

端面密封也称为机械密封，是由一对或数对动环和静环组成的一种动密封装置，其工

作原理是在介质压力和弹性元件的弹力等合力的作用下，在密封环的端面上产生一个适当的比压，使两个接触端面相互紧密贴合，并在两端面间极小的间隙中维持一层极薄的液（气）膜，从而达到密封的目的。这层液膜具有流体静压力和动压力，起着润滑和平衡压力的作用。图 4-54 为端面密封结构（非滑动式）。

端面密封的密封性能良好。一般型的端面密封泄漏量低于 10 mL/h，有的甚至可以做到零泄漏（干气密封、反向泵送密封）。端面密封摩擦功率损失小，对轴不易形成磨损；工作寿命长，一般可连续使用 1～2 年，且能在多次起动情况下保证良好密封。端面密封抗振性能好，对旋转轴的振动、偏摆以及轴对密封腔的偏斜不敏感。端面密封适用范围广，可以在高压（达 40 MPa）、高温（650 ℃）、真空、深冷（-250 ℃）、高速（线速度达 150 m/s）以及有腐蚀性、易燃、易爆和有毒等多种介质条件下可靠工作。尽管端面密封结构复杂，加工工艺较为特殊，装配和维修要求较高、价格高等缺点，但这种密封还是在液体火箭发动机涡轮泵中得到了广泛运用。

构成端面密封的基本元件有端面摩擦副（静环和动环）、弹性元件（如弹簧、波纹管）、辅助密封（如 O 形圈）、防转件（如防转销）和紧固件（如壳体、压盖等）。

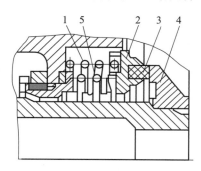

图 4-54　端面密封结构（非滑动式）

1—弹簧；2—静环座；3—静环；4—动环；5—波纹管

以密封端面接触状态来分，可分为接触式和非接触式。接触式端面密封是指靠弹性元件弹力和密封介质压力使两密封面微凸体接触的一种密封，其密封间隙小（一般为 0.5～2 μm），大多工作在边界润滑和混合润滑状态。非接触式端面密封是指靠流体静压或动压作用，在密封端面间充满一层完整的流体膜，流体膜压力与弹力、密封介质压力平衡，使密封端面彼此分离不存在微凸体接触的一种密封，主要有流体静压密封和流体动压密封。这类密封均在流体润滑状态下工作，其密封间隙较大（一般为 2～10 μm）。流体静压式需要额外的供液系统，应用较少，主要应用为流体动压式。流体动压式一般在动环上开有动压槽（也可开在静环上）如图 4-55 所示。但最好开在较耐磨的环上。常用槽型有雷列槽、螺旋槽、弧形槽、T 形槽、直线槽等。

目前，接触式和非接触式端面密封在涡轮泵中均有运用，其中接触式主要用于较低压力、低转速工况，非接触式用于高压力、高转速工况。

按密封介质泄漏方向来分，有内流型（外加压）和外流型（内加压），如图 4-56 所

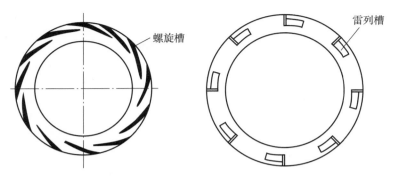

图 4 - 55　流体动压式密封槽

示。密封介质沿密封端面从外径向内径方向流出、泄漏方向与离心力方向相反的为内流型
密封，反之为外流型密封。由于内流型密封中离心力阻止流体泄漏，且压力和摩擦热导致
的端面变形作用相反，有利于密封的均匀磨损、间隙保持平行，因此其泄漏量较外流型要
小。液体火箭发动机涡轮泵中常用内流型端面密封。

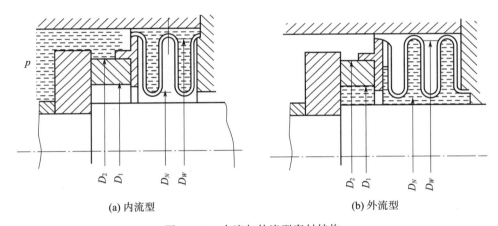

(a) 内流型　　　　　　　　　　　　　　　　　(b) 外流型

图 4 - 56　内流与外流型密封结构

　　按密封流体在密封端面引起的卸载程度来分，有平衡型和非平衡型，如图 4 - 57 所
示。密封流体作用在密封端面的压力（闭合力）不能卸载（载荷系数 $K \geqslant 1$）的为非平衡
型密封，即密封端面作用力随密封流体压力升高而增加较大，只适用于介质较低的场合
（一般介质＜0.7 MPa，对于润滑性能差、腐蚀性介质，可用于压力＜0.5 MPa）。密封流
体作用在密封端面的压力（闭合力）能卸载（载荷系数 $K < 1$）的为平衡型密封，即密封
端面作用力随密封流体压力升高而缓慢增大，适用于介质压力较高的场合（一般介质≥
0.7 MPa，对于黏度较小、润滑性能差的介质，可用于压力≥0.5 MPa）。由于液体火箭发
动机涡轮泵密封压差较大、转速较高，密封压紧力不宜太大，普遍采用平衡型。

　　按弹性元件结构来分，有弹簧式和波纹管式，如图 4 - 58 所示。弹簧式指用弹簧（单
个或多个）压紧密封端面，制造简单，为多数密封使用的型式，应用广泛，但需要辅助密
封圈（一般为橡胶），使用范围受密封圈材质的限制。波纹管式指用波纹管压紧密封端面，

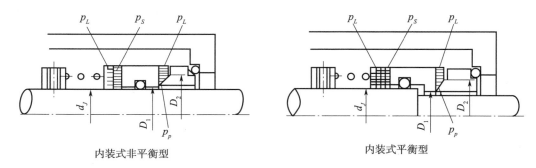

图 4 - 57　平衡与非平衡型密封结构

主要有（焊接、挤压）金属波纹管、聚四氟乙烯波纹管和橡胶波纹管。由于不需要辅助密封圈，所以温度不受辅助密封圈材质的限制，密封性能好。金属波纹管式特别适用于低温、高温条件，耐温达 $-250 \sim 650$ ℃，在低温氢氧发动机涡轮泵中广泛使用。缺点是加工复杂，轴向尺寸大，焊缝易受疲劳破坏；另外，需要注意平衡直径会随密封介质压力升高而减小，导致载荷系数 $K$ 增大，密封比压增大。

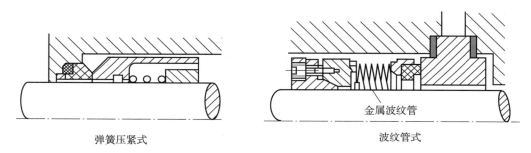

图 4 - 58　弹簧式与波纹管式密封结构

对描述密封性能的相关参数介绍如下。

（1）$Pv$ 值（$P_c v$）

$Pv$ 值，是密封压力与端面线速度的乘积，表示密封使用工况的工作条件、工作难度，密封的工作能力和水平，它是选择、使用、设计端面密封的一个重要参数。

$P_c v$ 值是密封比压 $P_c$ 与端面线速度 $v$ 的乘积，说明工作时密封端面单位面积上总载荷的大小，常作为密封耐热和耐磨指标。当 $P_c v$ 值增大并超过一定数值范围时（许用 $[P_c v]$），端面摩擦温度升高，使端面间液膜沸腾或蒸发，从而使密封失效，应改善润滑状态，采用加强冲洗、冷却或端面开槽措施。

（2）泄漏量

端面密封处于流体润滑状态时（非接触式），泄漏量可以按径向环形缝隙层流流动，公式为

$$Q = \frac{\pi d_m h_0^3 \Delta P}{12 \eta b} C_Q \qquad (4-99)$$

式中　$d_m$ ——密封面平均直径；

$h_0$——液膜厚度；

$\Delta P$ ——密封压差；

$\eta$ ——流体动力黏度；

$b$ ——密封面宽度；

$C_Q$ ——修正系数（考虑端面平面度、安装平行度、表面波度、工作条件及介质种类等）。

当密封处于边界润滑状态时（接触式），泄漏量可以按以下公式计算

$$Q = \frac{\pi d_m h_0^2 \Delta P}{P_c} S \tag{4-100}$$

式中　$P_c$ ——密封比压；

$S$ ——缝隙系数，其值随密封端面周向速度 $v$ 的增高而急剧增大，高速下趋于某一值。

从泄漏量公式可以看出，密封泄漏量与平均直径、压差、膜厚、密封比压成正比，而与介质黏度、密封面宽度成反比。

（3）密封比压

影响端面密封性能的最重要参数为密封比压 $P_c$，其物理意义为密封端面单位面积上所受的力（闭合力-开启力）。由于非接触密封液膜开启力与闭合力相等，一般不考虑密封比压，接触式端面密封比压计算公式为

$$P_c = P_{sp} + (K - \lambda) \cdot \Delta P \tag{4-101}$$

式中　$P_{sp}$ ——膜盒压缩产生的比压即：$F_m / A$；

$F_m$ ——膜盒压缩力，为膜盒刚度 $K_m$ 与压缩量 $X$ 的乘积，$F_m = K_m \cdot X$；

$A$ ——密封面面积；

$K$ ——载荷系数，表示介质压力作用在密封面上的压力系数，与膜盒和密封面尺寸有关，按式（4-102）计算。其中 $d_e$ 为膜盒平衡直径，与膜片造型和尺寸有关，$D_2$ 为石墨凸台外径，$D_1$ 为石墨凸台内径；

$$K = \frac{D_2^2 - d_e^2}{D_2^2 - D_1^2} \tag{4-102}$$

$\lambda$ ——膜压系数，反映流体膜承载能力大小，是由间隙流体动压、静压效应产生，其大小与密封间隙形状、尺寸、介质形态及润滑状态等有关，一般经验只考虑静压力时，介质为液体按 0.5，气体、液态烃按 0.7，黏度大的液体按 0.3；

$\Delta P$ ——密封工作时介质压差，即 $|P_1 - P_2|$，$P_1$ 为密封入口压力，$P_2$ 为密封出口压力。

密封比压 $P_c$ 越大，密封面压紧程度越高，膜厚 $h_0$ 越小，泄漏量 $Q$ 也越小。同时抗外界扰动的能力越高，但摩擦发热和磨损会增大。如发热过大可能导致膜盒破裂、密封面变形、石墨环脱出甚至破碎、动环表面热裂、轴线密封铝垫喷涂层融化等故障。密封比压 $P_c$ 越小，密封面压紧程度越低，膜厚 $h_0$ 越大，泄漏量也越大，抗外界扰动的能力降低，

工作不稳定，因此密封比压应在一定范围内，不宜过大或过小。一般介质密封比压推荐 0.3～0.6 MPa，高黏度介质 0.4～0.7 MPa，低黏度介质 0.2～0.4 MPa。

（4）流体膜刚度

流体膜刚度是指流体膜压力（开启力）相对膜厚的变化率，它影响非接触式密封性能，特别是工作稳定性，反映了密封对扰动变化的响应。流体膜的静刚度较小，主要取决于流体动压效应，与动压槽深度、长度、形状及密封环转速、流体黏度有关，流体膜刚度的数量级可达 kN/μm。

### 4.8.3 浮动环密封

涡轮泵动密封是非常重要的组件，也是影响涡轮泵工作可靠性的关键组件。膨胀循环发动机氢涡轮泵由于涡轮工质为常温气氢，即使泵腔内的液氢有少量泄漏也不影响发动机安全性，对动密封的密封性要求有所降低，并且动密封两端温差较小，密封工作环境较好，需要重点解决的就是动密封在高转速下的寿命问题，同时要结构简单，可靠性高，因此膨胀循环氢涡轮泵中广泛采用了浮动环密封。

浮动环密封由于高速转动时，利用小间隙节流降压，密封面不接触，几乎无磨损，可以多次启动和长时间工作；缺点是对主轴工作时跳动量要求高，运转时泄漏量较大，静态时泄漏量更大，适用于线速度高、密封性要求不高的场合。

浮动环密封一般由密封壳体、浮动环组件、盖板、波形弹簧、密封垫圈以及所配合的密封轴套等组成，如图 4-59 所示。浮动环组件由石墨材料内环和金属外环过盈配合构成。波形弹簧给浮动环提供预紧，浮动环外环凸耳防止其旋转。浮动环与密封轴套之间形成主密封间隙，与密封壳体端面形成副密封面。

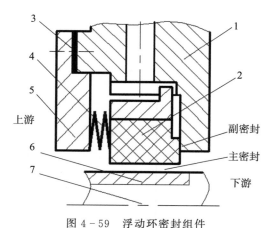

图 4-59　浮动环密封组件

1—密封壳体；2—浮动环组件；3—密封垫圈；4—预紧弹簧；5—盖板；6—密封轴套；7—转轴

光滑直孔浮动环泄漏量理论值 $m$ 为

$$m = \pi dh\rho\, u_m \tag{4-103}$$

其中，平均速度 $u_m$ 为

$$u_m = \sqrt{\frac{2(p_1 - p_2)}{\rho \cdot A}} \qquad (4-104)$$

综合阻力系数 $A$ 为

$$A = \frac{\lambda L}{2h} + \xi_1 + \xi_2 \qquad (4-105)$$

式（4-103）～式（4-105）中

　　$\xi_1$——入口节流损失系数，$\xi_1 = 0.5$；

　　$d$ ——轴径；

　　$\xi_2$——出口损失系数，$\xi_2 = 1$；

　　$\rho$ ——介质密度；

　　$\lambda$ ——沿程流阻系数；

　　$p_1$、$p_2$ ——入口、出口压力；

　　$h$ ——密封工作半径间隙。

沿程流阻系数 $\lambda$ 为

$$\lambda = 0.307 Re^{-0.24} \left[ 1 + \left( \frac{7}{8} \right)^2 \left( \frac{Rc^2}{Re} \right) \right]^{0.38} \qquad (4-106)$$

式中　$Re$ ——轴向雷诺数，$Re = \dfrac{2h\rho u_m}{\eta}$；

　　　$Rc$ ——周向雷诺数，$Rc = \dfrac{h\rho}{\eta} \cdot \dfrac{d}{2}w$，$w = \dfrac{n}{60} \cdot 2\pi$。

　　浮动环密封压差一般较大，此时偏心旋转效应影响较小，以偏心静压效应作用为主，不考虑旋转效应，此时浮起力理论值为

$$W_{浮} = (p_1 - p_2) \frac{d \cdot L^2}{4h} \pi\lambda\varepsilon \frac{\mu^2}{\sqrt{\dfrac{1}{\mu^4} - \varepsilon^2}} \qquad (4-107)$$

式中　$L$ ——密封长度；

　　　$\varepsilon$ ——偏心率。

　　偏心率 $\varepsilon$ 为

$$\varepsilon = \frac{e}{h} \qquad (4-108)$$

式中　$e$ ——偏心距离。

　　流量系数 $\mu$ 为

$$\mu = \frac{1}{\sqrt{\dfrac{\lambda L}{2h} + 1}} \qquad (1-109)$$

　　浮动环的受力状态如图 4-60 所示。

　　密封压差力 $F_1$ 为

$$F_1 = \frac{\pi}{4} (d_3^2 - d_1^2) \Delta p \qquad (4-110)$$

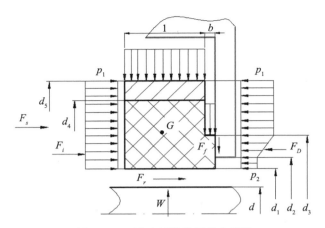

图 4-60　浮动环纵截面受力情况

其中：密封压差 $\Delta p = p_1 - p_2$。

密封端面液膜压力 $F_2$，简化为沿径向宽度呈线性分布计算

$$F_2 = \frac{\pi}{4}(d_3 - d_1)\left(d_3 - \frac{d_3 - d_2}{3}\right)\Delta p \tag{4-111}$$

浮动环内孔轴向剪切力 $F_r$ 为

$$F_r = (p_1 - p_2)\frac{\pi d h}{2} \tag{4-112}$$

密封端面压紧力 $F_D$ 为

$$F_D = F_1 + F_s + F_r - F_2 \tag{4-113}$$

式中　　$F_s$ ——轴向弹簧力。

密封端面摩擦力 $F_{Df}$ 为

$$F_{Df} = f \cdot F_D \tag{4-114}$$

式中　　$f$ ——端面摩擦系数，石墨与钢的摩擦系数按 0.1 取。

浮起阻力为

$$W_{阻} = F_{Df} + mg \tag{4-115}$$

式中　　$m$ ——浮动环质量。

一般浮动环正常浮起工作的要求是：当浮起力 $W_{浮}$ 等于阻力 $W_{阻}$ 时的偏心率 $e \leqslant$ 0.7，偏心率越小，则说明浮起性能越好，工作裕度越大。

## 4.8.4　密封的试验

（1）迷宫密封试验

迷宫密封由于其结构简单，一般不单独进行试验，结合泵水力试验进行。

（2）端面密封试验

端面密封由于其结构复杂，一般要求进行以下试验：

1）气密性试验。根据密封产品实际充压状态（内充压或外充压），充压缩空气保压不

少于 5 min，检查各承压零件、主密封（包括石墨与金属座结合面）、副密封（波纹管或 O 型圈）是否漏气。

2）液压强度试验试验。根据密封产品实际充压状态（内充压或外充压），充工作压力的 1.2 倍以上的清洁水，检查是否渗漏或塑性变形。

3）液压强度极限试验。根据密封产品实际充压状态（内充压或外充压），抽取一定数量产品充工作压力的 3 倍以上的清洁水，检查各承压零件、波纹管是否有渗漏。

4）模态测试（特别是波纹管型）。为了避免因端面密封产品的自身结构频率与涡轮泵主要频率接近而发生共振，除在设计仿真中需计算端面密封的模态频率外，还需进行单独零件的模态试验。

5）运转试验。端面密封最重要的是获取其在真实工作环境下的泄漏量和磨损特性，因此需在试验器上使用尽量接近真实工作的介质，进行运转试验，过程中监测全程密封泄漏量、密封腔压力、温度、轴转速、试验系统功率等参数，试验后测量静环的磨损量。

（3）浮动环密封试验

浮动环密封的结构也较为简单，最重要的是获取其在真实工作环境下运转状态的泄漏量和磨损特性。因此需在试验器上使用尽量接近真实工作的介质，进行运转试验。过程中监测全程密封泄漏量、密封腔压力、温度、轴转速、试验系统功率等参数，试验后测量浮动环的磨损量。

# 参 考 文 献

［1］ 关醒凡. 泵的理论与设计 ［M］. 北京：机械工业出版社，1988.

［2］ 查树. 叶片泵原理及水力设计 ［M］. 北京：机械工业出版社，1987.

［3］ 袁寿其. 低比速离心泵理论与设计 ［M］. 北京：机械工业出版社，2001.

［4］ 关醒凡. 现代泵设计手册 ［M］. 北京：宇航出版社，1995.

［5］ ［美］J. K. 杰克布森. 液体火箭发动机涡轮泵诱导轮 ［M］. 傅铁青，陈炳贵，译. 北京：国防工业出版社，1976.

［6］ 杨策，施新. 径流式叶轮机械理论及设计 ［M］. 北京：国防工业出版社，2004.

［7］ 朱之丽. 航空燃气涡轮发动机工作原理及性能 ［M］. 上海：上海交通大学出版社，2014.

［8］ 阳尧，崔响，徐志晖. 航空燃气涡轮及其发展趋势 ［J］. 山东工业技术，2017（14）：35 - 35.

［9］ 柯别列夫，吉洪诺夫，等. 航空发动机涡轮计算：气动计算及叶片造型 ［M］. 北京：国防工业出版社，1978.

［10］ 马冬英，梁国柱. 基于 S1，S2 流面理论的液体火箭发动机涡轮内部流场计算 ［J］. 推进技术，2008，29（4）：53 - 57.

［11］ 梁春霞. 先进涡轮气动设计 ［D］. 哈尔滨：哈尔滨工程大学，2009.

［12］ 赵洪滨. 热力涡轮机械装置 ［M］. 北京：清华大学出版社，2014.

［13］ 刘后桂. 密封技术 ［M］. 北京：科学技术出版社，1981.

［14］ 付平，常德功. 密封设计手册 ［M］. 北京：化学工业出版社，2009.

［15］ 顾永泉. 机械密封使用技术 ［M］. 北京：机械工业出版社，2001.

［16］ 王正，《转动机械的转子动力学设计 ［M］. 北京：清华大学出版社，2015.

［17］ ［德］Mnler，H. K，等. 流体密封技术—原理与应用 ［M］. 程传庆，译. 北京：机械工业出版社，2002.

［18］ 尹源，廖传军，王志峰，等. 火箭涡轮泵机械密封研究综述 ［J］. 宇航总体技术，2017，1（3）：54 - 60.

［19］ 中华人民共和国国家质量监督检验检疫总局，中国国家标准化管理委员会. GB/T 14211 — 2010 机械密封试验方法 ［S］. 北京：中国标准出版社，2011.

［20］ API 682. Pumps - Shaft Sealing Systems for Centrifugal and Rotary Pumps ［S］. 1994.

［21］ 张直明，张言羊，谢友柏. 滑动轴承的流体动力润滑理论 ［M］. 北京：高等教育出版社，1986.

［22］ 杜家磊，闫攀运，梁国柱. 涡轮泵流体静压轴承性能计算与试验研究 ［J］. 北京航空航天大学学报，2018，44（2）：322 - 332.

［23］ NASA SP - 290. Turbine Design and Application ［S］. 1972.

［24］ NASA SP - 8110. Liquid Rocket Engine Turbines ［S］. 1974.

［25］ Reddecliff J M，Vohr J H. Hydrostatic bearings for cryogenic rocket engine turbopumps ［J］. Journal of Lubrication Technology. 1969，91（3）：557 - 575.

[26] Edeline E，Fonteyn P，Frocot M，et al. Development and testing of a fluid film bearing LH2 turbopump demonstrator ［R］. AIAA 2004 - 3688，2004.

[27] Andres L S，Childs D，Yang Z. Turbulent - flow hydrostatic bearings：analysis and experimental results ［J］. International Journal of Mechanical Sciences. 1995，37（8）：815 - 829.

# 第 5 章　阀门技术

## 5.1　概述

阀门是氢氧膨胀循环发动机的重要组件，用来控制发动机介质通断、压力和流量调节。阀门作为控制元件，与控制系统一起实现发动机各个工作过程和功能，如发动机的起动、主级工作、关机的控制，推进剂贮箱增压、推力量级控制、推进剂混合比和推进剂利用控制等。

阀门按操纵能源来分类，可分为：气动阀、液动阀、电动阀、电磁阀等。阀门按用途可分为：泵前阀、主阀、泄出阀、充气阀、隔离阀、单向阀、安全阀、调节阀等。从结构上可分为：菌阀、球阀、蝶阀、套筒阀、膜片阀等。

阀门的工作特点是：严格按照预定程序工作；流量、压力变化范围大；动作迅速、准确，适应发动机的各种苛刻的工作条件。

## 5.2　阀门设计原则

### 5.2.1　阀门的基本设计要求

阀门的结构设计，必须考虑下列基本要求：

1）密封性好；

2）与工作介质相容；

3）动作响应时间满足要求；

4）工作稳定性和重复性好；

5）工作寿命和贮存期限长；

6）适应环境和工作条件；

7）工作可靠性高；

8）能耗小；

9）使用、维护方便；

10）尺寸小、质量轻、成本低。

### 5.2.2　影响阀门设计的主要因素

阀门结构设计的主要影响因素有：介质、压降和流通能力、流量特性、工作温度、工作压力、泄漏率、响应速度、工作寿命、安装尺寸等。

（1）介质

介质是液体、气体还是两相流，对阀门结构设计有重要影响。介质有各自的物理特性，与零件材料也有不同的相容性。对于腐蚀性介质，需要选择恰当的密封材料、金属零件材料及镀层。对于液氢、液氧等低温介质，应充分考虑合理的阀门结构型式、活动零件的配合间隙、密封结构形式，动密封元件尽可能地考虑采用波纹管的结构型式。对于无法采用波纹管的结构形式，可考虑填料密封或弹簧蓄能密封圈结构。

（2）压降和流通能力

压降和流通能力是相互关联的，它们在一定含义上反映阀门阻碍介质流通的程度。根据所需要的流通能力或允许的最大压降来选择阀门的类型及确定其结构尺寸。当发动机管路直径确定，即阀门的进、出口通径确定后，要适当地选择阀门的类型。在直径比较小的管路中多采用菌阀结构；而在直径较大的管路中（例如直径为 100 mm 的管路）可选用蝶阀、球阀。流体速度也与结构设计密切相关，因为阀门关闭时的过大水击压力对于发动机是不允许的，这就要在阀门类型的选择和结构设计上加以考虑，采取适当措施来减小水击现象。为了减小管路压降，在组件结构设计中应考虑下列因素：

1）尽量使流道圆滑或设计没有任何凸出元件的全开流动通道；

2）尽量少改变流体流动的方向，最好采用不改变流体流动方向的直通流道；

3）各流通截面积保持不变，即使要改变也应缓慢过渡；

4）在压降较大的液体调节器的结构设计中，应考虑有无产生汽蚀的可能。汽蚀会带来工作不稳定和对零件的严重损坏。

（3）流量特性

流量特性是指通过阀门的流量与节流元件（启闭件）开度间的变化关系。调节阀通常的流量特性有：线性、改进线性、抛物线、等百分率以及平方根。

为满足不同流量特性的要求，需在节流元件的结构和型面上进行精心设计。设计中，应考虑组件入口、出口以及其他非节流部位的局部损失对调节流量的影响。

（4）工作温度

必须考虑环境温度和流体温度对组件的影响。由于温度的急剧变化，可能引起下列问题：

1）组件内不同材料的零件尺寸因膨胀或收缩产生差异致使活动元件卡死。例如，在铝合金壳体内滑动的整体氟塑料阀芯如按通常金属与金属零件配合选取间隙，当环境温度发生变化时就有可能出现卡死现象。

2）密封部位的变形导致流体的泄漏。在热燃气中工作的组件，为防止热燃气影响正常的密封性，需选择合适的阀门类型，并采取金属密封结构。

3）在低温推进剂中工作的组件的活动元件表面不能使用通常的润滑油膏，需选择自润滑材料，或在金属零件表面喷涂一层固体润滑剂。另外，在低温推进剂中工作的组件还需采取隔热措施，并在发动机起动前进行必要的置换吹除以防活动元件的冻结。

（5）工作压力

工作压力不仅影响阀门结构的基本设计，而且影响阀门类型的选择。由于工作压力高而会引起大的不平衡力和高的密封摩擦载荷，这样就需要大的操纵力。阀门瞬间动作时可能引起水击压力，设计时务必注意。

（6）泄漏率

阀门泄漏分为内泄漏（介质在阀门上、下游的泄漏）和外泄漏（泄漏到外部环境）两种。泄漏率容许值的确定，影响到阀门类型的选择和具体结构的设计。对于容许泄漏率较小的阀门，最好选择菌阀，因为其启闭件与阀座基本上没有摩擦，工作一定次数后不会因为密封副的磨损而使泄漏率增高。

为了保证所要求的密封性，在结构设计中应考虑活动元件的对中性，密封部位的同轴度、垂直度以及密封表面的加工质量、配合尺寸需要达到较高的公差要求。

（7）响应速度

快速响应的阀门，其作动器的尺寸和功率消耗比较大。快速动作也会造成活动元件之间的高摩擦速度，从而降低密封件的工作寿命。当活动元件骤然停止运动时，高的冲击载荷会使元件发生变形甚至破坏。因此应根据发动机系统要求确定阀门的适当响应速度或减小运动件的惯量。

球阀由于活动元件的惯性、液动力、密封载荷以及需要旋转90°才能达到开关的目的，故响应时间较慢。

表5-1列出典型发动机系统中使用的不同功能的阀门响应时间。

表5-1　各种典型阀门的响应时间

| 发动机型号 | | 阀门类型 | 阀门功能 | 通径/mm | 作动器类型 | 响应时间/ms | |
|---|---|---|---|---|---|---|---|
| | | | | | | 开启 | 关闭 |
| 中国 | 助推 | 蝶阀 | 断流 | 124 | 电爆（间接） | — | 50 |
| | 助推 | 菌阀 | 断流 | 12 | 电爆 | — | 5 |
| | 姿控 | 菌阀 | 断流 | 2 | 电磁 | 10 | 15 |
| | 姿控 | 菌阀 | 断流 | 2 | 电磁 | <5 | <10 |
| | 上面级 | 菌阀 | 断流 | 60 | 气动 | — | 80 |
| | 上面级 | 球阀 | 隔离 | 40 | 气动 | 640 | 880 |
| 美国 | J-2 | 蝶阀 | 断流 | 101.6 | 气动 | 180 | 180 |
| | J-2S | 球阀 | 断流 | 38.1 | 气动 | 100 | 100 |
| | SE-5 | 菌阀 | 断流 | 13 | 电磁 | 6 | 3 |
| | MB-3 | 叶片阀 | 断流 | 25.4 | 气动 | 100 | 100 |
| | 登月舱上升 | 球阀 | 断流 | 25.4 | 液压 | 175 | 50 |
| | S-II | 蝶阀 | 隔离 | 203 | 气动 | — | 1 000 |
| | R-4D | 菌阀 | 断流 | 7.6 | 电磁 | 9 | 8 |

（8）工作寿命

阀门的工作寿命随其结构、用途以及工作条件和环境的不同而差别很大。影响阀门工作寿命的因素有：工作温度、工作压力、响应速度、流动介质、润滑情况及环境条件等。结构设计对工作寿命有重要影响，即使在同一种结构类型中，由于具体结构设计的不同会显著影响其工作寿命。

阀门的某个元件失效会导致工作寿命告终，但多数是因密封部位的内泄漏率超过容许值而造成工作失效的。在球阀的转轴传动部分可以安置一个凸轮机构，使球在开始转动时将密封件抬升，减少磨损，从而提高了工作寿命。需要高寿命的场合，选用菌阀较好。

（9）安装尺寸

通径和安装尺寸的限制也会影响阀门结构型式的选择。例如，电磁阀适用于小通径管路系统；当通径增大时电磁阀就显得笨重和能耗大，选择气动或液压作动的阀门类型就更加合适。当发动机总体需要阀门进、出口成直角时，采用菌阀比较合适。

前述因素并非完全独立的，研究任何一项设计因素时，必须考虑诸因素间的相互影响。为了满足关键的设计要求，有时需适当放松某种设计因素的指标，而并不会影响阀门的工作性能。例如，当对阀门压降并无严格限制时，可以允许使用高压降的较小通径的菌阀结构，这样就更容易满足泄漏率、作动力、质量和尺寸的要求。

## 5.3 阀门典型结构

下面简要介绍氢氧膨胀循环发动机的几种阀门的典型结构和特点。

### 5.3.1 氢主阀

RL10A-3-3 发动机氢主阀是一种双工位常闭气控阀，结构如图 5-1 所示。此阀门采用进出口在一条直线的轴流式结构，具有较小的流阻。

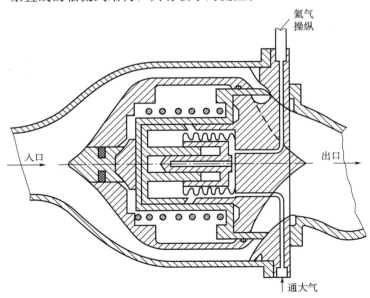

图 5-1 RL10A-3-3 发动机氢主阀

氢主阀的用途:预冷期间,阻止气氢流入推力室;发动机关机时,能迅速切断进入推力室的气氢。

阀门的动作:发动机起动时,从控制电磁阀来的氦气作用于波纹管组件内腔,克服弹簧力推动活门头使阀门打开,气氢进入推力室氢喷嘴;发动机关机时,控制电磁阀关闭,波纹管组件内腔的氦气泄出,在弹簧力作用下活门头返回原来的常闭位置。活门头的球面座与活门壳体的锥面相互压紧实现密封。

波纹管组件外腔有一个孔与大气相通,从而防止波纹管组件受到泄漏的氦气或氢气的作用力。

### 5.3.2　氧主阀

(1)　RL10A-3-3发动机氧主阀

该主阀是一个组合阀门,由预起动液氧腔、液氧流量控制活门、推进剂利用活门、以及吹除单向阀组成,结构如图5-2中的RL10发动机氧主阀所示。

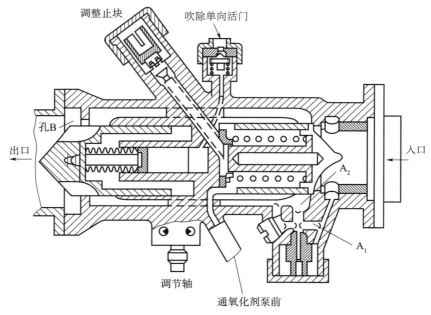

图5-2　RL10A-3-3发动机氧主阀

该阀的用途:1)通过吹除单向阀吹除氧主阀的伺服电机和调节轴带动的齿条、齿轮腔,使之保持正压以防止外界水汽进入后冻结;2)在预冷和预起动时,控制预冷液氧泵的液氧流量;3)在发动机起动瞬间,控制液氧流量;4)通过地面调整保证发动机的混合比;5)在飞行期间进行利用系统的液氧流量调节。

阀门动作:在预冷和预起动时,入口菌形活门在弹簧力作用下关闭。但有三条通道使液氧流入该活门后管道进入推力室,这三条通道是:1)通过调整套筒的孔和孔 $A_1$;2)通过调整套外径上的缝隙;3)通过菌性活门上的通道 $A_2$ 流出。这三部分流量就是液氧系统的预冷流量，为 0.907 kg/s。这部分流量也是起动瞬间进入推力室的液氧初级流量。

在发动机加速时，靠泵后压力打开入口菌形活门，活门开度由氧泵出口与入口的压差来控制，在压差为 0.28～0.42 MPa 时，克服弹簧预载力而打开孔 B，弹簧预载值由调整螺钉确定。通过调整调节止块可以把入口活门调到最大开度。地面试车时，可以预先调整或遥控使调整止块处于中间位置，确定发动机额定混合比。火箭飞行中，推进剂利用系统通过控制电机，带动调节轴调节液氧流量控制活门出口处 B 开度，使发动机混合比在允许范围内。

（2）组合菌阀

某氢氧膨胀循环发动机氧主阀采用了组合菌阀结构，如图 5-3 所示。其技术特点如下：1）采用副阀芯常开方案，满足发动机起动流量需求；2）主阀芯完全打开后，满足发动机额定流量特性要求；3）波纹管感受介质压力，与弹簧力比较，实现阀门开启功能；4）采用主副阀芯嵌套组合、并联双导向结构。

装配状态下阀门处于常开状态，波纹管组件（序号 2）上的阀杆与阀芯（序号 1）之间有个常开的小开度。发动机预冷阶段阀门控制口通气，波纹管组件（序号 2）拉伸，整个阀门在气控力及弹簧力作用下处于关闭状态；发动机起动时，控制腔撤气，介质首先从阀杆与阀芯之间常开的小开度处流动，随泵后压力爬升，使阀全开。需要阀门关闭时给控制腔通气，阀门在气控力与弹簧力作用下关闭。

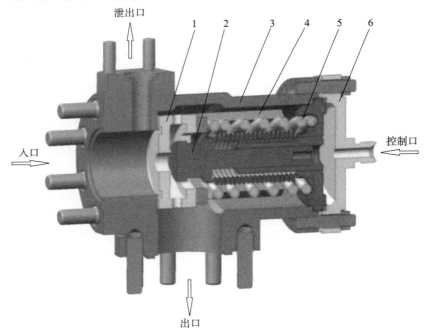

图 5-3　组合菌阀

1—阀芯；2—波纹管组件；3—阀体；4—弹簧导套；5—弹簧；6—端盖

### 5.3.3　推进剂利用阀

　　某膨胀循环发动机采用了三工位气控阀作为推进剂利用阀，通过一个阀门实现三个开度，完成了传统的两个气控阀的功能。结构方案如图 5-4 所示，主要包括双波纹管组件、壳体、阀座、活门、限位环、阀盖、弹簧、套筒等零组件。阀座设计为可调结构实现额定混合比状态下的预先调整，活门设计为锥形结构以提高流量调节精度。通过改变活门座轴向位置改变活门额定状态开度，实现额定工况分流量的预先调整。采用波纹管串、并联组合结构，解决了高长细比波纹管的易失稳和易疲劳问题。

　　三工位及额定工况调节的实现过程：控制腔均不通气，活门靠弹簧力维持在额定开度。低混合比控制口通气，控制气进入双波纹管的夹层内，推动波纹管左移并压缩弹簧，使活门维持在大开度；低混合比控制口撤气，阀门回归额定状态。高混合比控制口通气，控制气进入外波纹管外腔，推动波纹管克服阻力右移，靠波纹管组件的限位将活门维持在小开度，实现高混合比工况的转换；高混合比控制口撤气，阀门回归额定状态。

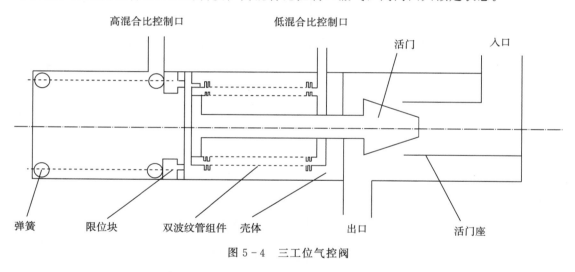

图 5-4　三工位气控阀

## 5.4　密封结构

### 5.4.1　阀门动密封

　　动密封一般是指阀门中往复或旋转运动件的密封，如驱动器活塞、轴和杆的动密封。温度是密封件设计中最重要的考虑因素之一，密封可分为用于常温密封（−40～＋65 ℃）、低温密封（不高于−153 ℃）和高温密封（≥450 ℃）。密封结构和材料的选择，很大程度上取决于工作条件及工作介质的种类。通常选用非金属和弹性金属材料作为密封件，其优点是，当密封副零件出现微小缺陷时，材料的补偿作用使其仍能保持密封功能。

（1）用于常温的动密封

常温环境中，橡胶 O 形圈密封是运用较广泛的阀门动密封结构，常见类型如图 5-5 所示。为防止 O 形圈被挤出沟槽，一般工作压力大于 10 MPa 或工作温度大于 150 ℃时应设置挡圈。挡圈设置在 O 形圈受压侧的相反一面。如果 O 形圈需在双向压力作用下密封，则在 O 形圈的两侧设置挡圈。挡圈的材料一般采用聚四氟乙烯，适合制作小尺寸的挡圈，并具有低摩擦的优点。

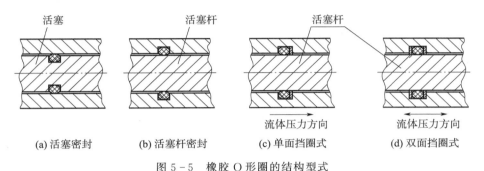

(a) 活塞密封　　　(b) 活塞杆密封　　　(c) 单面挡圈式　　　(d) 双面挡圈式

图 5-5　橡胶 O 形圈的结构型式

（2）用于低温的动密封

在温度低于 -40 ℃和压力在 14 MPa 以内时，唇密封（图 5-6）用于动密封很有效。这种设计用压差来增加密封件与运动表面间的接触应力，此压差使密封件上已有的周向拉伸产生的接触应力增强。在该设计中用薄板材来满足低温工作的柔性要求，聚三氟氯乙烯、聚酯薄膜材料可在这种密封件设计中选用。唇形密封件根据结构形状和用途，分为 J 形、U 形、V 形、M 形、组合式、补偿式、人字形和带有直角底边型的等。唇形密封件的截面轮廓中，都包含一个或多个锐角形的带有腰部的唇口。

对于工作压力在 6 MPa 以内，工作行程不受限制、允许出现微漏且有安全引漏装置的情况下，可采用非金属平膜片动密封，平膜片材料为 F-3、Fs-46、聚酯 Mylar 等，示例如图 5-7 所示。

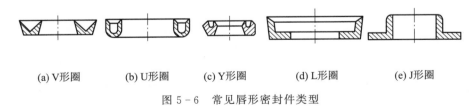

(a) V形圈　　　(b) U形圈　　　(c) Y形圈　　　(d) L形圈　　　(e) J形圈

图 5-6　常见唇形密封件类型

液压成形波纹管（图 5-8）广泛应用于低温阀门动密封，可保证密封介质的泄漏量为零。波纹管可以采用单层或多层结构。多层结构可增加波纹管强度而其刚度增加不多，不像厚度相当的单层波纹管那样显著增加其刚度。波纹管通常用模具液压成形。波纹管的缺点包括：生产成本高；弹性刚度大，这就要求附加的控制载荷来操纵该组件；工作行程相对较短；较大的外壳使组件的尺寸和重量增加。

弹簧蓄能密封圈（图 5-9）正在逐步用于航天低温阀门动密封，一般由非金属夹套和

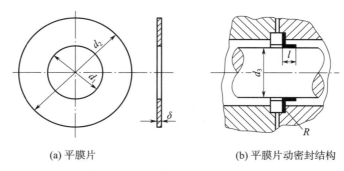

(a) 平膜片　　　　　　　　(b) 平膜片动密封结构

$\delta = 0.15\ mm \sim 0.5\ mm;\ l = 2\ mm \sim 4mm;\ d_3 = d_1 + 2l$

图 5-7　非金属平膜片动密封结构示例

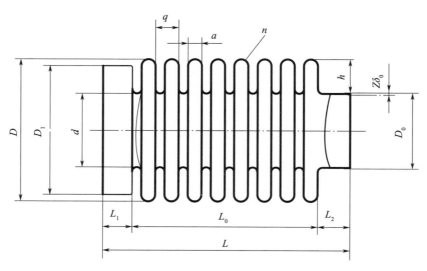

图 5-8　波纹管结构示意图

$D$—波纹管外径；$d$—波纹管内径；$\delta_0$—单层壁厚；$Z$—层数；$q$—波距；$a$—波厚；

$D_0$、$D_1$—直边段外径；$n$—波数；$L$—总长度；$L_0$—有效长度；$L_1$、$L_2$—直边段长度

金属蓄能弹簧构成，其中夹套材料一般选用具有耐低温、耐腐蚀、摩擦系数低等特点的 PTFE 等非金属材料，与其配合的金属壳体表面需要较高的粗糙度要求。弹簧蓄能密封圈具有在高压下自密封，在大温度范围、大压力范围内保证良好密封性能的特点，大口径、大工作行程的阀门设计可优先考虑此种动密封结构形式。在使用弹簧蓄能密封圈结构时，需要注意其密封效果与摩擦力的匹配关系，保证阀门作动可靠性。

（3）用于高温的动密封

常用精密的金属活塞环用于高温气体的密封。典型的应用是在渗氮不锈钢汽缸筒中使用钨铬钴硬质合金活塞环。用于密封热气体时，活塞环简单有效，不会引起大的摩擦载荷，但其泄漏量较大。因此，在各密封环之间需设置泄出排放口。波纹管金属端面密封组件也可用于高温旋转轴密封，对工作温度的限制是由波纹管材料在工作温度下的许用应力

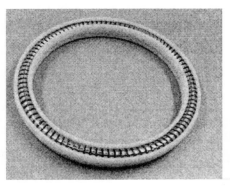

图 5 - 9　弹簧蓄能密封圈结构示意图

和疲劳寿命决定的。

### 5.4.2　阀座密封副

根据阀门类型的不同，阀座密封副可以分为菌状阀门、球阀、蝶阀三大类；根据阀座密封副材料的不同又可分为金属-金属、金属-非金属两类；根据工作介质和环境温度的不同又可分为常温密封（－40 ～＋65 ℃）、低温密封（不高于－153 ℃）和高温密封（≥450 ℃）。

（1）用于常温的阀座密封副

夹持 O 形圈的阀座广泛用于常温气体的菌阀密封结构。将阀芯设计成两部分，便于槽的加工和密封件安装。密封槽尺寸的选择应使 O 形圈牢固卡住，并使形成的 O 形圈的鼓凸部分紧贴相匹配的壳体拐角。这种密封结构也可用于双座，在同一个阀芯上的两个密封件必须同时入座。为了防止密封件从槽中吹出，在加压前要把槽与 O 形圈之间的气体排放出来。

粘接橡胶密封（图 5-10）用于某些燃料阀和气动操作控制的菌阀。制造这种密封件的粘接过程一定要严格控制。

图 5-15 是一种常温用球阀阀口密封副，适用于大通径密封要求严格的浮动球阀，它一般安装于浮动球阀的阀前。它是弹簧组弹性阀座密封副，一组小弹簧沿阀门流道横截面圆周均布，数量随阀的通径大小而异，一般为 3～8 只。具有阀前和阀后双面密封能力，且具有良好的弹性补偿能力。弹簧尺寸小，便于绕制。缺点是弹簧数量较多，每只弹簧的刚度很难做到一致。

（2）用于低温的阀座密封副

冷压氟塑料密封副（图 5-11）是一种菌阀密封结构，这种密封件主要的特征是机械夹持，通常用聚四氟氯乙烯的板材或棒材加工制成，可在液氧下工作。此外，由于材料的相容性，塑料密封件适用的推进剂的范围要比橡胶适用的范围宽。必须考虑的设计细节包括采用刚性的止动装置以限制塑料的挠曲量，在估算阀芯行程时，应考虑材料的蠕变。

非金属燕尾槽热压结构（图 5-12）也是低温菌阀常用的密封结构。聚酰亚胺用于液

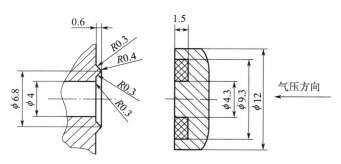

图 5 - 10　黏接橡胶密封副示例

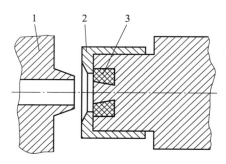

图 5 - 11　冷压氟塑料密封副示例

1—阀座；2—保持架；3—复合式密封件

氢，氟塑料 Fs - 46 用于液氧，聚三氟氯乙烯可用于液氢、液氧介质。图 5 - 12 （a） 为双燕尾槽结构，图 （b） 为单燕尾槽结构。

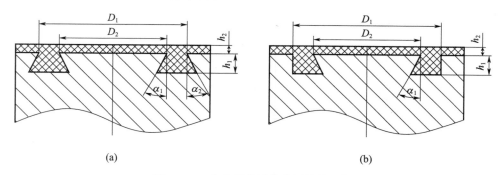

图 5 - 12　非金属燕尾槽热压结构示例

　　平面金属-金属的密封阀座 （图 5 - 13） 可用于极低温度或者冲击力或密封作用力太大且非金属密封材料不能适用的阀门，典型材料有碳化钨阀芯和不锈钢阀座或 GH4169 材料。缓冲环带位于密封环带的外面，并稍低些 （一般为几微米）。当阀芯不是以理想的平行方式关闭时，缓冲环带可以消除由于阀芯的冲击对密封环带棱角的损坏。当采用平面阀座时，表面粗糙度应达到低于 $0.2\mu m$，确保好的密封性。

　　刀形阀座 （图 5 - 14） 是一种可以抗微粒污染并保持低泄漏率的特殊结构。阀芯和阀座都是硬度极高的碳化钨。阀座环带特意设计得很窄，以减少夹住污染微粒的机会，即使夹住微粒也可以将其剪断。狭窄的阀座环带还可很精确地控制有效压力面积。这种结构可用在低温介质气动阀中。这种阀座的设计，要考虑到由于使用低韧性材料易被冲击损坏的问题。

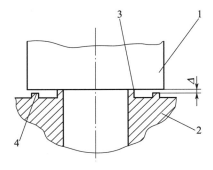 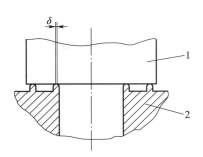

图 5-13　平面金属—金属关闭副示例　　　　　　图 5-14　刀形金属—金属关闭副

1—阀芯；2—阀座；3—密封带；4—缓冲带　　　　　　　1—阀芯；2—阀座

波纹管加载球密封（图 5-16）用于球阀，通常使用聚三氟氯乙烯以达到与球表面宏观几何结构相贴合。这种密封阀座一端的支座与液压成形的波纹管焊接，波纹管另一端与另一支座焊接，该支座用螺栓固定在壳体上，并用静密封件密封。当球体因间隙而横向移动时，波纹管允许密封件自寻球座表面，而当球体与壳体轴线不重合时也允许有一定的自适应度。这种密封件使用压差可达 10 MPa，可用于液氧、液氢等超低温介质。必须根据波纹管的平均有效面积，仔细选择密封件与支座以及密封件与球之间的接触点，构成合适的阀座密封副。图 5-11 中的弹簧加载部分也可组合运用在波纹管加载球密封如图 5-16所示的结构中。

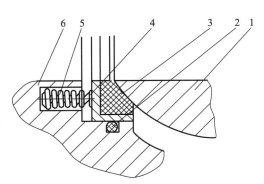

图 5-15　弹簧组弹性阀座

1—球体；2—O 形密封圈；3—阀座；4—阀座金属支座；5—弹簧；6—阀体

图 5-17 为一种弹性阀座-锥形阀芯密封结构，这种结构可广泛适用于各种密封直径和压力，尤其适合大口径（阀门通径可达 80 mm 以上）、压力不很高的情况。阀门关闭时阀芯首先与薄壁密封带接触，继续下移时使阀座的薄壁部分变形，产生所需的密封力，同

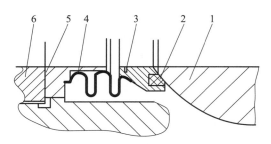

图 5-16　波纹管加载球密封

1—球体；2—密封环；3—金属支座；4—波纹管；5—导向套；6—螺套

时介质的压力作用于薄壁部分可增大密封力。阀座的限位带主要作用是使阀芯限位，不至于使薄壁部分变形过大而损坏。

（3）用于高温的阀座密封副

金属-金属平面阀座和刀形阀座，如图 5-13 和图 5-14 所示，用于高温介质效果都很好。图 5-17 中的弹性阀座-锥形阀芯密封结构也可用于高温工况。图 5-18 为硬密封结构燃气阀，阀座材料为不锈钢 1Cr18Ni9Ti，阀芯材料为 20Cr13，其工作介质为燃气，工作压力为 1.8 MPa，工作温度为 $-40 \sim +320$ ℃。

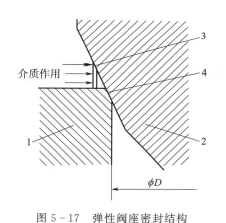

图 5-17　弹性阀座密封结构

1—阀座；2—阀芯；3—密封带；4—限位带

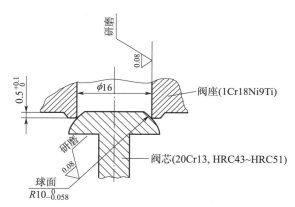

图 5-18　硬密封结构燃气阀

# 5.5　阀门作动机构

阀门作动机构指的是将外来能源转换成驱动阀门的回转摆动或往复运动的装置。按照作动能源区分，可分为电作动器、气压作动器、液压作动器和火药燃气作动器等。

作动器可以是阀门的一部分，也可以通过机械连接到阀门上的单个组件。作动机构的选择，主要考虑以下因素，并相互制约：

1）阀门的型式、规格和结构。

2）阀门驱动力或作动转矩。

3）使用环境温度和介质温度。

4）作动方式和寿命次数。

5）作动速度和时长。

6）作动能源参数，如电源电压、液压气动压力等。

7）特殊考虑防爆、防水、防火、电磁兼容、电磁屏蔽等因素。

### 5.5.1　电作动机构

电作动机构包括电动机作动、电磁作动、电爆作动等方式。电动机作动器一般包括电动机和减速器。电磁作动器包括电磁铁、继电器等。电爆作动需要采用电源引爆火工品，从而为阀门动作提供动力源，一般为一次性使用。此外，直线电机可能在未来成为阀门作动机构的新选择。

#### 5.5.1.1　电动机作动机构

电动机可采用步进电机和永磁交流伺服电机，减速器包括齿轮、涡轮蜗杆、行星齿轮、谐波齿轮、滚珠丝杠等。

为火箭供电的多为直流电源，因此需选择采用直流电源的电动机。在适合控制用电动机中，步进电机和永磁交流伺服电机是常用选择。

（1）步进电机

步进电机的工作原理是利用磁通具有力图沿磁阻最小路径通过的特点，通过励磁绕组的顺序通电，驱动电机转动。

步进电机的突出优势是：控制简单，适用于开环控制，其旋转角度正比于脉冲数；每步精度 3%～5%，不累积，并有较好的位置精度和运动重复性；有良好的起停和反转响应，为开环控制，转速范围较宽；电机停转时有最大的转矩，可靠性较高；自身具有一定的自锁力矩。但也存在控制不当容易产生共振、难以获得较高的转速和转矩，无过载能力、低速稳定性较差、存在丢步影响作动精度等情况。

（2）永磁交流伺服电机

永磁交流伺服电机是采用驱动控制器，不断改变线圈绕组的电源输入，由电磁感应原理产生的交变磁场与转子永磁体固有磁场相互作用，驱动转子转动。利用位置传感器通过电磁方式感应转子位置并实时反馈信号至驱动控制器，再按照控制要求，由驱动控制器改变线圈绕组电源输入，改变转子的位置或速度等参数的可控电动机构。

永磁交流伺服电机的优势是体积小，重量轻，力矩大，速度高，惯量小，力矩稳定，转动平滑，响应速度快，从启动到额定转速，为几十毫秒量级。无需维护，且效率高，运行温度低，电磁辐射小，寿命长。另外，永磁交流伺服电机的转矩过载能力较强，较适用于有瞬间负载波动和要求快速起动的场合。但永磁交流伺服电机锁定和解锁需要借助外部力量，如电磁制动器等。

（3）减速器

依据阀门结构形式和负载需求，需要采用减速器，降低电动机的旋转速度，并增大输出转矩。阀门适用的减速器包括谐波减速器和行星齿轮减速器。或者将电动机的旋转输出转换成直线位移输出，并将扭矩输出转换成推力输出，常用的有滚珠丝杆、齿轮轴齿条等。

（a）谐波减速器

谐波传动是利用柔性元件可控的弹性变形来传递运动和动力，其包括三个基本构件：波发生器，柔轮和刚轮，具体如图 5-19 所示。三个构件任意固定一个，另外两个一个主动一个从动，可实现减速和增速（固定传动比）。

谐波减速机构同时啮合的齿数多，承载能力大，其与相同精度的普通齿轮相比，运动精度可提高 4 倍以上，运动平稳，噪声小。另外，由于传动部件数量少，啮合齿面速度低，因此效率很高，并随速比的不同，效率约在 65%～96%。

谐波减速器的主要失效形式有柔轮的疲劳断裂、齿面磨损、轮齿或波发生器的滑移、齿面塑性流动和波发生器的损坏等。其中柔轮的疲劳断裂是最主要的一种失效形式。

图 5-19　谐波减速器结构简图

1—刚轮；2—柔轮；3—波发生器

（b）行星齿轮

行星齿轮主要包含 3 个零组件：太阳轮、行星齿轮架和齿圈。三个零组件中的任意一个固定，两外两个分别作为主动轮和被动轮，从而实现传动的增速和减速，图 5-20 为电机行星齿轮作动器结构。

行星齿轮的突出优点是：1）体积小，重量轻，结构紧凑，传递功率大，承载能力高。2）传动效率较高，在传动类型选择恰当，结构布置合理的情况下，可达到 0.97～0.99；3）运动平稳，抗冲击和振动的能力较强；4）传动比较大，可获得大的传动比，但其传动效率也会降低，即效率随传动比的增大而减小。

缺点是对制造质量要求较高；另外，由于体积小，散热面积小导致自身温度升高较快，故需要自身具有严格的润滑和冷却装置。

（c）滚珠丝杆

滚珠丝杆由丝杆、螺母、滚动体、限位柱等零组件组成，其作用是将旋转运动转变为

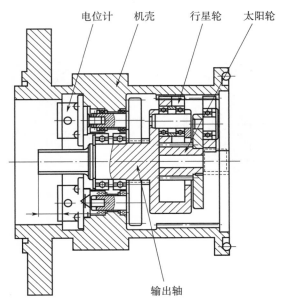

图 5 - 20　电机行星齿轮作动器结构

直线运动，或将直线运动转化为旋转运动。阀门常用的多为丝杆旋转型，即电动机通过联轴器直接带动丝杆旋转，而丝杆螺母驱动装于其上的部件作直线运动，结构示意图如图5 - 21 所示。

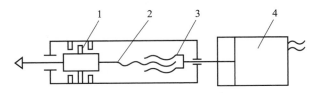

图 5 - 21　电机-滚珠丝杆作动机构原理图

1—限位柱；2—丝杆；3—螺母；4—电机

　　滚珠丝杆具有诸多优点：1) 结构尺寸小、质量轻；2) 摩擦系数小，传动效率高，可达到 90％以上；3) 定位精度和重复定位精度高，具有传动的可逆性；4) 运动平稳、调速范围大。随着滚珠丝杆设计及制造技术的提高，其被越来越多的应用于阀门传动中。但滚珠丝杆不能实现机械自锁，在阀门设计中应通过限位设计，确保阀门在运输过程中不出现非受控的运动。

### 5.5.1.2　电磁作动机构

　　电磁作动机构是利用电磁线圈通电后产生的电磁吸力，来控制阀芯动作。结构上主要由电磁线圈、衔铁、轭铁、复位弹簧等组成。为了结构紧凑，有时将阀芯与衔铁合二为一，如轴流直动式电磁阀。电磁作动机构常见的有电磁铁，电磁继电器等，阀门中最常使用的是电磁铁，常见结构如图 5 - 22 所示。

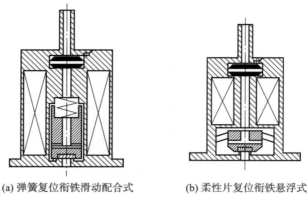

(a) 弹簧复位衔铁滑动配合式            (b) 柔性片复位衔铁悬浮式

图 5 - 22　电磁作动机构原理图

### 5.5.1.3　电爆作动机构

电爆作动机构设计是利用电爆管通电后爆燃产生的高温高压燃气来作动的机构，具有密封性好、尺寸小、重量轻、响应速度快等优点，适宜用在一次性工作的阀门，主要由电爆管、活塞、壳体等组成，常见结构如图 5 - 23 所示。

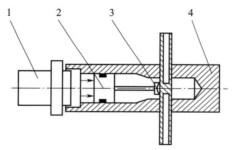

图 5 - 23　电爆作动机构原理图

1—电爆管；2—活塞；3—阀芯；4—壳体

### 5.5.1.4　直线电机作动机构

近年来，直线电动机技术得到了迅猛发展，其在载荷和速度等性能上不断进步，如西门子公司用于数控机床的直线电动机，峰值输出力可到 6 600 N，瞬时速度可达 200 m/min。其所需空间越来越小，功能越来越强大，而成本大幅度降低，安装及维护使用更方便，商品化程度得到了迅速提高。基于技术的不断提升和直线电动机的先天优势，其普遍应用于发动机阀门领域，并作为作动器的优先选择将指日可待。

### 5.5.2　液压气动作动机构

液压气动作动机构包括液（气）压活塞直动式、液（气）压经齿条、齿轮轴等机械结构转换后的旋转式，另外还包括膜片式，波纹管式。但膜片式只适用于很小行程阀门，波纹管式受结构限制，不适用于大行程工况。图 5-24 和图 5-25 列出了几种液压气动作动机构的典型原理图，另外，图 5-3 和图 5-4 均采用了氢氧发动机常用的波纹管式液压气动作动机构。

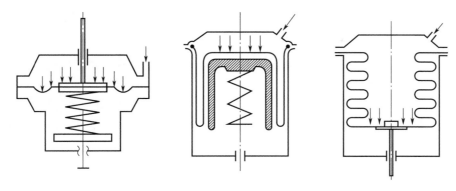

图 5-24　气压（液压）薄膜式作动机构原理图

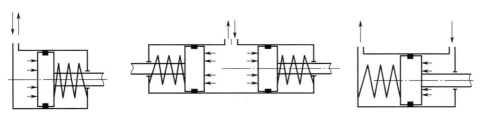

图 5-25　气压（液压）活塞式作动机构原理图

## 5.6　低温阀

低温阀一般是指在温度不高于 120 K 的介质中工作的阀门。相较于常温阀而言，低温阀在选材、设计、试验方面有较大的不同。阀门组合件的材料应当符合在该介质中工作时的相容性、防爆和防火的要求，低温力学性能应满足韧性、刚度和强度要求。在低温下工作的阀门不能采用油脂润滑，需要采取适当措施，以防止运动部件磨损的可能性。在低温阀介质试验前或工作前，需要用惰性气体进行置换、吹除、气封、预冷等操作或措施。置换是指用惰性气体对低温阀内腔进行反复充放气的操作。吹除是指保持惰性气体在阀内腔进行连续流动的操作。气封是指用惰性气体对低温阀或低温系统与外界环境有接口的内腔保持一定正压的保护操作。另外，低温阀本身应设置隔热层，以限制低温介质与外界环境进行热交换、防止出现两相流。

低温阀的很多故障发生在阀门开启或关闭时，当阀门的动作速度超过一定数值并多次动作后，其传动机构或者阀座会发生破坏。在低温环境下，材料的抗冲击性能一般会有所降低，如果阀门的某些部件设计强度不足，在常温下工作正常，但在低温下可能因为冲击发生脆裂。在低温阀中，在气控制腔入口安装节流孔板，是实现气体阻尼的一种有效方法。

### 5.6.1　低温阀设计原则

相对于常温阀门，低温阀在防卡滞、防泄漏、防多余物方面均有更高的要求，对此三个方面的设计原则进行较详细的介绍。

#### 5.6.1.1　防卡滞设计原则

低温阀的特殊工作条件易于造成运动副卡滞甚至卡死而失效，应贯彻以下防卡滞设计原则：

1）施加于运动件的驱动力（力矩）与运动阻力（力矩）的比值一般应不小于2；

2）在工作压力较高、介质流量较大的情况下计算运动安全系数时，应考虑稳态与瞬态液动力、液动力矩的影响，保持运动的安全可靠；

3）组成运动副的轴（阀芯、阀杆等外径）与孔（套筒、阀体、气缸等内径）在运动区间内各分界面、转接面应保持圆滑连接，锐边倒圆半径一般应不小于0.5 mm；

4）对铝合金、铜合金、氟塑料、聚酰亚胺等材料参与组成运动副时，其表面粗糙度$Ra$值应不大于0.8 $\mu m$，对不锈钢、时效合金等参与组成运动副时，其表面粗糙度$Ra$值应不大于0.4 $\mu m$，当需要提高运动副配合等级，减小配合间隙时，还应适当提高表面粗糙度精度等级；

5）奥氏体不锈钢、变形铝合金、铜合金、时效强化型镍基合金（GH4169等）、高强度马氏体不锈钢（F151）、蒙乃尔合金等金属材料均可参与组成运动副，但一般应采用不同类型材料搭配；

6）选用运动副材料搭配时，应注意错开材料硬度，力求把硬度较高、抗磨能力强的材料用于导向孔；

7）当由于结构原因只能采用同种材料组成运动副时，应力求对运动副组元进行表面改性处理；

8）对工作压力较低但工作寿命要求长的条件下，运动副表面可以包覆氟塑料层或喷涂固体润滑剂$MoS_2$等；

9）当运动单元与波纹管、金属膜片、蝶簧等弹性支撑件一起动作时，应注意防止这些零件的失稳与偏斜影响运动单元的正常动作；

10）防止外来多余物进入阀内腔，防止阀门自身产生多余物；

11）采用正确的吹除、置换方法，完善气封设置，保持阀门在无冰冻、无固空、无其他固态介质条件下正常动作；

12）低温阀运动副在高真空条件有可能出现真空冷焊而卡滞。应对可能出现的真空部位采用气封方法消除真空环境，当无法采用气封时，应通过合理选用运动副配合间隙和材料搭配等措施防止产生真空冷焊；

13）应按照真实的工作条件、环境条件和寿命要求进行运动副的动作试验；

14）合理选择介质流道形式，防止运动件承受侧向力而出现卡滞。

**5.6.1.2　防泄漏设计原则**

低温阀的特殊工作条件易于出现内、外泄漏，设计时应贯彻以下原则：

1）隔离动作腔与工作腔并保持执行元件正常动作的动密封元件应首选波纹管组合件；

2）当介质温度不低于 −196 ℃、工作压力不超过 6 MPa 且工作行程不受限制的条件下，可以采用自紧式非金属平膜片动密封，但应注意将可能泄漏的少量气化介质引至安全区；

3）对于工作行程在 1.5 mm 以内、工作压力不超过 6 MPa、介质工作温度不低于 −196 ℃ 时，可以采用金属膜片作动作密封元件，但应设法防止膜片与对接面压合处泄漏；

4）当轴向长度允许且工作压力在 8 MPa 以内、工作温度不低于 −196 ℃ 时，可以通过采用加长阀杆及相关零件并用热桥等方法隔热，保持动密封部位处于常温区，相应采用常规密封作为动密封元件；

5）为防止内漏，阀座与阀芯、球体、蝶板、叶片等运动件组成接触式密封副时，应保持良好对中，必要时可使阀芯与运动件做成活动连接，以提高自动对中能力；

6）应根据介质种类、工作压力、结构形式和尺寸选用接触式密封件，复合式密封件是最佳选择，一般应采用热压成形的复合式密封件，慎用冷压式，不用粘结式；

7）应采取增加非金属的黏接面积、滚边、增加机械固定装置等措施防止非金属从基体金属凹槽中脱出；

8）优先考虑弹性模量、线膨胀系数与基体金属差值较少的非金属组成复合式密封件；

9）在超高压条件下无法采用复合式密封件满足密封要求时，应采用金属对金属的接触密封，并采用堆焊硬质合金、密封面精加工等方法使泄漏率达到设计要求；

10）无论采用何种密封形式，组成密封副的密封比压应足够，但应保持材料完好；

11）正确选用静密封结构是防止介质外漏的主要方法，应根据介质种类、工作参数、结构形式和尺寸确定静密封件的形式和尺寸，并确定连接件拧紧力矩值；

12）强化低温阀检漏要求，外漏应进行氦质谱检漏；

13）对漏率要求严格的低温阀，应进行有介质、带振动、全寿命条件下的检漏。

**5.6.1.3　防多余物设计原则**

多余物是造成运动件卡滞、漏率超标的原因之一，应参照下述方法防治：

1）介质入口管路、控制与吹除气入口管路、各种试验管路应设置过滤器，过滤精度由介质种类和工作条件决定，必要时应在阀自身设置过滤器；

2）选用或设计过滤器时应计算其流通面积，在考虑有局部堵塞的情况下该面积应不小于阀门额定流通截面积；

3）防止阀内及接口产生金属毛刺、油脂、涂镀层剥落物、非金属毛边等多余物；

4）对机电接口、泄出口、检漏口、排气口等在大气环境下处于低温区时，应对各口保持气封，防止阀内腔形成固空、冰块等多余物。

### 5.6.2　低温阀设计计算

低温阀的主要计算项目如下：

1）进行液流和流阻损失计算，确定阀门通径、行程和容腔尺寸；

2）进行力（力矩）平衡方程计算，确定作动器和传动机构的形式、尺寸、必需的流体控制压力、电机功率、电爆力、膜片气动切破压力等；

3）根据受力情况计算弹簧、波纹管、碟簧、金属膜片等弹性元件刚度、受力和位移，确定它们的形式和尺寸，并进行强度与稳定性校核；

4）对阀体、阀杆或转轴、连接法兰、作动器等结构件进行强度计算，确定结构件的尺寸；

5）进行密封计算，确定密封副形式、密封件材料和尺寸；

6）进行尺寸链计算，确定主要零、组件的尺寸和公差，保持阀门行程、转角、运动副、密封副、定位配合在常温和低温条件下均满足设计要求，并防止出现尺寸干扰；

7）计算阀门动作的启、闭力（力矩）和安全系数，固化结构尺寸；

8）进行调节阀的压力、流量特性计算；

9）在某些特殊工作条件下还应进行传热、绝热计算，以确定绝热形式、绝热层厚度或夹层真空度及介质温升值。

低温阀门相较于常温阀门的一些特殊计算方法介绍如下。

**（1）低温介质通过阀门的温升**

计算目的：计算介质通过绝热层的热流所引起的温升，为确定绝热层厚度并防止介质因温升失控而引发两相流。

计算方法：参照图 5-26 计算模型，按公式（5-1）至公式（5-3）进行。

$$\Delta T = \frac{Q}{q_m \cdot C_p} \tag{5-1}$$

$$Q = \frac{T_{w1} - T_{w2}}{R_\lambda} \tag{5-2}$$

$$R_\lambda = \frac{1}{2\pi\lambda \cdot 1} \ln \frac{r_2}{r_1} \tag{5-3}$$

式中　$\Delta T$ ——介质通过阀门的温升，K；

　　　　$Q$ ——介质通过阀门外壁所获热流，W；

　　　　$q_m$ ——介质的质量流量，kg/s；

　　　　$C_p$ ——介质的比热容，J/（kg·K）；

　　　　$T_{w1}$、$T_{w2}$ ——阀门的内、外壁温，K；

　　　　$R_\lambda$ ——阀门外层的导热热阻，K/W；

　　　　$\lambda$ ——绝热材料的导热率，W/（m·K）；

　　　　$l$ ——介质流经阀门的通道长度，m；

　　　　$r_2$、$r_1$ ——绝热层外、内半径，m。

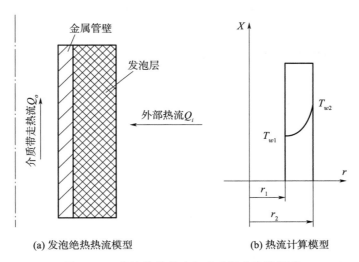

(a) 发泡绝热热流模型　　　(b) 热流计算模型

图 5 - 26　发泡绝热热流与介质温升计算模型

$T_{w1}$、$T_{w2}$—内、外壁温；$r_1$、$r_2$—绝热层内、外半径

（2）低温下运动副配合间隙变化值

计算目的：计算阀内运动副在低温下配合间隙变化值，为正确选择公差带提供依据。

计算方法：按公式（5-4）进行。

$$\delta = (\alpha_1 - \alpha_2)D_N(t_2 - t_1) \tag{5-4}$$

式中　$\delta$——运动副径向间隙变化值，mm；

　　　$\alpha_1$，$\alpha_2$——运动副孔、轴零件材料的线膨胀系数，1/℃；

　　　$D_N$——运动副名义直径，mm；

　　　$t_2$、$t_1$——阀门的工作温度与室温，℃。

（3）惰性气体充、放气过程容腔温度和压力的改变

计算目的：计算对容器或阀门容腔充、放气过程中温度和压力的变化值。

计算方法：按公式（5-5）～公式（5-7）进行。

$$T_2 = \frac{\gamma}{1 + \dfrac{P_1}{P_2}(\gamma - 1)} T_S \tag{5-5}$$

$$P_0 = P_2 \frac{T_1}{T_2} \tag{5-6}$$

$$T'_2 = T'_1 \left(\frac{P'_2}{P'_1}\right)^{\frac{\gamma-1}{\gamma}} \tag{5-7}$$

式中　$T_2$——容器充气后内部温度，K；

　　　$\gamma$——气体绝热指数，无量纲；

　　　$T_S$——气源温度，K；

　　　$P_1$、$P_2$——容腔内气体初始压力与充气后压力，MPa；

$P_0$——容腔内温度由 $T_2$ 下降至室温后的稳定压力值，MPa；

$T_1$——室温，K；

$T'_1$，$T'_2$——容腔内气体的初始温度和经绝热放气后压力降至 $P'_2$ 的温度，K；

$P'_1$、$P'_2$——容腔放气时初始压力和放气后的压力，MPa。

# 5.7 调节阀

### 5.7.1 国内外液体火箭发动机调节阀方案

欧空局 VINCI 发动机在氢、氧涡轮旁路上分别设置了电动调节旁通阀（图 5 - 27），调节进入涡轮的燃气流量，进而对发动机推力和混合比进行调节。

图 5 - 27　VINCI 旁通阀

美国 RL10 发动机由电机调节液氧流量控制阀的开度，来控制发动机所消耗的推进剂比例；在氢涡轮旁路设置了一个调节阀，初期是一个机械式的调节阀（图 5 - 28），后来用一个电动调节阀代替。

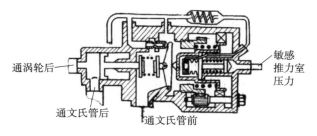

图 5 - 28　RL10A - 3 - 3 发动机推力调节阀

俄罗斯 RD - 0120 高压补燃发动机的氧化剂流量调节阀通过电机带动套筒上的节流孔面积，可改变发生器的氧流量，进而调节发动机推力水平。此发动机上还有一调节阀是电机带动的百叶窗式调节阀，能在一定范围调节混合比。

由 EADS - ST 公司和 Moog 公司联合研发的一种由电机控制的套筒调节阀（图 5 - 29），参与了 VINCI 发动机推力室级的系列试验。日本 LE - 7 可调主阀为多工位球阀结构，采用气控，利用多气缸驱动，气缸间采用唇式密封，球前为波纹管主密封。

　　我国 YF‐75D 发动机在氧涡轮旁路上设置了一个推进剂利用阀，可以实现混合比阶跃式调节；长二捆火箭二级发动机上，也有一个燃料流量调节阀，是一个由步进电机控制的双菌活门调节阀（图 5‐30）；某型液氢液氧补燃发动机上的推力室氧阀，采用步进电机＋谐波齿轮＋球阀＋角位移传感器结构；某氢氧膨胀循环发动机气体流量调节阀（图 5‐31）采用无刷直流电机驱动、通过二级行星齿轮减速的斜相交套筒方案。

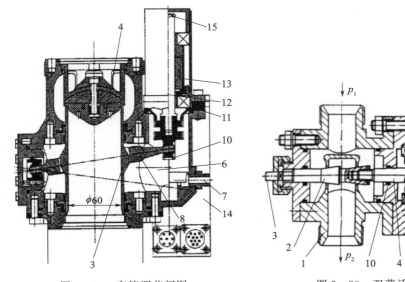

图 5‐29　套筒调节阀图

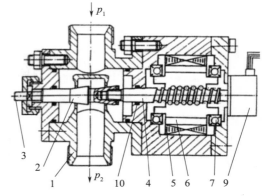

图 5‐30　双菌活门调节阀

图 5‐31　气体流量调节阀结构

## 5.7.2　调节阀设计

　　调节阀一般都包括两个基本部分：控制部分和执行器部分。常用的执行器部分的结构形式有：菌阀、蝶阀、球阀、套筒阀或可调气蚀管阀等。控制部分是将控制信号转换成相应的动作来控制阀内节流件的位置的装置。驱动力可以为气动、电动、液动或这三者的任意组合。

　　自力式调节阀，它不需要外部能源，直接利用被调介质的能量来推动调节机构，实现自动控制。早期的液体火箭发动机，为了稳定混合比或推力，一般都是设置带反馈的自力式调节阀，是一种闭环调节系统。RL10A－3－3发动机初期使用的推力调节阀（图5－17）即是一种典型的自力式调节阀：它设置在氢涡轮旁路，通过敏感推力室压力，传给一个有基准力的弹簧及有基准压力的膜盒，推动一根伺服轴，改变伺服腔压力。旁通活门的开度由伺服腔压力、弹簧力、涡轮出口压力之间的关系决定。推力室压力偏离规定值时，调节阀通过反馈推力室压力进行自主调节，从而稳定发动机推力。

随着电测和机电控制技术的进步，RL10E－1发动机的推力调节阀已用一个电动调节阀代替了复杂的机械调节阀，原来单纯由一个机械阀达成的功能由一个发动机调节系统代替，这个调节系统主要由压力传感器、调节器和调节阀组成。调节器主要由程序编制、调节环节和放大机构组合成一体。这样，调节阀的设计就从液体火箭发动机初期的实质是设计一个"闭环调节系统"又回归到了传统意义上的"调节阀"，控制部分交由传感器和调节器来完成。

调节阀除按阀门一般设计原则外还应考虑下述设计要求：

1）流量特性应满足设计要求，其流量特性可通过节流组件的几何形状和位置来实现。一般要求其固有的流量特性为线性，或被调参数与控制信号之间呈线性关系。

2）要求被调参数的进、回程特性偏差（即滞后）尽量小。

3）增益或灵敏度要高，即要求流量变化 $\Delta q_m$ 与相应阀芯行程变化 $\Delta h$ 的比值适当大些。

4）调节比大，即调节阀的最大与最小可调流量之比（即节流能力）要大，这对于变推力发动机尤其重要。

5）被调参数的感受点要设置正确，既不能在不稳定流动区，也不能在流通截面的改变处，否则会导致调节的不稳定。

6）尽量减少干扰因素（例如进口压力的波动）对调节元件的影响。

7）减小运动件的摩擦，以降低调节的滞后。

8）为减少系统的功率负担，应尽量降低节流部位的压降。

9）合理设计流道，使压降尽量集中在节流部位。

10）在满足设计要求的情况下，结构尽量简单，以提高工作可靠性，降低成本。

11）零件要有足够刚性和抗干扰能力，以免工作中变形而影响调节品质。

12）具有抗污染能力，提高工作寿命。

### 5.7.2.1　调节阀流量特性的选择

调节阀的流量特性是指被调介质流过调节阀的相对流量与调节阀的相对开度之间的关系。调节阀通常的理想流量特性有：线性的、快开的、抛物线的以及等百分比的，这些特性曲线列于图5－32。具有不同流量特性的调节阀具有不同的性质和特点，见表5－2。

为满足不同流量特性的要求，节流元件的结构和型面需进行相对应的设计（图5－33）。计算时希望压降完全产生在节流元件的节流部位，但是实际上这是不可能的，因此应考虑组件入口、出口及其他非节流部位的局部损失对调节流量的影响。因此，为了使调节阀具有所要求的流量特性，需要对理论上求得的节流元件的节流面积与开度之间的关系加以修正，以补偿这个差别，尤其在大流量情况下更应注意这个问题。

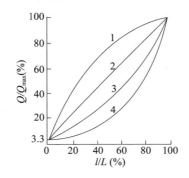

图 5 - 32　调节阀流量特性曲线

1—快开；2—直线；3—抛物线；4—等百分比

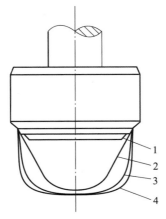

图 5 - 33　不同流量特性的阀芯形状

1—快开；2—直线；3—抛物线；4—等百分比

**表 5 - 2　调节阀 4 种理想流量特性**

| 流量特性 | 性质 | 特点 |
|---|---|---|
| 快开 | 在阀门行程较小时，流量就有比较大的增加，很快达最大 | 1）在小开度时流量已很大，随着行程的增大，流量很快达到最大；<br>2）一般用于双位调节和程序控制 |
| 直线 | 调节阀的相对流量与相对开度呈直线关系，即单位相对行程变化引起的相对流量变化是一个常数 | 1）小开度时，流量变化大而大开度时流量变化小；<br>2）小负荷时，调节性能过于灵敏而产生振荡，大负荷时调节迟缓而不及时；<br>3）适应能力较差 |
| 抛物线 | 特性介于直线特性与等百分比特性之间，使用上常以等百分比特性代之 | 1）特性介于直线与等百分比特性之间；<br>2）调节性能较理想，但阀芯加工较困难 |

**续表**

| 流量特性 | 性质 | 特点 |
|---|---|---|
| 等百分比 | 单位相对行程的变化引起的相对流量变化与此点的相对流量成正比 | 1)单位行程变化引起流量变化的百分率是相等的;<br>2)在全行程范围内,工作都较平稳,尤其在大开度时,放大倍数也大,工作更为灵敏有效;<br>3)应用广泛,适应性强 |

#### 5.7.2.2　调节阀流量计算

阀门在不同开度的流量计算,液体介质和气体介质的计算分别按照公式(5-8)和(5-9)进行。

(1)液体流量计算

已知液体介质通过阀门流通截面的压力损失 $\Delta p$ 时,求通过该截面的 $q_m$。按公式(5-8)进行计算。

$$q_m = C_d A \sqrt{2\rho_p \Delta p} \qquad\qquad (5-8)$$

式中　$A$ ——流通截面积,$m^2$;

　　　$C_d$ ——流量系数,无量纲,$C_d$ 在 0.55~0.8 以内选择;

　　　$\Delta p$ ——流阻损失,Pa;

　　　$q_m$ ——介质额定重量流量,kg/s;

　　　$\rho_p$ ——介质密度,$kg/m^3$。

(2)气体流量计算

理想气体按绝热过程通过阀门节流截面或孔板时,求通过该截面的气体重量流量,按公式(5-9)进行计算。

$$q_g = 0.102 A C_d Z \frac{p_i}{\sqrt{T_i}} \qquad\qquad (5-9)$$

式中　$q_g$ ——气体通过节流截面或孔板的重量流量,kg/s;

　　　$A$ ——节流截面面积,$m^2$;

　　　$C_d$ ——流量系数,无量纲,$C_d$ 在 0.60~0.85 以内选择;

　　　$p_i$ ——入口压力,Pa;

　　　$T_i$ ——入口温度,K;

　　　$Z$ ——与气体种类和流动状态有关的参数,$\sqrt{K}/s$。

当 $\dfrac{p_e}{p_i} \leqslant \beta_\gamma \left( \beta_\gamma = \left( \dfrac{2}{\gamma+1} \right)^{\frac{\gamma}{\gamma-1}} \right)$ 时,属于超临界流动,$Z$ 按公式(5-10)求出。

$$Z = \sqrt{\frac{g\gamma}{R} \left( \frac{2}{\gamma+1} \right)^{\frac{\gamma+1}{\gamma-1}}} \qquad\qquad (5-10)$$

式中　$p_e$ ——出口压力,Pa;

　　　$g$ ——重力加速度,$m/s^2$;

　　　$\gamma$ ——绝热指数,无量纲;

$\beta_\gamma$ ——临界压力比，无量纲。

当 $\dfrac{p_e}{p_i} > \beta_\gamma$ 时，属于亚临界流动，$Z$ 按式（5-11）求出。

$$Z = \sqrt{\frac{2g\gamma}{r(\gamma-1)}\left[\left(\frac{p_e}{p_i}\right)^{\frac{2}{\gamma}} - \left(\frac{p_e}{p_i}\right)^{\frac{\gamma+1}{\gamma}}\right]} \qquad (5-11)$$

# 参 考 文 献

［1］ 朱宁昌. 液体火箭发动机设计（下）［M］. 北京：中国宇航出版社，1994.

［2］ 朱森元. 氢氧火箭发动机及其低温技术［M］. 北京：中国宇航出版社，2016.

［3］ 吴国熙. 调节阀使用与维修［M］. 北京：化学工业出版社，1999.

［4］ ［美］D. K. 休泽尔. 液体火箭发动机现代工程设计［M］. 北京：中国宇航出版社，2003

［5］ ［苏］洛马宁柯，库里柯夫. 低温阀［M］. 北京：机械工业出版社，1986.

［6］ ［美］Philip L. Skousen.. 阀门手册［M］. 北京：中国石化出版社，2005.

［7］ 徐开先. 波纹管类组件的制造及其应用［M］. 北京：机械工业出版社，1998.

［8］ 程天馥. 往复式弹簧蓄能密封圈的密封特性分析［D］. 北京：北京化工大学，2021.

［9］ 闻毛南，孙国庆. 氢氧火箭发动机［J］. 国外导弹技术增刊，1979.

［10］ 胡长喜，贾玥. 直线步进电机在航空航天领域中的应用［J］. 导弹与航天运载技术，2008（6）.

［11］ 丁志刚. 微特直线电动机开发应用的前景［J］. 微电机，1995（04）.

［12］ Robert Pulford Jr，Keith Kowalski. 混合式直线步进电机［J］. 现代制造，2007（30）.

［13］ NASA SP‐8094，Liquid Rocket Valve Compouents，1973.

［14］ NASA SP‐8090，Liquid Rocket Actuators and Operators，1973.

［15］ NASA SP‐8097 Liquid Rocket Valve Assemblies，1973.

［16］ Pratt ＆Whitney，RL10 Liquid Rocket Engine Installation Handbook. NASA 1966.

［17］ Sean McCormick，Michael Garrison，Roland Blasi，Günter Langel. EM Actuated Cryogenic Valve for Engine Control. AIAA 2006‐4881.

［18］ Eletronmechanical actuation for cryogenic valve control［S］. AIAA 29th Joint Propulsion Conference and Exhibit，1993.

# 第6章 发动机总体设计

## 6.1 概述

膨胀循环氢氧发动机主要由氢供应系统、氧供应系统、涡轮气氢系统、点火系统、气控系统、吹除系统、电控系统、遥测系统、氢氧贮箱增压系统等组成。包括推力室、涡轮泵、阀门、电器产品、总装元件以及总装管路、节流元件等。总装元件包括机架、常平座、摇摆软管、换热器、气瓶、阀门组件盒、金属软管等。

发动机的各组件之间以及发动机和火箭（弹）之间存在相互作用和依赖关系。发动机总体设计包括与各组件之间的接口协调，一般都需要在总体布局设计过程中与组合件反复协调迭代。发动机各组件彼此之间的联系，不仅包括机械连接，还包括流体力学和热力学的联系。发动机总体设计时要考虑结构强度、刚度、密封可靠性、摇摆运动间隙、抗振性能等。

发动机总体设计的主要工作是按照发动机系统要求将组成发动机系统的各个零部组件装配在一起形成发动机系统，使各部组件之间应具有合理的位置关系，并满足发动机与箭体对接接口的协调要求和发动机摇摆的要求。同时要保证发动机结构有足够的静、动强度。

## 6.2 总体布局

### 6.2.1 总体布局的要求

发动机总体布局是一件重要的工作，因为总体布局的好坏，对发动机的性能有影响，对发动机与箭体的对接有影响，对火箭的安全可靠性有影响，对发动机的使用性、维修性有影响。尽量避免大的悬臂结构，好的发动机总体布局设计可以使发动机具有良好的抗振性能，同时又便于发动机交付后的维护使用。

发动机总体布局是一件复杂的工作，它要求发动机总体设计师们，既要有广博的知识、娴熟的技术，又要有艺术的才能、审美的观点。把总体设计师的思想、精神、理念融进发动机总体布局中，使发动机既是一台有机的机械装置，又是一件特殊的艺术品，而不是所有零、部、组件的机械堆砌。为此，发动机总体布局应做到紧凑、完整、造型和谐和尽量质量均布，同时要具有一定的开敞性，满足发动机维修操作要求。

#### 6.2.1.1 紧凑性

发动机总体布局应力求紧凑，充分合理地利用发动机机舱的有限空间，在不发生结构干涉和不影响系统性能正常发挥的前提下,尽量压缩发动机的轮廓尺寸。布局紧凑有利于增强发动机整体刚度,提高抗振能力和结构可靠性,有利于系统性能的调整和控制,有利于减小结构质量和转动惯量。

目前,对紧凑型的评价没有确切的定量指标,现用"布置密度"这一概念表示为

$$\rho = \frac{m}{V} \tag{6-1}$$

式中　　$\rho$——布置密度,$kg/m^3$;

　　　　$m$——发动机的结构干质量,kg;

　　　　$V$——发动机轮廓容积,$m^3$。

发动机的轮廓容积,可以近似的以圆柱体的体积表示(圆柱体的高为发动机最大轴向尺寸,圆柱体的直径为发动机的横向尺寸)。从式(6-1)中不难看出,$\rho$ 的数值愈大愈好,因为它代表了发动机紧凑性好。一般 $\rho \approx 100 \sim 600 \ kg/m^3$。

### 6.2.1.2　开敞性

开敞性与紧凑性是一对矛盾,没有绝对的紧凑,也没有绝对的开敞。应该在布局紧凑的前提下,保证有一定的开敞性。因为发动机的有些配套件(如火工品)要在试车台或发射场安装,有些组件(如工艺件和保护件等)要在外场检查或拆除,有些组件可能因故障需要更换,有些导管和组件在工作中可能因温差、振动而产生变形或位移,摇摆发动机需要预留足够的摇摆间隙等,这些都需要发动机总体布局时考虑到一定的开敞性。但开敞要适度,不可使发动机开敞到松松垮垮,张牙舞爪的状态。

### 6.2.1.3　维修性

发动机在试车台试验或交付后的使用过程中,某些组合件出现故障时需要维修或更换。为此,发动机总体布局时,应考虑到对那些故障率偏高,需要经常维修或有可能更换的零、部、组件所处的位置,具有良好的可达性;其周围应有适当的空间,按人机工程的设计原则,使操作者的肢体能够在不易产生疲劳的姿势下实施维修或更换。维修更换时,尽量做到不拆卸(或少拆卸)无关的相邻组件,即不要形成"牵一发而动全身"的局面。

### 6.2.1.4　完整性

发动机总体布局是应该把组成发动机的所有零、部、组件合理地组成完整的发动机实体。除特殊原因外,避免属于发动机的零、部、组件配置在发动机实体以外,这样,可使发动机的所有零、部、组件在研制过程中得到试车考验,并做到交付状态与试车状态一致,提高可靠性,同时给生产管理也带来方便。

### 6.2.1.5　质量均布

发动机的结构质量在总体布局时分布如何,直接影响到发动机的质心位置和转动惯量的数值。发动机的质心位置不但涉及发动机装配方案的选择,如吊装、翻转、和运输工装夹具的设计和使用,而且也对弹(箭)飞行静安定性有影响;转动惯量的大小,又影响到控制系统执行机构的操纵力的大小。

发动机总体布局时，应力争做到：

1）尽量将各主要组件的质量以发动机纵轴作对称布置，使发动机的质心位于箭体的纵轴上，以免产生偏心力矩，增大控制负荷。

2）发动机质心应尽量接近其与箭体对接面，以利于提高箭的静安定性。

3）发动机的质心在其工作过程中变化应尽量小。

4）发动机摇摆部分的质量尽量小，质量分布尽量靠近摇摆轴线，以减小转动惯量。

5）对于双向摇摆的发动机，要求对两个摆轴线的转动惯量尽量接近。

### 6.2.1.6　造型和谐

发动机总体布局不但涉及工程技术问题，也涉及美学和艺术创造问题。这就要求发动机总体设计师具有比较全面的知识，具有一定的艺术修养，具有全局观点，具有精益求精的工作作风。优秀的发动机总体设计师，可以把看似孤立的、无生机的各零、部、组件，通过巧妙安排、精心布置，浓妆淡抹，匠心独运，最终造就出一台和谐、匀称、精致、简洁，具有灵性和神韵的整体发动机。

## 6.2.2　发动机传力方式

发动机的传力方式是指如何将发动机自身产生的推力传递给箭体的结构设计方案。传力方式一般有两种：一种是发动机通过机架与箭体连接（见图 6-1），另一种是没有机架，即通过发动机与火箭箱底锥壳结构连接（见图 6-2）。

图 6-1　RS-68 发动机，有机架

一般机架是隶属于发动机的组件，有利于发动机整体布局，可将不参与摇摆的发动机零组件安装在机架上，这样，可实现最大部分的发动机部组件参加地面校准试车考核。但

图 6-2 J-2 发动机，无机架

有了机架后，会增加发动机总高度，进而使箭体长度和重量增加，不利于提高发动机的推质比。

没有机架的发动机只包含摇摆部分，发动机通过常平座直接与火箭箱底锥壳连接座对接。发动机的非摇摆部分零组件可安装在火箭箱底锥壳上。这种布局方案可缩短火箭总长度，有利于提高发动机推质比。但增加了发动机与箭体接口协调的复杂性。发动机的非摇摆部分无法参加校准试车考核或无法实现参加发动机校准试车后不分解并直接交付。

### 6.2.3 发动机摇摆方案

发动机摇摆方式是总体布局时首要确定的方案，它关系到布局基础的选择，影响发动机整体结构特性、系统特性和组件设计，是全局性设计方案。

有摇摆功能的发动机由"非摇摆部分"和"摇摆部分"两部分组成。机架是"非摇摆部分"的主要组件，作为发动机其他零组件的安装基础。推力室是"摇摆部分"的主要组件，是参与发动机摇摆核心组件。常平座是摇摆元件，推力室通过常平座与机架相连接。通过伺服机构这个作动机构推动推力室以实现发动机的摇摆功能。

氢、氧涡轮泵是仅次于推力室的大组件，氢、氧涡轮泵的布局方式是发动机布局设计时首先考虑的因素之一。根据涡轮泵的布局方式，将发动机摇摆方式分为"泵前摆"和"泵后摆"。

"泵前摆"方案是以推力室为基础进行总体布局。"泵前摆"内压低（一般不超过0.6 MPa），设计和制造工艺成熟，布局紧凑，可靠性高。相对"泵后摆"，采用"泵前摆"时整体高度较低，发动机外廓尺寸较小。采用涡轮泵对称布局方案（即氢、氧涡轮泵分布在推力室两侧呈对称布置）可使摇摆部分保持较小的质量偏心；但发动机开敞性相对较差，需优化总体布局以保证较好的装配维修性。

"泵后摆"方案是氢、氧涡轮泵安装在机架上的布局方案，相对"泵前摆"摇摆部分转动惯量小，从而减小对伺服机构负载力矩和功率的要求。摇摆单机部分管路布局较简单,但机架以上非摇摆部分的装配空间较紧张。由于膨胀循环的特点,"泵后摆"方案需要将泵后氢工质引到推力室冷却夹套换热后,再引回到涡轮做功,因此导致发动机管路较长,结构重量增加,流阻增大。需额外增加高压金属软管,对工作可靠性提出了更高的要求。

国内外氢氧发动机大部分采用泵前摆布局方案,如表 6-1 和图 6-3 所示。

表 6-1　国内外发动机摇摆方案

| 序号 | 发动机型号 | 系统循环方案 | 摇摆方案 |
| --- | --- | --- | --- |
| 1 | LE-7 | 补燃循环 | "泵前摆" |
| 2 | Vulcain | 发生器循环 | "泵前摆" |
| 3 | RD-0120 | 补燃循环 | "泵前摆" |
| 4 | SSME | 补燃循环 | "泵前摆" |
| 5 | J-2X | 发生器循环 | "泵前摆" |
| 6 | RS-68 | 发生器循环 | "泵后摆" |
| 7 | RL10 | 膨胀循环 | "泵前摆" |
| 8 | LE-5B | 膨胀循环 | "泵前摆" |
| 9 | VINCI | 膨胀循环 | "泵前摆" |
| 10 | HM-7B | 发生器循环 | "泵前摆" |
| 11 | XX-75 | 燃气发生器循环 | "泵前摆" |
| 12 | XX-75D | 膨胀循环 | "泵前摆" |
| 13 | XX-77 | 燃气发生器循环 | "泵前摆" |

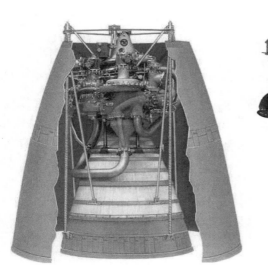

图 6-3　RL10B-2"泵前摆"(左)和 RS-68"泵后摆"(右)

### 6.2.4 主要组件在发动机上的布置

#### 6.2.4.1 推力室为基础的总体布局

以推力室为基础的总体布局，是将发动机的主要组件均以推力室的头、身部为根基进行布置，形成以推力室为核心的、在系统上独立、在结构上完整的单机。这种单机可以独立使用，也可以几个单机并联使用。这种布局的优点是：布局紧凑，空间利用合理；通过伺服机构推动推力室摇摆，能够提供火箭飞行时所需的姿态控制力矩；单机自成独立系统，便于进行单机试车、结构简单可靠、研制周期短，节省经费，便于实现多机并联。对于膨胀循环发动机来说，为提高用于做功的气氢的换热能力，推力室一般都做得相对较长，从而使发动机轴向尺寸相对较大。布局设计时，尽量将主要组件布置在靠近推力室头部，这样可减小发动机转动惯量。

#### 6.2.4.2 涡轮泵布置

涡轮泵在推力室上的布置是以推力室为基础总体布局的关键。对于"泵前摆"，根据涡轮泵相对推力室轴线的位置，涡轮泵布局可分为"水平"和"垂直"布置方案，"水平"布置是使涡轮泵轴线与推力室轴线垂直，"垂直"布置是涡轮泵轴线与推力室轴线平行，典型的"水平"和"垂直"布置方案如图 6-4 所示。

图 6-4 涡轮泵"水平"布置（左）和"垂直"布置方案

对于双组元中置式涡轮泵（涡轮置于两泵中间），或轴向尺寸不大于推力室身部尺寸的涡轮泵，宜采用水平布置。对于双组元侧置式涡轮泵（涡轮置于两泵侧面）或轴向尺寸较大的涡轮泵，宜采用垂直布置。对于双组元在结构上独立的双涡轮泵，也宜采用垂直布置，将两台涡轮泵分别布置在推力室两侧，以利于质量对称分布。

以推力室为基础总体布局，涡轮泵在推力室上布置时，还应考虑下列问题。

（1）连接固定方案

涡轮泵与推力室的连接固定方案是以推力室为基础进行总体布局的重点。涡轮泵在推力室上的连接固定结构习惯称为"泵腿"。"泵腿"的结构一般有两种：杆架结构和支板结构。杆架结构分为焊接固定杆架和铰接可拆杆架，支板结构分为水平支板搭接和垂直支板对接。当涡轮泵质量大、体积大、飞行过载大、振动大时，宜采用杆架结构。当涡轮泵质量、体积中等，飞行过载不太大时，可采用水平支板搭接结构。当涡轮泵质量、体积较小，飞行过载较小时，可采用垂直支板对接结构。为了连接安装方便，保证位置尺寸及适应温度变形，"泵腿"结构要视具体情况选定。一般情况下，在涡轮泵上至少需要布置两处支撑结构，因为如果只有单点支撑结构，则该支撑处将不可避免地会承受很大的弯矩作用。

选择连接固定方案，应注意以下几方面。

（a）相对位置

相对位置指的是涡轮泵与推力室的径向和轴向相对位置。涡轮泵与推力室径向相对位置，应使涡轮泵中心与推力室中心距离尽量缩短，使布局更加紧凑，减小质心偏心而产生的附加力矩。

涡轮泵与推力室的轴向相对位置，应使涡轮泵的质心尽量向上移，使之接近常平座摇摆轴。同时要考虑泵入口之上的摇摆软管布局，一般摇摆软管（以直线垂直式为例）中心应位于通过常平座摇摆轴中心的滚动平面内。涡轮泵的泵入口以上应留有布置摇摆软管和泵前阀的轴向位置。而涡轮出口以下的轴向位置要布置换热器、气氢输送管等，所以涡轮出口以下的位置也应留得足够，还要考虑泵出口管路的走向、与伺服机构保持足够的间隙及试车台喷管夹持机构的空间等。另外，还要考虑推力室入口安置阀门等的可能性、合理性等。

（b）承载能力

涡轮泵是发动机的重要组件，体积大、质量大、振动大，飞行时轴向过载也大，各种载荷加在一起，使连接固定处的载荷很大，工作条件恶劣。因此，连接固定必须稳妥可靠，万无一失。为了承受飞行横向过载，摇摆惯性力等引起的侧向载荷，必要时还应在涡轮泵与推力室径向之间设置辅助支撑。

（c）连接固定点的位置

连接固定点对于涡轮泵来说，一般应选在泵的壳体上，对于推力室来说，一般应选在头部和身部。因为这些部位温度变形小，结构强度、刚度好。连接固定点不宜选在如推力室喷管等温度变形大、结构强度、刚度差的部位上。

（d）连接刚度

涡轮泵和推力室连接固定结构，除了足够强度外，还要求适当的刚度，以便在各种载荷作用下不产生大的变形，避免破坏连接和密封，影响正常工作。

（e）温度变形

涡轮泵与推力室连接固定后，工作过程中由于温度原因两者轴向和径向变形不会完全同步。因此，连接处的结构应能适应不同步变形产生的位移，连接固定结构应留有温度变形的自由度，如设计长孔、铰接结构等。

（f）调整环节

由于安装误差、制造误差、变形等因素影响，涡轮泵与推力室连接的尺寸及相对位置，除了靠加工精度保证外，还应设置调整环节和措施，如用长孔调节径向和切向位置，用不同厚度的调整垫调整轴向尺寸。

（g）维修性

涡轮泵与推力室的连接，还要考虑到更换组件的可能性，必要时在厂外进行维修或更换。维修更换时，涉及面应尽量小，不要牵一发而动全身。

（2）空间利用

涡轮泵垂直布置在推力室侧面，可以充分利用轴向空间，尤其对于轴向尺寸大的涡轮泵，更宜采取垂直布置；水平布置可以充分利用横向空间，但对于拟用于并联的单机，不宜采取水平布置，因为横向尺寸较大的若干单机并联后，势必增大安装圆直径，增大了并联发动机的横向尺寸，减小了发动机与尾段的径向间隙，给避免摇摆时互相碰撞或级间分离带来困难。

（3）泵入口方向

涡轮泵在推力室上布置，尽量使泵入口向上以减少流阻损失，尤其对汽蚀裕度小的泵更为重要，泵入口向上也有利于采用简单的垂直直线式软管。

（4）兼顾试车台

已建成的试车台上双组元推进剂的供应管路方位已定。考虑发动机总体布局时，双组元涡轮泵在发动机上的位置，应尽量适应试车台上各组元推进剂管路的方位，这样试车台上管路不必改变就能适应发动机，这将带来很大方便，节省改台经费，加快研制进度。

### 6.2.4.3　阀门布置

发动机使用的阀一般有减压阀、调节阀、执行阀、被控阀等。电磁阀、气动阀等属于执行阀；泵前阀、主阀、泄出阀等属于被控阀。按其在发动机系统中的功能、作用进行布置，做到发挥功能、保证性能、位置合理、维修方便。另外阀门布置时还应注意：

1）隔离推进剂。泵前阀应尽量布置在发动机的最上游，使弹（箭）贮箱中的推进剂在发动机未工作前不进入发动机内腔，以便在推进剂加注后的贮存或发射前的准备过程中，对发动机零组件产生的影响最小。

2）保证推进剂的充填性。为了保证发动机起动成功，除了制定正确的起动程序外，与起动有关的执行阀和被控阀的位置也应合理。为减小氢、氧主阀与推力室头腔的填充空间，宜将氢、氧主阀直接安装在推力室头腔的对接法兰上。

3）减少发动机后效冲量。发动机关机后效冲量的大小，直接影响着飞行器的控制，火箭总体不希望发动机（尤其是上面级发动机）的后效冲量大。为了减小后效冲量，一般应减小发动机发出关机指令后的推进剂剩余供应量。为此，一般应将氢、氧主阀尽量直接布置在推力室上，以减少主阀后的推进剂剩余量，达到减小后效冲量之目的。

4）避免飞行惯性力影响。某些阀门内有做往复运动的柱塞、导向杆、铁芯等，当阀门的弹簧力、波纹管力、电磁力一旦不正常时，飞行惯性力对往复运动件可能造成卡滞，动作不到位，影响阀门正常工作。因此，这些阀门布置时，从理论上讲，应尽量使往复运动件的轴线垂直于飞行加速度的方向，即往复运动件的轴线垂直于飞行加速度产生的惯性力的方向。

5）避免流动"死区"。氢（氧）泄出阀最好直接安装在氢（氧）主阀门上。

6）有和外界相通的排气口的电磁阀和气动活门应集中安装在阀门盒内，阀门盒内为氦气环境，这样可以避免在外界大气环境下的低温抽吸作用使阀门被冻死的故障。

### 6.2.4.4　气瓶布置

气瓶一般分为金属气瓶和复合材料气瓶。气瓶主要作为发动机控制和吹除气的气源容器。气瓶形状一般为球形和长圆柱形。一般气瓶体积相对都较大，需留有足够的空间来安装。可利用箭壁或贮箱底上的空间安装气瓶。也可安装在发动机机架上，通常是通过机架的两根主（副）杆固定。

安装气瓶一般是通过卡箍固定，可在卡箍内增加橡胶垫来提高其抗振性能。为防止气瓶转动，建议气瓶采用四点固定方式。气瓶对工作环境温度有要求，必要时需在气瓶外包覆隔热防护层，同时需考虑充放气过程中气瓶温度变化的影响。

### 6.2.4.5　电器系统布置

发动机上的电器产品一般包括控制电缆、点火电缆、遥测电缆、传感器等。

（1）电缆束布置

发动机对外电缆接口，一般尽量集中固定在机架以上的支板上，以便于与总体电缆接头对接操作。各种发动机电缆总插头（座）应布置在不摆动的、靠近发动机与弹（箭）体对接分界面部位，尽量靠近发动机外侧。发动机电缆总插头（座）的位置和方向应便于检测和接插，不允许有盲查操作。电缆主支和分支应可靠地用卡带固定在刚性强的组件（非高温、低温组件）上。对于摇摆发动机，当电缆通过摇摆轴的滚动平面时，不能拉得过紧，应留有摇摆变形所需的长度裕量。若有部分电缆过长，允许将其折后固定，电缆弯折的半径一般应不小于 5 倍电缆直径。

（2）其他电器产品布置

发动机在试车和飞行工作中是否正常主要是通过布置在发动机上的压力、温度、振动测量参数来判断的。遥测电缆、传感器和变换器等组成发动机遥测系统。需根据发动机总体布局特点来合理进行电器产品的布局。

遥测汇总电缆插座一般应布置在机架以上。温度传感器直接与测温接管嘴连接。压力传感器根据其工作环境温度的不同，有些是直接与测压接管嘴连接，有些是通过测压引出管与测压接管嘴连接。压力传感器尽量布置在摇摆单机上，这样就省去了测压金属软管，有利于减轻发动机重量。

## 6.3　典型总装结构与元件

总装元件是将发动机各主要组合件（包括推力室、涡轮泵和阀门等）组装成一个发动机整体所需的各部组件的总称，诸如机架、常平座、摇摆软管、换热器、导管等，以及系统和组件的连接、密封与支撑的结构设计。机架是连接箭体与发动机的传力构件。常平座是使发动机能围绕其转轴摆动的承力机构，进行推力矢量控制，使飞行器具有作俯仰、偏航和滚转的控制功能。摇摆软管和金属软管是一种发动机摇摆动作的柔性补偿元件，使发动机能实现正常摇摆并同时保证工作介质的正常输送。换热器用于给火箭氢、氧箱增压介质进行加温。导管用来输送流体和连接组件，其中包括推进剂导管、控制和吹除气导管、增压导管、测压导管等，以及相应的导管连接件和密封件等。

### 6.3.1　机架

机架是组成发动机的重要构件之一，其作用是与箭体连接和传递发动机推力。机架可以作为发动机总体布局和装配的基础，发动机非摇摆部分的零组件均可以安装在机架上，机架也可以作为发动机吊装的支承点。

#### 6.3.1.1　机架设计要求

作为承力结构，机架首先应有足够的承载能力，保证在发动机推力及其他使用载荷下有足够的结构可靠性。

要有足够的整体刚度和局部刚度，如轴向刚度、径向刚度及伺服机构支点刚度。

重量是发动机的一个重要指标，因此机架的结构质量要尽量轻。

机架的结构固有频率一般都相对较低，一般都远离发动机的强迫振动频率（即涡轮泵转动频率），但应避开箭体结构的固有频率。

机架要有良好的开敞性，以便于发动机的装配、调整和检查。

#### 6.3.1.2　机架传力结构方案

机架传力方式包括正推和倒拉两种方案，传统上采用正推方案。正推方案机架主传力杆承受压载荷，需考虑机架结构稳定性问题。机架可作为发动机非摇摆部分的零组件的安装基础。

倒拉方案机架主传力杆承受拉载荷，无需考虑机架主传力杆的失稳问题，但平衡推力水平分力的杆件全部受压，而这些杆一般都比主杆长，它们的稳定性相对更差。同时倒拉方案的伺服机构支点布置相对困难。倒拉方案的主要优点是可降低发动机高度，可缩短火箭总高度，为箭体减重带来贡献。

国内氢氧发动机均采用了正推方案。俄罗斯的 RD－120 发动机采用了倒拉机架方案，如图 6－5 所示。

机架传力结构方案主要包括桁架、桁梁、壳、桁架（梁）/壳混合型 4 种，结构重量

图 6-5　RD-120 发动机

轻、传力均匀的方案能够最大限度地提高火箭的运载能力，传力路径短有助于减轻机架重量，开敞性好利于发动机和火箭进行使用维护操作。

国内外氢氧发动机的传力方案见表 6-2，可以发现，单机传力方案以壳和梁壳混合为主，而双机及以上发动机均为杆式和桁架结构。

表 6-2　国外发动机与箭体对接方案表

| 所属国家 | 发动机代号 | 火箭级数 | 所属火箭型号 | 发动机数量 | 机架形式 | 箭体对接方案 |
|---|---|---|---|---|---|---|
| 美国 | F-1 | 芯一级 | 土星 5 | 五机并联 | 无 | 箭体梁对接 |
| | J-2 | 芯二级 | 土星 5 | 五机并联 | 无 | 箭体壳/梁混合对接 |
| | J-2X | 芯二级 | 战神 5 | 单机 | 无 | 箭体壳对接 |
| | SSME | / | 航天飞机 | 三机并联 | 无 | 箭体梁对接 |
| | MERLIN1D | 芯一级 | 猎鹰 9 | 九机并联 | 单机小机架 | 桁架箭体梁对接 |
| | MERLIN1D | 芯二级 | 猎鹰 9 | 单机 | 无 | 箭体壳对接 |
| | MERLIN1A | 芯一级 | 猎鹰 1 | 单机 | 单机机架 | 箭体边框对接 |
| | RS-68 | 芯一级 | 德尔他 4 | 单机 | 单机机架 | 箭体梁对接 |
| | RL10B-2 | 芯二级 | 德尔他 4 | 单机 | 无 | 箭体壳对接 |
| | RL10A-4-2 | 芯二级 | 宇宙神 5 | 双机并联 | 无 | 箭体壳对接 |

**续表**

| 所属国家 | 发动机代号 | 火箭级数 | 所属火箭型号 | 发动机数量 | 机架形式 | 箭体对接方案 |
|---|---|---|---|---|---|---|
| 俄罗斯/乌克兰 | RD-0120 | 芯一级 | 能源号 | 四机并联 | 无 | 箭体梁对接 |
| | RD-170 | 助推 | 能源号 | 四机并联（共用涡轮泵） | 四机机架 | 箭体边框对接 |
| | RD-180 | 芯一级 | 宇宙神5 | 双机并联（共用涡轮泵） | 双机机架 | 箭体边框对接 |
| | RD-171 | 芯一级 | 天顶号 | 四机并联（共用涡轮泵） | 四机机架 | 箭体边框对接 |
| | RD-191M | 芯一级 | 安加拉系列 | 单机 | 单机机架 | 箭体边框对接 |
| | RD-0124 | 芯二级 | 安加拉系列 | 四机并联 | 四机机架 | 箭体边框对接 |
| 欧洲 | Vulcain2 | 芯一级 | 阿里安5 | 单机 | 无 | 箭体壳对接 |
| | HM-7B | 芯二级 | 阿里安5ECA | 单机 | 无 | 箭体壳对接 |
| | VINCI | 芯二级 | 阿里安5ECB | 单机 | 无 | 箭体壳对接 |
| 日本 | LE-7A | 芯一级 | H-2A | 单机 | 单机机架 | 箭体梁对接 |
| | LE-7A | 芯一级 | H-2B | 双机并联 | 单机小机架 | 箭体梁对接 |
| | LE-5B | 芯二级 | H-2B | 单机 | 无 | 箭体壳对接 |
| 中国 | XX-75 | 芯三级 | XX-3A系列 | 双机并联 | 双机机架 | 箭体边框对接 |
| | XX-75D | 芯二级 | XX-5 | 双机并联 | 双机机架 | 箭体边框对接 |
| | XX-77 | 芯一级 | XX-5 | 双机并联 | 双机机架 | 箭体边框对接 |
| | XX-100 | 助推 | XX-5 | 双机并联 | 双机机架 | 箭体边框对接 |
| | XX-115 | 芯二级 | XX-7 | 四机并联 | 四机机架 | 箭体边框对接 |
| | XX-21C | 芯一级 | XX-3A系列 | 四机并联 | 四机机架桁架 | 箭体边框对接 |

　　机架的结构型式可以分为三个基本类型：杆式结构、梁式结构和壳式结构。杆式结构按其受力形式可分为压杆式和拉杆式两种；按其结构方案又可分为刚架式和桁梁式，以及其他组合变形。如果机架与箭体对接面的尺寸大于发动机除机架之外的外廓尺寸，一般采用杆式或桁梁式结构，如YF-75发动机机架。

　　机架设计计算时除了校核机架强度、刚度外，还要考虑机架的结构稳定性问题。强度、刚度校核采用静力计算分析方法，工程上一般用机架最大应力达到机架材料屈服强度时的载荷除以使用额定载荷作为强度安全系数，一般取1.7~2。结构稳定性校核计算使用屈曲分析方法，用机架产生失稳的临界载荷除以使用额定载荷作为机架稳定性安全系数，一般不小于2。当计算强度安全系数小于稳定性安全系数时，属于按强度问题设计的机架，即机架最终按强度指标进行设计校核。当机架计算强度安全系数大于机架稳定性安全系数时，即机架最大应力还未达到机架材料屈服强度时发生机架失稳，属于按刚度问题设计的机架。

### 6.3.1.3　机架的材料选择

　　机架材料的选择主要考虑材料的比强度、比刚度和工艺性（主要是焊接性能）。目前常用的机架材料为铬锰硅合金钢、镍钴合金钢、钛合金、铝合金和铬钼合金，其中以30CrMnSiA最为普遍。

与普通结构钢相比，钛合金的比强度（即屈服强度/密度）高，适用于按强度问题设计的机架，可明显减轻机架重量。

#### 6.3.1.4　机架试验

首次生产的机架应进行模态试验，以获得实际机架结构的频率特性。可分为自由边界和固支边界两种情况。

每批机架均应进行典型静力试验（额定载荷和不同摇摆角度下的承载试验及破坏试验），以综合考核其承载能力和工艺稳定性。还应进行机架与箭体结构的联合静力试验，以考核在实际载荷条件下的推力结构的总可靠性。

### 6.3.2　常平座

常平座作为发动机的主要摆动环节和枢纽，使发动机实现摇摆，以达到对推力矢量进行方向控制、获得导弹或火箭控制力的目的。常平座实现推力室与机架的连接，推力室燃烧产生的推力全部通过常平座传递给机架及箭体。

国内外发动机常平座的结构形式见表 6 - 3，部分常平座结构形式如图 6 - 6 和图 6 - 7 所示。

**表 6 - 3　国内外发动机常平座的结构形式**

| 序号 | 发动机代号 | 所属火箭型号 | 所属国 | 发动机真空推力/kN | 结构形式 |
|---|---|---|---|---|---|
| 1 | XX - 73 | XX - 3 芯三级 | 中国 | 10 | 环形常平座 |
| 2 | XX - 75 | XX - 3A 系列芯三级 | | 82.8 | 十字轴常平座 |
| 3 | XX - 75D | XX - 5 芯二级 | | 88.3 | 十字轴常平座 |
| 4 | XX - 77 | XX - 5 芯一级 | | 700 | 十字轴常平座 |
| 5 | XX - 21C | XX - 3A 系列芯一级 | | 740 | 十字轴常平座 |
| 6 | RL10A - 4 | 通用半人马座上面级 | 美国 | 99.2 | 十字轴常平座 |
| 7 | J - 2X | 战神 5 芯二级 | | 1 308 | 球形常平座 |
| 8 | RS - 68 | 德尔它芯一级 | | 3 314 | 球形常平座 |
| 9 | Vulcain | 阿里安 5 芯一级欧洲 | 欧洲 | 1145 | 球形常平座 |

#### 6.3.2.1　常平座设计要求

1）具有摇摆功能，单向摆或双向摆。

2）具有足够的强度和刚度。

3）满足摇摆角度、角速度、角加速度和工作寿命要求。

4）满足工作环境要求。

5）结构质量尽量小。

#### 6.3.2.2　常平座的结构设计

按摇摆方式可以把常平座分为单摆式和双摆式常平座。按轴承方案和传力结构特点，又可以分为十字轴常平座、环形常平座和球型常平座。十字轴常平座是应用最广泛的结构

图 6-6　XX-75 常平座 XX-77 常平座

图 6-7　RS-68 常平座 J-2X 常平座

型式，它依靠互相正交成"十"字的十字轴实现双向摆动。其结构简单，适用于中等推力（1MN 以下）的发动机。环型常平座的传力结构呈环形（方环或圆环），其两对轴虽呈正交布置，但并非一体，环的受力条件恶劣，结构复杂，适用于推力室身部传递推力的发动机。球型常平座的摆动副由球体和承窝轴承构成，推力通过球体的中心传递，传力结构刚度大且不承受推力的弯矩，其结构复杂而紧凑，适用于大推力发动机。

（1）润滑方案选择

常平座需要在承受推力实现摆动功能，轴与轴座承受极高的轴承比压力，在高比压力下，几乎所有的润滑油（脂）会从润滑面上被排挤出去，而无法形成润滑膜。这将使工作中的摆动副金属间产生"胶合"现象，并引起振动。

采用固体润滑剂是解决常平座润滑问题的理想方案，几乎所有常平座设计都采用这种方案。固体润滑剂是以具有层状晶体结构的材料为基材配制而成的。这类材料有二硫化钼 $MoS_2$、石墨、氧化铅 PbO、氮化硼 BN、二硒化钨 $WSe_2$ 等。

（2）结构刚度和轴承间隙

常平座的主要故障之一是"卡死"，轴因承受弯矩而产生挠度，当挠度大于轴承间隙时，就会有"卡死"的危险。增大轴承间隙固然可以简单地解决"卡死"问题，但间隙的增大将导致轴与轴承接触角的减小，从而增大接触应力，又会带来一系列强度问题，甚至会破坏润滑，导致轴承出现"胶合"现象。轴的刚度与轴承间隙是互相联系互相影响的，因此设计时应保证轴有足够的刚度，又要保证合理的间隙。

### 6.3.2.3　常平座材料

常平座是发动机承受推力的主要元件之一，一般轴的应力也很大，轴的材料一般选用高强度钢。常用的材料如：40SiMnCrNiMoV、4Cr13、2Cr13、30CrMNSiA 等。多数高强度防锈性能不好，故需对其表面进行防锈处理。作为摩擦副，轴要求有较高的耐磨性能，对表面硬度不够的轴需进行表面处理（如表面离子注入 TiN）提高表面硬度。

### 6.3.2.4　常平座试验

1）静力试验：静力试验的目的是综合考核常平座生产质量，验证常平座的强度和刚度。

2）摆动试验：模拟实际工作条件下，对常平座进行综合考核。考核常平座在工作载荷及摆动条件下的工作可靠性。

## 6.3.3　摇摆软管

摇摆软管是摇摆发动机的主要摇摆补偿元件，是发动机推进剂供应系统的一个组成部分。其主要功用是保证推进剂正常可靠的输送，并使发动机得以实现摇摆。

### 6.3.3.1　摇摆软管设计要求：

1）具有足够的承压能力；

2）具有足够的疲劳寿命；

3）具有要求的轴向、角向、横向位移的补偿能力及一定的抗扭能力（根据具体设计要求）；

4）满足流阻指标要求；

5）满足绝热性能要求；

6）结构质量尽量小。

### 6.3.3.2　摇摆软管的结构设计

摇摆软管常用的结构型式有复式剪形外支撑型（具有角向、轴向、横向补偿和抗扭能力）、外万向环型（只能补偿角向位移）、内万向环型（只能补偿角向位移）、球形轴承型（可补偿角向位移）。

摇摆软管中实现摇摆功能的关键组件是波纹管，波纹管直径、壁厚、波距、波高、波数、层数、加强方法、材料、热处理、加工方法等都是影响波纹管性能的因素。有些因素对性能参数的影响是相互矛盾的，设计时需综合考虑。波纹管的设计计算一般用经验公式，可参考相关波纹管膨胀节标准。

几种常见的摇摆结构装置如图 6-8、图 6-9、图 6-10 所示。

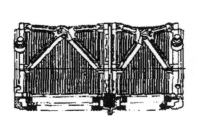
(a) 外约束防失稳受压型波纹管

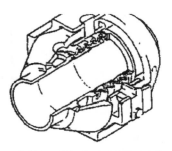
(b) 外约束双剪切常平环连接波纹管

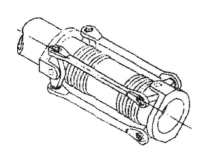
(c) 外约束限制扭转波纹管

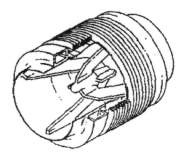
(d) 内约束波纹管：具有完整
的球和球窝的内三角架

图 6-8　4 种摇摆软管

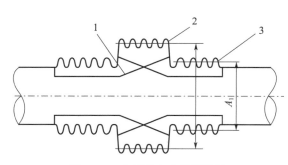

图 6-9　内压轴向力补偿装置

1—轴向力拉杆；2—同轴波纹管；3—主波纹管

### 6.3.3.3　材料选择

选择波纹管材料主要考虑其成形性、抗腐蚀性、抗低周疲劳性能、焊接工艺性、与介质相容性等。波纹管常用的材料为 1Cr18Ni9Ti、0Cr18Ni9、00Cr19Ni11、0Cr17Ni12Mo2、00Cr17Ni14Mo2、0Cr18Ni9Ti、GH4169、316L（美标）、A240/A240M

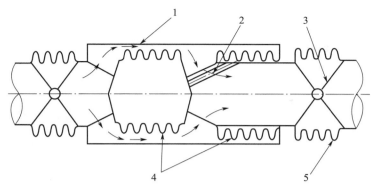

图 6 - 10　外压轴向力补偿装置

1—外壳体；2—通气孔；3—角位移组件；4—轴向运动的波纹管；5—角向运动的波纹管

（美标）。波纹管的管坯可以用无缝管或有缝管，为满足波纹管成形性要求，一般均使用极薄壁管材。极薄壁无缝管的成品率低，与无缝管比较有缝管焊缝处的疲劳寿命低，但随着焊接技术的进步，目前用有缝管的摇摆软管产品的疲劳寿命已达 10 倍疲劳使用寿命要求，可以满足发动机使用要求。

#### 6.3.3.4　摇摆软管试验

（1）鉴定试验

首批摇摆软管交付时需进行一系列的鉴定试验，以考核摇摆软管在各种工作状态下的结构可靠性和工作特性，对设计进行验证，必要时修改设计。

1）轴向、角向和扭转刚度试验：确定各种变形随相应的力或力矩的变化关系，并提供摇摆软管的摆动负载力矩。

2）液压试验：考核在设计载荷下（应考虑水击压力及压力脉动的因素）的摇摆软管承载能力。

3）气压试验：考核在设计压力下的摇摆软管的密封性能。

4）疲劳试验：模拟摇摆软管在发动机上的安装状态、工作压力、温度、位移量、摆动频率等工作环境，进行摇摆试验；破坏时的摇摆软管摇摆循环工作次数应大于许用疲劳循环寿命。

5）振动试验：模拟摇摆软管在发动机上的安装状态、工作压力、温度等工作环境，分别进行正弦扫描试验和随机振动试验（发动机振动环境），在规定的时间内不允许破坏。

6）爆破试验：在摇摆软管内充液压，直至摇摆软管失稳或泄漏。获得摇摆软管失稳压力及极限承载能力。

7）液流试验：获得摇摆软管在工作状态下流阻与流量的关系，确定额定流量下的流阻。

8）绝热性能试验：有绝热性能要求的摇摆软管，需用发动机工作介质进行试验，测定摇摆软管的绝热性能。

（2）验收试验

每批交付的摇摆软管产品须进行验收液压试验、气压试验、疲劳试验考核方能交付。

## 6.3.4　换热器

火箭发动机推进剂储存在箭体贮箱中，通过输送管路向发动机供应。为保证发动机正常工作所需要的推进剂供应压力，一般采用专用工质或自生增压给贮箱增压，增压工质往往需要通过设置在发动机系统中的换热器进行热交换以改变其热能，并按要求的流量、温度和压力向贮箱输送。

对于氢氧膨胀循环发动机，氢路常采用自生增压，可从气氢管路中引出气氢至氢贮箱增压，因此氢路不需设置换热器。氧路可采用自生增压、冷氦加温增压等方式，由于发动机循环中无加温氧、氦等介质，故需在增压路设置换热器，对增压介质加温后进入氧贮箱增压。

### 6.3.4.1　换热器设计要求

1）满足总体提出的换热器出口温度、压力和流量要求。

2）满足强度与可靠性指标要求。

3）满足结构外廓、对接尺寸及质量要求。

### 6.3.4.2　换热器研制流程

以冷氦加温换热器为例，其典型研制流程如图 6-11 所示。首先需确定换热器基本型式，进行传热计算，确定所需换热面积。进而进行换热器结构、密封设计，确定结构后加工试验件，进行换热性能试验。最后根据试验结果对换热面积（结构参数）进行修正，多次试验验证性能满足要求后可完成全部研制流程。

图 6-11　氦换热器研制技术流程

### 6.3.4.3　换热器设计

火箭发动机通常用螺旋管（又称蛇形管）作为换热元件，其结构简单，可靠性高，且可以借助发动机原有涡轮壳作为热介质流道，可在较小增重下获得较大的换热量。在换热介质流动方式上又有"顺流"和"逆流"之分，为达到更好的换热效果，一般设计上采用"逆流"换热形式，即加热工质和被加热介质两种流体反向交叉流动。对蛇形管换热器，由于冷侧介质在蛇形管内绕管流动，属于"顺流"和"逆流"的复合换热。蛇形管可以单排和多排，蛇形管簇又可以采用顺排和叉排两种排列方式（见图 6-12）。在氢氧膨胀循环发动机上以驱动涡轮的气氢作为换热工质，气氢放热不涉及相变，外壁面换热型式为强迫对流换热。

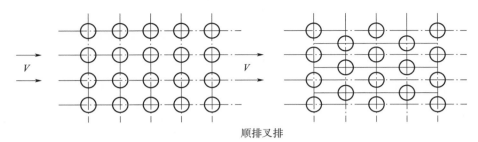

顺排叉排

图 6 - 12　管簇排列形式

（1）传热计算

换热器设计的核心工作之一即为传热计算，采用公式计算或数值模拟方法进行传热仿真计算。换热器的传热计算方法通常有两种，一种是平均温差法，另一种是传热单元数法。平均温差法，直接利用传热方程式计算传热量或传热面积；在传热单元数法中，需要在热平衡方程和推导对数平均温差时依据的四个基本假设的基础上，引入换热器的效能和传热单元数。

壁温计算一般采用逼近法，先假定一个壁温，进行迭代计算，直至计算值与假定值之差达到可接受的程度。

螺旋管长度采用累积计算法，根据计算的介质温升，求出相应段的参数和长度，逐步计算到所要求的出口温度下的累积长度。

换热器两种流体在蛇形管内外流动时，要产生压力损失。换热器设计过程中要避免管路压力损失过大而导致出口压力达不到设计要求。

（2）结构设计

换热器结构设计包括壳体设计（热流体通道）、蛇形管设计（冷流体通道）以及密封设计。

壳体设计以强度设计以及结构适应性设计为主，在满足对接口条件、强度裕度情况下尽量进行轻量化设计。

蛇形管设计应遵循以下原则：

1）蛇形管应尽量靠近壳体内壁布局，以减少蛇形管对壳体内流动工质的流阻损失。

2）蛇形管应适当固定，保证结构连接可靠，同时要注意防止固定片的尖端损伤蛇形管。

3）蛇形管材料应选用导热性好、耐高低温和抗腐蚀性好的材料，同时要有较好弯曲延伸性能。

4）若换热器螺旋管内介质的设计工况靠近两相区，则应采取相应措施避免介质出现压力脉动，例如适当调整氧介质压力；

5）富氢环境中的氧换热器，焊缝不宜直接暴露在燃气介质中；

6）选择螺旋管材料及规格时需考虑氧介质环境下流速对强度的影响；

7）螺旋管与壳体之间的连接应考虑冷热和振动的影响，连接应牢靠，密封应可靠；

8）螺旋管进、出口应有明显的所通介质及其流向的标志。

密封主要为蛇形管与壳体的密封，可直接采用焊接型式，而螺纹连接结构则需考虑密封结构设计。

### 6.3.5　钛合金导管

钛合金的抗拉强度可高达约 1 400 MPa，高温、低温性能好。金相组织为 α 相和 α - β 相的钛合金在低温下的比强度、比刚度较高，低温韧性好，适用于低温环境。β 相的钛合金强度更高，但韧性不好，如果经过脱 O、C、N、Fe 后，β 相的钛合金的低温韧性也会提高。

钛合金的密度为 4.5 g/cm³，比铝合金（2.7 g/cm³）大，又比不锈钢（7.9 g/cm³）小。钛合金的线膨胀系数小，由室温冷却到－253 ℃时，其冷收缩仅为铝合金的 40%，不锈钢的 60%，这对于减小热应力很有利。钛合金耐腐蚀，低温导热率低，减少低温漏热，其比热容也低于铝合金，节省预冷消耗。

钛合金焊接时有一定困难，特别是焊缝及热影响区极易氧化，对焊接质量有影响，因此，对焊缝及热影响区用惰性气体保护防止氧化十分必要。

钛合金与氧极易发生化学反应，故不能制作液氧容器或大量接触高浓度氧的构件。钛合金与钛合金之间的摩擦系数大（0.45～0.6），摩擦副之间"咬死"的危险性极大，作紧固件时应有涂覆层或施以（MoS₂）润滑。钛合金加工成形较难，价格较贵。

我国钛的储量很丰富，约占全世界储量的 48%，随着钛及钛合金研究逐渐深入和成熟，钛及钛合金将会大有用武之地，在我国航天领域里将不断扩大其应用范围，使我国的发动机推质比提高上去。俄罗斯的 Pд - 119 发动机上广泛应用了钛合金。

### 6.3.6　金属软管

金属软管作为摇摆单机与机架连接的柔性管路，用来补偿发动机摇摆时管路连接所产生的位移及形变。金属软管结构上由接头和网体两部分组成。通径较大的金属软管接头一般用法兰连接，通径较小的一般用管接头连接。网体由波纹管、钢丝网套和接管三部分组成。波纹管在内层，钢丝网套紧裹在波纹管外面，波纹管和钢丝网套两端通过插入钎焊或"氩弧焊＋钎焊"与接管连接。由于焊接部位结构复杂，钎焊缝内部易存在气孔，焊接可靠性低，推荐选用"氩弧焊＋钎焊"结构。接头与网体两端通过对接焊组成金属软管。

#### 6.3.6.1　金属软管设计要求

金属软管的基本设计要求是能补偿发动机摇摆时所需的管路变形，主要有以下设计要求：

1）满足发动机总体布局要求；

2）具备发动机摇摆时管路补偿能力；

3）具有足够的摇摆疲劳寿命；

4）具有足够的承压能力；

5）流阻损失尽量小；

6）结构质量尽量小。

#### 6.3.6.2　金属软管装配结构要求

安装金属软管时，不准扭曲或预拉伸，软管接头根部，不准形成直角或小于直角的弯曲，其最小弯曲半径一般不小于 16 倍的公称通径。金属软管长度设计时，应考虑发动机摆动到摆角范围内各个位置金属软管的长度，且金属软管不应为拉紧状态，还应考虑发动机零件加工、焊接、装配等偏差导致金属软管上下安装支点相对名义位置的偏离，金属软管长度偏差一般取（0～＋15）mm。

#### 6.3.6.3　材料选择

波纹管材料需要考虑其成形性、抗腐蚀性、抗低周疲劳性能、焊接工艺性、与介质相容性等要求。波纹管常用的材料为 1Cr18Ni9Ti、06Cr18Ni9、06Cr19Ni10、06Cr18Ni11Ti、022Cr17Ni14Mo2 等。波纹管管坯一般选择极薄壁无缝管材，常用的壁厚 0.2 mm。随着焊接技术的成熟，波纹管也可采用有缝管，有缝管可以改善无缝管合格率低的问题。

#### 6.3.6.4　试验项目

（1）鉴定试验

新研首批金属软管、改进设计/工艺金属软管在批产前需进行一系列的鉴定试验，以考核金属软管工作可靠性和工作特性，对设计和工艺进行验证。鉴定试验项目主要为：

1）液压试验。考核在 1.5 倍设计载荷下的金属软管承载能力。

2）气压试验。考核在设计压力下的金属软管的密封性能。

3）氦检漏。考核金属软管在纯氦介质下整管的漏率情况。

4）振动试验。考核振动环境金属软管可靠性。

5）疲劳试验。模拟金属软管在发动机上的安装状态、工作压力、位移量、摆动频率等工作环境，进行摇摆试验；破坏时的金属软管摇摆循环工作次数应大于许用疲劳循环寿命。

6）振动试验。模拟金属软管在发动机上的安装状态、工作压力等工作环境，分别进行正弦扫描试验、随机振动试验（发动机振动环境）和定频振动（氢涡轮泵、氧涡轮泵工作 1 倍频），在规定的时间内，不允许破坏。

7）爆破试验。在金属软管内充液压，直至金属软管失稳或泄漏，爆破压力应不小于 4 倍设计压力。获得金属软管失稳压力及极限承载能力。

8）流阻试验。获得金属软管在工作状态下流阻与流量的关系，确定额定流量下的流阻。

### 6.3.7　气瓶

气瓶作为储存发动机控制和吹除气的容器。根据与火箭总体的协调结果，可安装在箭壁或箱底上，也可安装在发动机机架上。

#### 6.3.7.1　气瓶设计要求

1）具有规定的容积、承压能力并满足结构质量要求。

2）满足密封性要求。

3）满足使用寿命要求。

4）满足工作环境要求。

#### 6.3.7.2　气瓶设计

气瓶一般分为金属气瓶和复合材料气瓶。气瓶形状一般包括球形和长圆柱形。

金属气瓶材料一般包括不锈钢、铝合金、钛合金。常用的金属气瓶一般采用钛合金材料制成，可保证既有足够的强度，又可减轻气瓶质量。为进一步减轻气瓶质量采用复合材料气瓶。

常用的复合材料气瓶是由内胆＋碳纤维、环氧树脂、固化剂等组成。气瓶内胆材料一般为铝合金或钛合金。碳纤维材料一般使用 T700 或 T1000，规格越高性能越好，但成本也愈高。

气瓶属于高压容器，需由具有相关国家资质的单位进行研制和生产。发动机设计方可直接选用采购成品或给具有资质的单位提出气瓶设计任务书。

另外，根据气瓶对工作环境条件的要求，有时需要再设计气瓶热防护层，包覆在气瓶外表面。

#### 6.3.7.3　气瓶试验

气瓶试验一般包含下列内容：

1）液压试验：考核在设计载荷下的气瓶承载能力。

2）气密试验：考核在设计压力下的气瓶的密封性能。

3）内衬爆破试验：考核内衬的极限承压能力。

4）气瓶疲劳试验：考核气瓶连续多次充放气的使用次数。

5）气瓶爆破试验：考核气瓶的极限承压能力。

6）氦气保压试验：考核气瓶在工作介质压力下长期保压性能。

7）充放气速率试验：考核气瓶充放气过程中的温度变化情况。

8）振动试验：考核气瓶在振动环境下的工作可靠性。

9）霉菌试验和盐雾试验：考核气瓶的工作环境适应性。

10）热真空试验：考核气瓶在真空环境下的高、低温环境工作适应性。

## 6.4　多余物防控

### 6.4.1　概述

多余物是指产品中存在的由外部进入或内部产生的与产品规定状态无关的一切物质。

发动机的多余物多种多样，有大有小，有的多余物对产品性能没有影响或没有大的影响，但有的多余物虽然很小，却会导致产品丧失功能。因此多余物防控是发动机设计的一项很重要的工作。

## 6.4.2　发动机多余物来源

### 6.4.2.1　外部多余物

来自发动机对外接口，供给发动机的控制气体和吹除气体以及液氢液氧推进剂夹杂的多余物，发动机对外敞开口吸入潮气或空气，在介质供应时形成"冰"样的多余物。

如某型号火箭发动机飞行工作过程中出现过燃烧室压力遥测参数异常，原因是压力传感器内腔残留的油在发动机工作时燃烧所致。

再如某试车台输送管路内的多余物进入发动机，造成发动机泵前阀严重泄漏，致使试车被迫推迟。

还出现过试验系统的毛刺随推进剂流动堵在文氏管喉部前，造成试验失败的故障。

### 6.4.2.2　内部多余物

一般产生内部多余物的原因有：

1）零部件加工、装配、焊接、试验等工序的切屑、毛刺、焊瘤、飞溅物、油污等，未能清除干净。发动机装配时多余物落入或遗留在内部。如曾发生过因钻孔后毛刺没清干净，在振动和流体作用下，毛刺脱落堵塞文氏管而造成的试车失败。

2）在验收试验时带有油污、沙尘等存留在产品内腔。

3）受生产工艺限制，不可避免地产生的多余物，如电铸镍成型推力室外壁工序中残留的弱连接镍粉，在试车过程中因振动而脱落。

4）发动机的运动部件发生摩擦产生的磨屑。这类多余物主要来自涡轮泵旋转件以及阀门的滑动副等。产品制造时并没有多余物，但由于材料选取或间隙、结构设计不当，工作时会在运动中发生摩擦而出现磨屑、表面剥落等形成多余物。某些非金属吸潮会产生析出物。这类多余物包括聚酰亚胺粉末，银镁镍合金粉末，石墨粉末，丝状聚三氟氯乙烯等。

5）点火器火药点火时产生的火药残渣。

6）有腐蚀性的多余物。在生产工序中，有时用到含腐蚀性离子的润滑剂，如果清除不净就留在产品，后续产品腐蚀产生多余物。

7）对低温发动机而言，发动机内腔潮气及未置换干净的空气也是多余物。如某低温发动机装配、测试过程中系统内进入潮气，在发动机预冷过程中的低温条件下凝结成冰，氧副控阀门的运动件被卡不能完全到位，致使燃气发生器混合比过低，涡轮功率不足，发动机参数未达预定值自动紧急关机。

## 6.4.3　多余物对组合件和系统的影响

如前所述，有的多余物对产品性能没有影响或没有大的影响，但有的多余物虽然很小，却会导致产品丧失功能。这和产品特性、使用环境以及多余物的大小、位置等有关。

### 6.4.3.1　对推力室及发动机的影响

如果多余物堵塞推力室的冷却通道，会使得被堵塞的通道内冷却剂量不足甚至流动受阻，因此可造成内壁烧蚀，严重时能烧穿身部而漏火，发动机丧失功能；多余物堵塞喷注器，可能引起局部喷注单元的混合比发生变化，改变了混合比和流场分布，有时只造成局部烧蚀而对性能没有影响，但如果造成严重烧蚀或影响到燃烧稳定性时，也会使发动机丧失功能。

有的多余物对产品性能的影响和多余物量的多少有关，如目前氢氧发动机的推力室，采用铜沟槽内壁上电铸成型镍外壁，同时均采用多孔材料作为喷注器面板。推力室生产中采用的电铸镍生成外壁工艺，工序必备的作为导电层使用的镍粉，电铸后存在弱连接的镍粉如果在发动机工作时脱落，会堵塞喷注器的多孔面板，使得面板冷却剂流量减小，由于设计对面板冷却剂流量给予了一定裕度，故当这种脱落的镍粉多余物的量很少时，不会对推力室工作造成影响，但当这种脱落的镍粉多余物的量很多时，就能造成喷嘴和面板的严重烧蚀。

有些固定的多余物（如流动通道焊接后的焊瘤），只要通道流量特性在允许范围内则对正常工作没有影响。但应保证工作过程中固定的多余物不会脱落。

对于采用排放冷却方式的喷管延伸段，如有异物堵塞冷却通道，会造成产品烧蚀，严重时降低发动机性能。

### 6.4.3.2　对涡轮泵及发动机的影响

涡轮泵工作时其诱导轮、叶轮、涡轮盘、轴承、齿轮等处于高速旋转，这些工件承受着巨大的应力，也带有很大的动能，此时若有固体多余物进入，轻则打坏叶片，严重时会卡住转子而造成爆炸。如果供应的推进剂带有气态多余物，将会造成转速升高、推进剂质量流量变小以及泵后压力的波动，这些可能引起结构破坏或减小工件的抗疲劳寿命，也会使发动机工作不正常。

发动机涡轮泵中采用的旋转轴密封有多种形式，但不论哪种形式的密封结构，细小的多余物都可能最终导致密封失效，其后果是严重的。我国型号研制过程中，曾几次发生过因密封失效引起的爆炸。低温发动机的密封部位含水，低温下结冰会引起摩擦副接触不良密封失效。颗粒状多余物若使氦隔离腔密封失效，则隔离腔压力降低，严重时可以造成氢氧接触引起爆炸。

轴承和齿轮等的冷却剂流路如果被多余物堵塞，轻则引起这些部件的过烧，重则有爆炸的危险。

### 6.4.3.3　对阀门及发动机的影响

阀门在发动机上应用的种类多、数量大，在发动机中有着极其重要的作用，任何阀门的失效都会造成发动机故障。

美国发动机阀门内泄漏故障较多。其重要的原因之一是杂质污染所造成的。美国早期发动机调节器故障较多的原因也是多余物造成的，导致后来美国型号摒弃调节器而采用文氏管控制发动机推力和混合比。

多余物对阀门的影响集中在阀门的运动副（包括作动器）和密封副部位，多余物影响阀门的开关到位、响应时间、调节精度和密封部位泄漏率等。而阀门的这些故障均会对发动机正常工作造成影响，甚至带来严重后果。

微粒污染是流体元件失效的重要原因，如调节器要求高精度配合，阀芯和柱塞与相应的运动表面，配合间隙高达 0.005 mm。为此，阀们设计时根据运动件配合间隙及阀芯开度，确定过滤精度而设置了过滤器。虽然都会有一定的污染物容量，但当外来多余物超出允许容量时，就会影响正常工作，严重时会破坏过滤器，多余物则进入阀门内腔而造成其功能失效。

### 6.4.3.4 对发动机总装及发动机的影响

如前所述，发动机总装要包括总装元件和整机的连接的直属件两大部分。在总装元件中有活动部件，如常平座、摇摆软管等，多余物会影响其灵活性，结冰（包括固空、固氮等）存留在摇摆软管的波纹管波谷内，也会对动作灵活性带来影响。换热器内的蛇形管，要在一定空间内，既要满足换热要求的长度又要保证必要的弹性的换热管，管内多余物不易检查，活动的多余物可对其下游带来不良影响，同时多余物若导致换热器蛇形管压降大于一定限度，将会影响系统的正常性能。连接管路以及带有相交孔多通件的毛刺或焊瘤，若在工作时脱落随流体进入下游组件内，有使发动机失效的危险。发动机总装中用到大量可拆连接及密封结构，这些部位若有多余物将不能保证可靠的密封。

### 6.4.3.5 对电器产品及发动机的影响

电器产品的插头和插座进入多余物时，会影响电连接器的连接可靠性。尤其是导电性的多余物，会引起线路短路，使发动机电控或测量系统发生故障，对火箭飞行造成重大影响，需引起高度重视。我国某型号火箭就曾发生过因电接插件内多余物引起短路致使发射任务失利的重大故障。

## 6.4.4 设计过程对多余物的控制

控制外部多余物要求供给发动机的气源和推进剂必须符合相关标准要求。生产部门要严格按照控制多余物规范进行生产操作。系统方面考虑合理的置换和吹除程序。总体布局设计时应优先选用有利于检查、排除多余物的结构布局。总体设计方面则结合组合件和总装系统综合考虑加设必要的过滤装置。过滤器有的加在总装管路上，有的装在组合件上，需结合发动机使用要求和生产工艺等方面综合考虑用设置过滤器的位置。一般在发动机控制气路入口、氢入口、氧入口均应设置过滤器。过滤精度按系统设计要求或组合件防多余物要求进行选用适当的过滤网。增加过滤器后势必增大了发动机管路流阻，需考虑其影响。一般新设计的过滤器都要通过液流、气流试验获得真实产品的流阻，供发动机系统进行计算分析。

**6.4.4.1　发动机零组件设计过程中对多余物的控制方法**

1）应采用不易产生毛刺等多余物的设计方案和结构。结构设计应尽量避免产生死角、尖角、窄缝、楔形等夹缝空间，盲孔、深细孔、直径较小（$\Phi 4\ mm$ 以下）的相交孔。

相对运动的部件选取合理的配合间隙和导向面粗糙度。诸如常平座等承力活动组件，选材及材料处理（热处理、表面涂镀等）要恰当。除考虑传力件所需的强度要求外，还应考虑到受力情况下滑动面不得有刮屑。一般避免使用润滑油（脂），以防在高比压下摆动副的金属间产生胶合现象。

2）带有相交孔或形状复杂的零件，提出特殊检查要求，如内窥镜检查等。

3）设计时应对换热器的蛇形管成型和装配后的多余物检查提出具体要求。

4）在满足空间和弹性补偿的条件下，连接导管弯曲走向应尽量不存在检查盲区，尤其不要为安装测点在此盲区内打孔，以避免毛刺反贴管壁又检查不到，发动机工作时在流体和振动作用下形成多余物。

5）对有隔热要求的摇摆软管的真空腔洁净度及防止多余物提出要求，避免腔内多余物造成的真空度下降或多余物卡在波纹管内影响活动灵活性。

**6.4.4.2　发动机总装设计过程多余物控制方法**

1）对装配环境、测试设备、常用气体质量、发动机装配等提出具体要求，应符合专用技术条件的要求。

2）发动机对外的敞开口（泄出、排放、排气）要有与空气的隔离、保护措施，如设置单向阀、气封及保护件等；低温发动机上使用的电磁阀一般要安装在专门的活门盒内，保证电磁阀的断电撤气口与大气之间有单向阀隔开，避免空气被吸入发动机在低温环境下潮气结冰形成多余物。

3）根据液、气路等不同需求，在入口设置适当的过滤装置，以保护下游发动机组件不受多余物的污染。

4）连接件结构及密封设计要考虑到避免安装时出现多余物，如螺纹旋入时可能产生的刮屑。密封力的确定还要考虑到最严重的温度状态下，密封件不会被压碎而形成多余物；对装配部位要求涂抗化学酯、厌氧胶等，设计要规定涂抹的部位及防止落入内腔要求。

5）采用焊接的固定连接方式时，除结构设计尽量考虑防多余物之外，还要提出防多余物的操作要求，如内腔通气保持正压等。

6）更换调节元件等，应选定适当的分解、再装部位，并提出防止多余物的要求。

7）校准试车后不分解交付的发动机，应提出整机真空干燥处理要求。

**6.4.4.3　发动机使用、维护的多余物控制方法**

1）应对发动机有保护和防护措施的设计，防止交付后到发射前的历程中受到机械损坏和污染，所有开口部位应加保护盖或堵塞。所有保护件要有明显标记（如红色标记），以提示人们要在发射前适当阶段把所有保护件从发动机上取下。

2）对发动机排气口进行保护，如推力室出口安装保护盖或橡胶保护套等，用以防尘、沙。同时规定保护套内置防潮砂的检查、更换要求。以及喷管等配有软质保护套等。

3）更换零、部（组）件时，要考虑分解和再装过程中的多余物控制，尤其涂有防松厌氧胶的部位，设计提出防多余物的具体操作要求，如对分解部位加温、内腔通气保压、吸尘器（或风吸管）吸除等。

4）电连接器连接前须对电连接器接口进行仔细检查，确保无多余物。电缆插头一般均进行灌胶防水处理，插头连接后可用防水胶带包覆接头。

### 6.4.5　生产与试验过程多余物控制

#### 6.4.5.1　工艺设计要求

合理而且完善的工艺设计对产品的质量保证必不可少。工艺设计应将预防和控制多余物的要求编入工艺规程。

工艺人员应做到：

1）会签设计文件时，对其不利于预防多余物的设计应提出修改建议。

2）应合理制定工艺，以防止多余物的产生，便于检查和清除多余物。

3）选择适当的刀、量具、提出必要的工装、夹具，安排合理的加工工序。

4）对有可能产生多余物的工序和部位要规定特殊的预防和控制多余物的操作方法和措施，并规定工序检查和最终检查的方法、工具和要求。

5）应根据产品特点和设计对控制多余物的要求，在工艺文件中明确规定合理的多余物检查点、检测及清除方法及使用的工具和仪器设备等要求。特别对重要产品的关键工序和关键部位，应在工艺文件中设置多余物检查强制检验点，规定控制预防多余物的具体方法、检验和记录要求，必要时应对检查部位和检查过程进行多媒体记录。

6）选用的工装、保护件和辅助材料等，应自身不产生、不带有多余物，并应与产品材料相容。

#### 6.4.5.2　零件生产过程

火箭发动机的零、部（组）件中，在结构形式、工作状况等方面有着各自的要求，也就决定了它们在制造过程中既有相同的工艺，也有各自不同的特种工艺和一些独特的要求。这就形成了在生产过程中多余物的控制方面，对不同的零、组件来说，既有相同的内容又有各自的不同和侧重点。

发动机上要用到大量的导管，为保证所需的空间尺寸，直径较大的法兰接头的导管一般要进行现场锉修后再焊接，其多余物控制要求如下：

1）锉修现场应远离发动机装配地点，防止砂轮的粉尘、锉修的金属屑进入发动机。

2）发动机敞口部位应及时进行保护，导管锉修后检查锉口无毛刺并经吹除后再进行导管焊接及试装，试装后发动机恢复原状态，并经三检，防止保护物遗留在发动机内。导管装配前检查导管及发动机相应接口内腔，确保没有多余物。

3）焊前检查零件是否存在多余物，对打侧孔的导管焊前应检查其内壁孔边缘是否有翻边、毛刺等多余物并及时清除，不易直观检查时要进行内窥镜检查。

4）焊接时需进行适当保护，防止残留飞溅物。焊后应彻底清除多余焊剂及氧化皮。

### 6.4.5.3　产品装配过程

发动机装配过程的多余物控制按下列要求进行：

1）对装入产品的零、部（组）件，装配前应进行外观和可视内腔检查，并进行相应清理；

2）工序完成后应及时取下工艺件，要登记、妥善保管或退库，随产品交付的保护件要齐全并铅封；

3）每道工序装配过程中，应及时将敞口部位安装保护物；每班工作结束后，要仔细检查产品及零、部（组）件上有无开口部位；

4）装配用料（如铅封丝等）的余量剪下入盒，严禁乱放乱扔；

5）一般情况下禁止在现场钻孔、锉修、机加工；特殊情况须加工时，要经批准，并有工艺措施和指定地点，必须有检验人员在场监督，加工后打扫干净；

6）对接管嘴、法兰密封面部位进行打磨时应先将内腔敞口堵塞严密，打磨时管口应向下倾斜一定角度，打磨后用大功率吸尘器吸除多余物，取出堵塞物，及时清理打磨面，严禁打磨颗粒进入内腔；

7）凡装配后无法进行检查的部位，应实行双岗制，并有检验人员在场，经共同确认无多余物后，才可进行装配；

8）产品在交付前进行发动机的总检查，确定无多余物后，各敞口安装保护件并铅封。

### 6.4.5.4　产品试验过程

发动机部（组）件试验包括液压试验、气密性试验、液流试验、气流试验、泵的水力试验，以及阀门的密封性试验、动作试验、静特性和动特性试验、流阻试验等。试验气体、水以及试验设备应满足设计及相关标准的技术要求。

试验过程多余物控制措施如下：

1）与产品管路连接的液气压试验系统应按要求按装过滤器，并定期检查和清洗；

2）产品液、气压试验前要对试验台、试验管路进行吹除，并用白绸布在管路出口收集检查，确认无多余物；清洗试验接头、法兰盘的密封面；检查密封件是否完好，试验接头、堵头、堵盖应清洁、无锈蚀；

3）液压试验用水必须清洁，无多余物；

4）液压试验后及时吹除水分，按要求烘干；烘干后立即装好堵头、堵盖；

5）液、气压试验后操作者应核对工具数量，并检查铅封、铅丝头、螺栓、螺母等数量是否与试验前相符；

6）试验需向内腔倒入液体进行密封性检查时应选择极易挥发的介质；

7）用皂泡法和排水取气法进行密封性检查时，应在系统放气前擦净皂液或取出试验软管，防止产生虹吸现象，使皂液或水进入内腔；

8）必要时在试验前应用尘埃粒子计数器检查试验用气体中颗粒大小。

#### 6.4.5.5　发动机试车及分解过程

发动机试车要求试验系统设置合理，尽量避免死角、窄缝、盲管。在液、气路系统进口及与发动机上对接口应有符合要求的过滤器，过滤器应定期检查，及时清除滤网上的多余物。增压管路上应安装单向阀，低温系统的气、液排放口或敞口端设置气封或单向阀。试验过程中系统清洁度和露点要满足任务书或专用技术条件的要求。试验介质及辅助介质应清洁、无多余物。满足有关技术文件规定。

发动机试车多余物控制应按下列要求：

1）发动机上台对接和测量管的连接，要先检查、保证系统、管路的洁净；

2）试车前的密封检查，及检查、清洗夹具与产品的接触面，并吹除其通气管，保证试车发动机不受多余物污染；

3）除系统本身有特殊要求外，一般在试验后将系统中的介质排净，并进行清洗、吹除置换处理；

4）对试验过程中需敞开的端口进行封堵、保护；

低温发动机试车后要对产品实施氦气、加温氮气、氮气吹除，直至其恢复常温，尤其不下台再次试车的发动机，必要时进行露点测试，再次试车前要达到露点要求。

发动机介质冷调试验、组合件的介质试验以及组合件热试验、组合件联合热试验等，一般亦按上述要求执行。

试车后分解，涂有厌氧胶的连接，可对其局部加热，分解时应特别注意胶沫不要落入内腔。各组件返主承制车间，并在 12 h 内进行烘干。

校准试车后不分解交付飞行的发动机，必须进行真空干燥处理。

#### 6.4.5.6　维护与使用过程多余物控制

发动机组件及整机维护与使用过程多余物控制要求如下：

1）发动机组合件如推力室、管束式喷管延伸段、涡轮泵等部件在发动机现场存放期间，应放置于专用包装箱内，阀门应放入塑料袋中抽真空封存。

2）各电缆分支插头未与相应的插座插接时，应及时装上防尘盖。

3）交接时应检查发动机各零、部（组）件的相对位置及间隙满足要求，表面的涂镀层和表面处理，以及低温发动机的绝热层表面等应符合要求并完好无损；发动机各对接口、敞开口的密封面、滤网、螺纹以及摇摆发动机摆轴端面等清洁完好；保护件齐全、铅封正确。

4）发动机保管时，一般应竖直固定在支架（座）上，并覆盖干净罩布。发动机存放期间，对未经表面处理或虽经表面处理但在贮存和运输过程中可能产生锈蚀的碳钢零、部（组）件表面，进行防锈、防腐处理。

5）对有防潮要求的组件内腔，应放置干燥剂；对需正压贮存的组件内腔充规定的惰性气体。

6）发动机从低温环境移至温暖的场所，要停放数小时再进行发动机启封，以防结露。

7）低温发动机与弹（箭）对接后，泄出总管要采取防止通大气的措施。

8）发动机吊装、对接、更换、测试等过程中，各敞开口应妥善保护。严禁多余物进入发动机内腔。

9）上面级发动机要考虑推进剂在工作环境下结冰造成多余物堵塞的可能，有时需专门设计温度控制装置。

# 参 考 文 献

［1］ ［苏］加洪，Г. Г.. 液体火箭发动机结构设计 ［M］. 北京：宇航出版社，1992.

［2］ 朱森元. 氢氧火箭发动机及其低温技术 ［M］. 北京：中国宇航出版社，2016.

［3］ 朱宁昌. 液体火箭发动机结构设计 ［M］. 北京：中国宇航出版社，2005.

［4］ ［美］G. P 萨登. 火箭发动机 ［M］. 北京：宇航出版社，1992.

［5］ P Alliot，F lassoudiere，C Fiorentino. Development status of the VINCI engine for the Ariane 5 upper stage. AIAA 2005 - 3755.

［6］ B K Wood. Propulsion for the 21st Century－RS - 68 ［C］. AIAA 2002 - 4324，38th Joint Liquid Propulsion Conference 8 - 10 July 2022.

［7］ Thomas Byrd. The J - 2X Upper Stage Engine：From Design to Hardware ［C］. AIAA2010 - 6968 46th AIAA/ASME/SAE/ASEE Joint Propulsion Conference & Exhibit 25 - 28 July 2010.

［8］ Jury N. Tkachenko. Powerful liquid rocket engine （LRE） ［C］. AIAA93 - 1957，29th AIAA/ASME/SAE/ASEE Joint Propulsion Conference & Exhibit 28 - 30 June 1993.

［9］ Dr. Boris I. Katorgin，ATLAS with RD - 180 Now ［C］. AIAA 2001 - 3961，37th AIAA/ASME/SAE/ASEE Joint Propulsion Conference & Exhibit.

［10］ Pratt & Whitney. Design Report for RL10A - 3 - 3 Rocket Engine. NASA CR - 80920，1966.

［11］ J R BRown AIAA - 83 - 1311. Expander Cycle Engines for Shuttle CryogenicUpper Stages.

［12］ Robert R. Foust，AIAA - 85 - 1338，RL10 Derivative Engines for the OTV.

［13］ S Brodin *，J Steen†，I. Ljungkrona†，N. Edin†，B. Laumert. Vinci Engine Development Test ［C］. AIAA 2005 - 3949，41st AIAA/ASME/SAE/ASEE Joint Propulsion Conference & Exhibit.

［14］ L M Rivera. Liquid rocket booster feasibilty Study for the Space Shuttle ［C］. AIAA95 - 0007，33rd Aerospace Sciences Meeting & Exhibit January 9 - 12，1995.

［15］ Arthur Rudolph. Operational Experience with the Sturn V ［C］. AIAA 5th Annual Meeting and Technical Display，1968，No. 68 - 1003.

［16］ B W Shelton. The Saturn V F - 1 Engine Revisited ［C］. AIAA - 92 - 1547，AIAA Space Programs and Technologies Conference，March 24 - 27，1992.

［17］ Y Ishikawa，S Kodama，M Ishii，K Higashino. LOX/LNG Engine Design and Test Results For J - II Rocket ［C］. 36th AIAA/ASME/SAE/ASEE Joint Propulsion Conference & Exhibit 16 - 19 July 2000.

［18］ Thomas Byrd. From Concept to Design：Progress on the J - 2X Upper Stage Engine for the Ares Launch Vehicles ［C］. AIAA 2008 - 4980，44th AIAA/ASME/SAE/ASEE Joint Propulsion Conference & Exhibit 21 - 23 July 2008.

［19］ L F Belew，W H Patterson，J W Thomas JR. Applo Vehicle Propulsion Systems ［C］. AIAA Decond Annual Meeting July 26 - 29，1965.

［20］ T Murphy. The F - 1A Engine：Cost Effective Choice for Heavy Lift Launch Vehicles ［C］. AIAA 92 - 3687，28th AIAA/ASME/SAE/ASEE Joint Propulsion Conference & Exhibit July6 - 8 1992.

# 第7章　发动机结构动力学设计与分析

## 7.1　概述

随着火箭运载能力及结构复杂性的增加，火箭工作过程中的振动环境越来越复杂，从而对结构动力学设计及各产品的环境适应性提出了更高的要求。火箭发动机作为全箭的动力之源，其振动特性与全箭的振动特性密切相关。发动机本身就是强烈的冲击、振动和噪声源，也是引发多种跷振（POGO振动）的主要部件[1]。其振源主要来自推力室燃烧、涡轮泵旋转以及推进剂的流动等。液体火箭发动机在发射和飞行过程中，受环境激励，很容易激起低频振动，例如，在点火，关机，级间分离时，容易激起低阶模态自由振动；在跨声速飞行段，易激起横向抖振；发动机不稳定燃烧引起的低频无规则推力脉动容易激起箭体低阶纵向振动等等，因而可能产生振动稳定性和振动响应两方面的问题，前者可能导致控制系统失灵，后者可能导致局部动应力过大，造成局部损坏，乃至全箭失效。

氢氧膨胀循环发动机作为液体火箭发动机的一种，在其研制、生产和使用过程中，结构振动问题始终存在并影响着发动机的研制进程，开展结构动力学设计与试验验证工作，是发动机研制过程中不可或缺的部分。

## 7.2　发动机的振动问题

发动机的振动问题通常可以分为两类：一是发动机自身的振动稳定性问题，主要包括燃烧稳定性、涡轮泵转子稳定性、推进剂流路稳定性等问题，以上不稳定均会引发发动机及箭体的强烈振动，导致结构破坏及任务失败；二是与发动机结构对自身产生振动及全箭振动的环境适应性问题，振动环境会引起结构、管道、阀门、仪器设备元件等的强冲击断裂、共振、机械应力疲劳、电子元件及其引线、管脚和导线的磨损折断等故障[2]。

### 7.2.1　振动稳定性问题

#### 7.2.1.1　推力室燃烧不稳定引起的强烈振动问题

燃烧不稳定是液体火箭发动机研制中经常遇到的问题，往往会严重破坏整个发动机和飞行器的正常工作。其重要特征就是产生强烈振动，反过来说，通过振动参数的测量和识别，可以有效地判断燃烧室是否存在不稳定性。对于氢氧发动机而言，由于其燃烧组织方式的高效性，燃烧不稳定并不多见，但并不意味着不会发生。国内外关于燃烧不稳定的判断准则，主要是依据压力振荡的幅度及频率来进行判断的。但是在实际试车中，实现动态压力的测量往往非常困难，首先是传感器的安装位置很难确定，其次是高温和燃烧对传感器自身提出了很高的要求。而振动测点是在推力室表面测量，易于安装，而且传感器的频响、信噪比都比较高。因此，振动参数的分析识别，可以作为辅助判断燃烧稳定性的有效手段。

### 7.2.1.2　超临界转子的稳定性问题

对于工作在超临界转速下的涡轮泵，转子稳定性是设计时需要考虑的重要问题。在氢氧发动机研制过程中液氢涡轮泵更容易发生转子稳定性问题，与液氢的密度和黏度都非常低有关。密度很低，为保证液氢泵的高扬程，势必要采用高速柔轴工作。黏度很低，转子系统受到的外阻尼很小，因而易受干扰。虽然目前已经具有一定的理论及试验研究基础及设计经验，但是针对氢氧发动机柔性转子稳定性问题的影响因素及机理分析仍不够深入，在新型号研制中难免会面临新的问题。

转子的失稳振动通常包括次同步振动、超同步振动、轴向自激振动、流体动力不稳定等。

次同步振动[3]是转子在运转中通过临界转速后重新被激发起来的振动频率为低于工作频率的某阶固有频率下的振动。诱发次同步振动的激振力来源于与转子系统自身进动有关联的某些稳定能源，并通过各个振动量之间相互干涉的力来传递能量。这种相互干涉在运动方程式中具体表现为惯性耦合、阻尼耦合、弹性耦合等。如果干涉力在相位上能够使振动不断加强，则振幅就不断增大而失稳。诱发涡轮泵转子发生次同步振动的因素较多，主要包括外来干扰力、材料内阻尼、结构内阻尼、干摩擦、气弹效应、类似滑动轴承的流体密封、泵叶轮因转子进动所产生的流体反作用等。

超同步振动是转子在运转中通过临界转速后重新被激发起来的振动频率为高于工作转速的某阶固有频率的振动。通常转子在发生干摩擦时可能引起次同步与超同步振动同时出现。

转子轴向振动是相对同步、次同步、超同步等横向振动而言，是转子以其轴向固有频率振动，发生时变形集中在死点轴承处，转子和壳体呈刚性运动状态。

流体动力不稳定性对转子系统的作用是可激发不同类型的振动，主要有泵内部的流体压力脉动、密封间隙流动、燃气压力脉动，前者与离心轮及螺壳内的流场不均匀性有关，后者与燃气发生器燃烧不稳定、燃气流的不均匀性有关。

### 7.2.1.3　PoGo 振动

PoGo 振动，即液体火箭的纵向耦合振动，是指液体火箭的结构纵向振动与推进系统的液体脉动相互作用而产生的一种自激振动。其振动机理是：发动机平稳随机振动，激起火箭结构纵向模态振动，结构纵向振动导致输送管路液体压力脉动，压力脉动进入发动机引起推力脉动，推力脉动又使火箭产生更大的结构振动，当频率、阻尼、发动机特性符合一定条件，产生正反馈，构成逐渐放大的自激放大—振动稳定性发散。由于涉及火箭结构、液体管路、发动机推力，因而在地面根本无法进行故障复现。工程上通常的解决办法是，根据计算结果，设计合适的蓄压器，即在氧化剂管路中加了变能量的"气泡"，调节管路液体的共振频率，达到 PoGo 振动稳定性抑制的效果。

PoGo 是飞行器领域国际上著名的振动问题，不只运载火箭，在航天飞机、高速飞行器等有管路输送系统的航天结构上都会出现。美国、俄国、法国、日本都有比较深入的研究，在稳定性算法、结构特性、介质特性、泵诱导轮产生汽蚀柔度、发动机动态特性方面都进行过大量的机理研究，形成了设计和试验规范。我国在 PoGo 研究方面针对火箭整体稳定性理论和算法开展了相关工作，解决了单根火箭、捆绑火箭的稳定性分析问题[4]。

PoGo 是火箭总体的问题，但与发动机的关系密不可分。发动机的研制人员也应了解 PoGo 的产生机理及危害，对诱导轮产生的柔度问题、发动机阻力问题、液体分布夹气问题、气液两相流脉动压力传递问题等问题进行研究，为新型发动机的研发奠定基础。

### 7.2.2　振动环境适应性问题

即使火箭及发动机各个部件都稳定工作，箭体飞行及发动机工作产生的振动环境也会导致各种结构、仪器设备在不同时间的振动环境下失效，常见的有导管断裂、支板断裂、电路焊点脱开等，这样的例子不胜枚举。对振动环境的适应性问题又可以分为两类：结构共振导致的结构破坏、受迫振动导致的疲劳破坏。

#### 7.2.2.1　结构共振

在试车、飞行或运输环境下，不同的输入激励具有不同的激励频率，在各零部组件进行结构设计时，要主动避开发动机的主要工作频率。常见的激励频率有：燃料泵、氧化剂泵的转速频率及其倍频，伺服机构的作动频率等。结构设计时也要避开发动机的主要结构频率，比如发动机整体低阶振型、推进剂输送管路的频率、转子的低阶固有频率、燃烧装置的低阶声振频率等，这些频率涉及发动机的稳定性问题，某些结构的共振又会诱发这些部件的不稳定振动。要防止结构共振，设计之初就应该对这些结构进行动特性计算和试验，避开共振区域。某型发动机在研制过程中发生了某导管与氧涡轮泵转频共振导致导管焊缝断裂的问题，通过改变导管的长度与走向实现错频而使该问题得以解决。目前，国内发动机研制人员已越来越重视对共振频率的识别，在发动机热试车与飞行之前通过模态试验和振动考核试验对发动机各零部组件的固有频率及振型进行识别，尽量将问题解决在冷态试验阶段。

#### 7.2.2.2　受迫振动导致的疲劳破坏

随着研制发动机的推力增大，发动机也越来越大，振动环境也愈加恶劣。随着航天活动对可重复性火箭发动机的需求，发动机的工作时间也越来越长，疲劳破坏成了发动机研制中的一个多发性故障。在研制过程中，多次遇到了导管疲劳断裂、支板疲劳断裂、转子叶片疲劳断裂、电子元器件焊点脱开等问题，如图 7-1、图 7-2 所示。

要防止结构疲劳破坏，应考虑以下方面的问题：

1) 材料选取：对于承受交变载荷的零部件，尽量选用疲劳性能高的材料；

2) 工艺控制：对于承受交变载荷的部位不能设计成尖角过渡，要控制圆角尺寸，杜

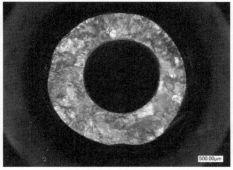

图 7-1 案例一：热试车后某测温接管嘴疲劳断裂

图 7-2 案例二：振动试验后某多通球型接头根部疲劳断裂

绝容易成为疲劳源的材料缺陷及表面裂纹等；

3）结构形式：设计中要避免容易引起振动放大的结构形式，比如导管跨度过大，结构悬臂过长、将某些结构固定在振源上等。

4）振动试验考核：对于设计好的结构要通过充分的振动疲劳分析和振动试验考核。

## 7.3 动力学设计方法与准则

在液体火箭发动机的研制中，国外普遍采用较为成熟的动态设计方法。所谓动态设计，就是始终以结构动力学要求作为主要技术指标的结构设计方法，涉及现代动态分析方法、计算机技术、结构动力学理论、先进设计方法等众多学科领域。动态设计的大体过程为：首先对满足工作性能要求的产品初步设计，对需要改进的产品结构实物进行动力学建模，并作动态特性分析；然后根据工程实际情况，给出其预定的动态设计目标，再按动力学方法直接求解满足设计目标的结构系统设计参数，或进行结构修改设计与修改结构的动态特性预测，这样反复多次，直到满足结构系统动态特性的设计要求为止。对于各国新一代大运载氢氧液体火箭发动机，如 RL10B2/RL60（美国，DELTA IV），VINCI（欧空局，ARIANE5），LE-5B（日本，H-2A），RD-0146（俄罗斯，ANGARA 5）等，结构动力学模型的修改及结构动态特性的预估始终贯穿于型号的研制过程。新的设计方法及

CAD 技术的应用，不仅大大缩短了火箭发动机的研制时间，也大大节约了研究经费。主要体现在：模型与实验的相互验证大大缩短了模型修改和数据反馈的时间；对于一些大型结构的全箭振动试验可以用缩比实验进行模拟，使得试验成本大大降低。例如，日本 H-2A 型的 1/5 全箭缩比实验、美国 DELTA IV 1/4 全箭缩比实验都积极地促进了发动机的研制过程。

国内液体火箭发动机领域结构动力学理论与试验方面的研究一直在持续开展，频率管理、强度设计等理念逐步贯彻到设计中，并通过大量仿真分析和振动考核试验等保证了发动机的设计可靠性。

### 7.3.1　发动机频率管理

频率管理即频率隔离的控制与设计，是指通过结构设计，使相应的结构和结构上安装的仪器设备及其他零部组件所组成的系统的固有频率远离其所经受的动力学激励的频率，防止发生共振，从而降低结构和结构上安装的仪器设备及其他零部组件的动力学响应。

#### 7.3.1.1　发动机激励源分析

在火箭发射过程中，发动机经受的动力学环境主要来源于两方面。

（1）发动机自身工作产生的动载荷

1）推进剂从贮箱沿推进剂管路进入发动机产生的动压力；

2）涡轮泵工作时，燃气驱动涡轮，带动泵旋转，产生特定频率的周期激励；

3）高压推进剂进入燃烧室燃烧，产生的宽频带随机振动，如果燃烧不够稳定，还会产生声振频率下的周期振动；

4）热燃气从喷管喷出产生的高速流动。

发动机的周期振动与随机振动传递到各个零部组件，贯穿于发动机的整个工作过程。

（2）火箭传递过来的动载荷

上面级发动机除要承受自身工作时产生的上述动力学环境外，还要承受下面各级工作时从箭体传递过来的各种动力学环境，包括起飞、跨声速、分离、稳态工作等过程产生的低高频振动、冲击、噪声和过载等。

#### 7.3.1.2　发动机结构特性分析

发动机零组件众多，每个零组件都有自己的结构频率，不可能对每个零组件的频率都进行管理，结构频率管理原则一般是关注 2 000 Hz 以内、离散型、模态阻尼低的结构频率，声学频率则需关注至少 10 000 Hz 以内的频率。在发动机研制过程中，主要通过模态试验、仿真计算、振动试验数据识别、热试车数据识别四种方式来获取结构频率。

某膨胀循环发动机整机及零部组件的结构频率识别情况见表 7-1。电器产品通过振动试验进行考核，且其结构特点有别于机械结构，无需单独开展结构模态识别。

表 7 - 1　某型膨胀循环发动机的结构频率识别

| 产品类别 | 模态试验 | 仿真计算 | 振动试验数据识别 | 热试车数据识别 |
|---|---|---|---|---|
| 发动机整机 | √ | √ | √ | √ |
| 推力室 | × | × | × | × |
| 大喷管 | √ | √ | √ | √ |
| 燃料泵 | √ | √部分 | × | √ |
| 氧化剂泵 | √ | √部分 | × | √ |
| 阀门 | × | × | × | √部分 |
| 总装零组件 | × | √部分(机架、换热器支板、小导管均进行了模态计算) | √部分导管、支板 | √部分导管 |
| 电器产品 | × | × | × | × |

## 7.3.2　力学环境预示方法

近些年出现的发动机重大故障中，绝大多数都与动载荷有关，动载荷的识别与预示技术已成为液体火箭发动机领域亟待解决的瓶颈技术。

膨胀循环发动机一般用于上面级发动机，既要承受下面级工作时传递过来的低高频振动、噪声、冲击、过载等环境，又要承受自身燃烧室燃烧、涡轮泵旋转、流体脉动等复杂激励产生的振动、噪声、冲击等环境。发动机作为箭体的主要振源，在力学环境预测方面尚没有形成成熟的理论和方法，主要还是是通过试验数据进行包络。在试验数据缺乏的情况下，振动环境的准确预示还难以实现。发动机结构能否可靠工作主要取决于两个方面：一是作为振源的部组件的振动稳定性；二是作为非振源的部组件的振动适应性。在振源工作稳定的情况下，作为非振源的部组件的振动适应性可通过目前得到的包络条件进行仿真分析，评估结构的适应性。

发动机的力学环境预示包含三个阶段的工作：

1) 方案及模样阶段：能通过初步的系统与结构设计、部组件和半系统试验数据，参考其他型号的实测数据与结构、工况对应关系，初步预测其在半系统、全系统工作状态下的激励特性以及主要关注部位的振动环境，为产品的动力学环境适应性设计及优化提供依据。

2) 初样阶段：通过模样阶段的试验结果，及初样阶段的结构设计状态，进行较为全面的力学环境预示，形成力学环境试验条件。

3) 试样阶段：根据动力系统试车及飞行实测数据，修正并完善发动机力学环境条件。

在发动机的动力学环境里，机械振动的频率范围一般为 2～2 000 Hz，而噪声激励的频率范围可达 10 000 Hz 以上。全频域动力学环境的特性很复杂，在频率很低时主要呈现确定性的动力学特征，而在中高频段呈现明显的随机特性，同时有混杂着涡轮泵的高阶倍频，从而使力学环境预示的难度大大增加。国内液体火箭发动机领域动力学环境预示还没有形成自己的体系和方法，主要参照火箭、导弹和卫星等航天器的预示方法。

准确的力学环境预示是指导火箭、导弹和航天器总体设计、结构与机构分系统设计，以及地面试方案与试验条件制定的重要依据，因此，全频域力学环境预示技术是制约飞行器研制的一项关键技术。火箭、导弹和卫星等航天器的动力学环境预示通常从理论分析和试验研究两方面开展[5]。理论分析主要有三类方法：一是相似结构系统外推法，有比例法和频率响应法；二是传统的模态法和有限元方法；三是统计能量方法。试验研究主要从两方面开展：一方面不断增加飞行试验遥测点的数量，另一方面大力发展地面试验，在地面试验中获得尽可能多的测试数据，包括振动、应变、声场声压分布测量等。

美国在航天动力学环境预测方面主要依据美国国防部标准 MIL‐STD‐810 和宇航局制定的 NASA‐HDBK‐7005《动力学环境准则》[6]。MIL‐STD‐810 的基本做法是将平台与载荷分开处理，先通过平台测量环境，再通过实测数据得到载荷的环境，MIL‐STD‐810 强调实测数据和数据统计，更适用于飞机、船舶和汽车等动力学环境试验，不能满足航天的实际需求。NASA‐HDBK‐7005 提出了一个综合的办法，就是将航天动力学环境按事件处理，分为载荷（即激励环境）预示方法、响应预示方法和数据统计方法，该方法不强调实测，而强调环境预示和响应预示，可以较好的适用于航天动力学环境设计。

我国在火箭、导弹、卫星等航天器研发领域的力学环境预示方面开展了三十余年的研究工作，主要集中在低频力学环境方面，形成了一套预示手段用于各类航天型号的研制，但在全频域力学环境预示方面的研究基础和能力同实际工程需求相比仍有不小的差距[7]。由于目前的各种分析手段主要是针对某个频段有效，因此，宽频带的力学环境预示难以用单一的分析方法实现。例如，在低频段，结构和声腔的模态较为稀疏，有限元和边界元等基于单元离散技术的方法最为常用；而在高频段，结构和声腔的模态密集且随机特性影响突出，因此，统计能量分析和能量有限元分析等方法在工程上应用较多[8]。此外，当系统内的子结构或子系统模态密度差异较大时，即一部分子结构或子系统在某个频段模态密集（波长较短），而另一部分模态稀疏（波长较长），系统的动力学特性尤其复杂，这个频段的动力学问题称之为"中频"问题。对于中频振动问题，采用传统的低频或高频分析方法很难解决。由于全频域力学环境预示问题涉及声场与结构耦合建模方法、结构与声的耦合效应分析、激励源特别是声源的模拟技术、关键力学参数获取，以及力学环境预示的试验验证等一系列关键技术，该领域一直备受国内外学者的关注。

我国航天工业部门在"十一五"初期启动 FE‐SEA 混合方法的理论和应用研究，目前，已经完成了整个方法的理论推导、软件实现、部分仿真分析及试验验证[9][10]。从工程实用性来说，外推法和直接测量法仍是工程上最直接最常用的预示方法。外推法是求解振动的反问题，是已知系统的响应求解其激励。要实现这一目标，需要一个能精确描述载荷从输入到输出传递的结构模型。通过测得的响应和已知的结构模型，反推出激励。而激励一旦确定，可以用来预示同类型飞行器的不同安装位置处的响应。直接测量法则依赖于试车和飞行中合理的测点布置和不断发展的测试技术。

目前，运载火箭的力学环境条件设计程序包括：环境分析、环境条件设计、环境条件验证、环境条件修订[11]。

（1）环境分析

1）分析产品寿命期环境。

2）确定产品设计中要考虑的力学环境类型及其强度。

（2）环境条件设计

1）在型号研制的初期，按 GJB 4239 和 QJ 3135 的有关要求编写力学环境工程大纲。

2）为各分系统及单机研制单位制定力学环境设计要求。

3）为各分系统及单机研制单位提出"力学环境与试验条件"文件。

（3）环境条件验证

1）按 GJB 2238A、GJB/Z 126 的有关要求进行地面和飞行力学环境测量数据的分析处理和统计，编写力学环境验证报告。

2）安排系统级振动、冲击和噪声试验（包括搭载其他的系统级试验，如发动机试车、分离试验等），积累数据。

3）根据力学环境参数飞行遥测结果，进一步验证所制定的试验条件的合理性，并根据力学环境条件修改原则确定是否修改试验条件。

（4）环境条件修订

在力学环境条件验证的基础上，结合单机和系统级环境试验以及飞行试验中暴露的问题，对力学环境条件进行必要的修正和补充。

### 7.3.3　减振抑振设计

减轻和抑制振动、降低振动带来的危害一直是航天领域的重要课题。国内外对于液体火箭发动机的减振研究主要集中在涡轮泵，因为涡轮泵的工作环境最为恶劣，也是振动产生的主要部位，而对发动机中其他部位减振研究较少。

#### 7.3.3.1　主动减振

主动减振分为两种：1）结构本身的优化。依据结构动力学理论，在振源激励下，改变结构构型、增加刚度质量以及阻尼（表征能量衰减的指标）等属性，可改变结构本身的振动性能，避免发生共振现象，使振动得到有效抑制。2）改变激励源本身属性，即改变力激励源的作用区域、力激励源的频率成分和总能量大小；若激励为能量较大的湍流，则可减少流体的脉动压力幅值和能量分布，这可通过改变湍流的分离和涡脱落等现象来实现。

#### 7.3.3.2　被动减振

该减振方式主要针对已研制完毕的结构，在本身结构不能优化的前提下对结构附加加强筋或增添阻尼材料或减振器获得。加强筋可改变结构的质量和刚度，从而改变结构的动力学性能；阻尼材料则可以改变结构的阻尼减振性能，不仅使结构在激励下的振动得到控制，在大阻尼情况下还可以改变动力学性能，对减振降噪非常有利。通常而言，在薄壁件上采用被动减振方式效果最佳。发动机采用的被动减振方式如图 7-3 所示。

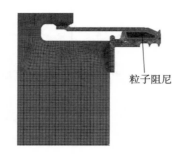

(a) 用于涡轮泵的粒子阻尼器

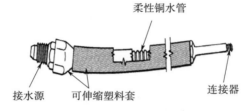

(b) 塑料加固的软管减振方式

(c) 用于联接结构的金属橡胶减振器

图 7 - 3　发动机的被动减振应用实例

### 7.3.4　动强度评估

　　动强度是指结构在动力学环境下，承受振动、冲击噪声等动态载荷而不破坏并保持安全工作的能力。火箭发动机、航空发动机等动力机械在使用过程中出现的结构故障相当一部分是振动、冲击噪声导致的，一般可以把振动、冲击、噪声等动态载荷对结构的作用称为结构的动强度问题。

　　动强度评估主要是振动、噪声载荷下疲劳寿命的评估。在 NASA 早期发动机设计手册（如 SP8110、SP8101 等）中，采用疲劳强度和极限强度构成的 Goodman 图，基于结构的平均应力和交变应力得到的疲劳应力安全系数来评估结构的可靠性。高于预定的安全系数认为是可接受的设计。这是无限寿命设计的评定方法。

　　传统上，Goodman 图疲劳强度和极限强度的连线对应的疲劳安全系数为 1.0。疲劳应力安全系数 $n_f$ 的定义为

$$\frac{\sigma_a}{\sigma_{-1}} + \frac{\sigma_m}{\sigma_b} = \frac{1}{n_f} \tag{7-1}$$

其中

$$\sigma_a = \frac{\sigma_{\max} - \sigma_{\min}}{2} \tag{7-2}$$

$$\sigma_m = \frac{\sigma_{\max} + \sigma_{\min}}{2} \tag{7-3}$$

式中　$\sigma_a$ ——应力幅；

　　　$\sigma_m$ ——平均应力；

　　　$\sigma_{-1}$ ——对称循环载荷下的疲劳强度；

　　　$\sigma_b$ ——极限强度。

但对于大多数工程材料无真正的疲劳极限，即结构不存在具有无限寿命的工作状态，需要根据材料的 $S-N$ 曲线或 $\varepsilon-N$ 曲线计算出疲劳寿命。

按循环使用次数计算出的寿命具有很大的散布，折减后的寿命才能参与到结构寿命评估中，为了和疲劳应力安全系数有所区别，该折减系数称之为使用寿命系数（SLF）。

发动机工作的部件一般为有限寿命部件，所有的发动机零组件工作时由于热和压力载荷的作用，应力水平几乎接近材料的弹性极限，使得寿命极易受到交变载荷的影响。其寿命区间位于双对数 $S-N$ 曲线的平坦区域内，寿命通常对很小的应力变化十分敏感，因此标准中另外规定了一个疲劳分析系数（FAF）用以覆盖仿真模型以及材料性能参数带来的误差。发动机结构在进行寿命评估时需要将应力/应变乘以疲劳分析系数（FAF）后再进行寿命计算。

在 SSME 设计初期，使用疲劳分析系数（FAF）1.0 及使用寿命系数（SLF）4.0。在材料高周循环疲劳特性数据有限或根本无数据使用的特定情况下，使用寿命系数（SLF）取为 10。而这导致大量的维修、检查及硬件修改、更换。此后在高压涡轮泵重新设计时，修改了疲劳设计准则，使用疲劳分析系数 FAF 1.15 及使用寿命系数 SLF 10.0。此准则使得与疲劳有关的裂纹发生率得以降低。SSME 的主承包商 Rocketdyne 也意识到与疲劳有关的准则需要强化。并建议在更改 SSME 部件设计时，对低周疲劳采用 1.5 的疲劳分析系数 FAF 时满足 500 次循环，高周疲劳对持久极限取系数 1.0、疲劳分析系数 FAF 取 1.25 或等价的交变应力。1992 年，在航天运输主发动机计划中，建议取使用寿命系数 SLF 为 10.0，疲劳分析系数 FAF 取 1.15，以确保防止低周及高周疲劳裂纹。因发动机旋转机械部件不允许破坏，旋转机械部件疲劳分析系数 FAF 取为 1.25，即出现旋转组件取 1.25、非旋转组件取 1.15 的现状。

我国一般参考 NASA-STD-5012 标准[12]规定的系数进行评估。

## 7.4　动力学仿真分析

### 7.4.1　有限元分析基本理论

有限元方法是目前求解大型复杂工程研究问题的主要工具，该方法采用现代计算机信息化处理技术，来完整获取这些问题的各种信息。

　　有限元方法的通用分析流程是：先将复杂的几何模型，按照一定方式离散成具有简单几何形状的有限个微小单元，即有限单元，用单元节点上的未知量来表示单元的材料属性和它的控制方程；再利用单元集成、边界条件和约束的方式，得到一系列方程组，求解方程组便可以近似获得结构整体运动趋势。

　　在有限元分析理论中，有限单元内部某处的未知位移可以通过线性分布函数进行插值的方式获得，这种方式的精度会随着单元数量的增加而提高。当单元内位移形状函数（插值函数）近似为线性时，单元内的线性位移可以写成矩阵模式

$$u = Nq^e \tag{7-4}$$

式中，$N = [N_1, N_2, \cdots]$ 是位移形状函数矩阵；$q^e = [q_1, q_2, \cdots]$ 是单元节点位移列阵。根据单元节点位移列阵，也可以写出单元的应变表达式为

$$\varepsilon = Bq^e \tag{7-5}$$

式中，$B$ 为单元的应变-位移矩阵，在线性形状函数分布的单元内该矩阵是常数矩阵，则此时单元内的应变同样是常数。根据胡克定律可得

$$\sigma = EBq^e \tag{7-6}$$

显然，此时单元内部的应力也是常数。对于有限单元来说，单元中心的应力值可以用插值获得的结果来表示。根据上式可以计算出单元的应变能为

$$U_e = \frac{1}{2} q^{eT} \left( \int_e B^T EB \, dV \right) q^e \tag{7-7}$$

与简单弹簧应变能表达式 $U = \frac{1}{2} kQ_2$ 进行对比，可以得出，单元的刚度矩阵为

$$k_e = \int_e B^T EB \, dV \tag{7-8}$$

　　结构的整体刚度矩阵 $K$ 可由单元刚度矩阵 $k_e$ 集成获得，单元刚度矩阵将按照节点间的连接关系添加到整体刚度矩阵的对应位置，重叠的位置进行叠加即可，集成方式可以记为

$$\sum_e k_e \to K \tag{7-9}$$

　　对于存在初始应力和初始应变的单元，其等效载荷列阵可用下式表示

$$P^e = P_f^e + P_s^e + P_{\sigma_0}^e + P_{\varepsilon_0}^e \tag{7-10}$$

式中　$P_f^e$ ——体积力 $f$ 对单元的等效载荷列阵，为

$$P_f^e = \int_{V_e} N^T f \, dV \tag{7-11}$$

$P_s^e$ ——表面力 $S$ 对单元的等效载荷列阵，为

$$P_s^e = \int_{S_e} N^T S \, dS \tag{7-12}$$

$P_{\sigma_0}^e$ ——初始应力 $\sigma_0$ 对单元的等效载荷列阵，为

$$P_{\sigma_0}^e = -\int_{V_e} B^T \sigma_0 \, dV \tag{7-13}$$

$P_{\varepsilon_0}^e$ ——初始应变 $\varepsilon_0$ 对单元的等效载荷列阵，为

$$P_{\varepsilon_0}^e = \int_{V_e} \boldsymbol{B}^T \boldsymbol{E} \varepsilon_0 \mathrm{d}\boldsymbol{V} \qquad\qquad (7-14)$$

可由节点集中力和单元载荷列阵集成获得结构的整体载荷列阵 $F$ ，即

$$\sum_e P_e + P \rightarrow F \qquad\qquad (7-15)$$

根据应力计算公式

$$\boldsymbol{F} = \boldsymbol{Kq} \qquad\qquad (7-16)$$

可以根据整体刚度矩阵和整体载荷列阵，获得节点位移列阵 $q$ ，便可以求出各个单元的应变 $\boldsymbol{\varepsilon}$ 和应力 $\boldsymbol{\sigma}$ 。

### 7.4.2　建模原则与方法

利用计算机对发动机进行动力学仿真计算，建模是关键。模型的准确程度直接决定了计算结果的准确程度。发动机本身是一个非常复杂的结构，若不对其进行必要的简化，计算量过于庞大，而且难以保证计算结果的准确度。如何恰当简化就成为动力学分析的一大课题，通常需要将计算模型与试验结果结合起来，用试验数据对模型进行修正。

发动机建模简化的基本原则如下：

1）模型应与动态分析的目的相适应。分析的目的不同要求模型的繁简程度也不同。显然，初步设计中用于估算发动机固有特性的模型总是要比设计后期以校核计算的模型简单。用于计算基本固有特性的模型应当比计算响应的模型简单。

2）模型应与计算方法相适应。各种计算方法都是建立在一定的简化假设条件下的，因此，与之对应的分析模型也各有特点。例如，与传递矩阵对应的分析模型最好是链状结构，与有限元方法对应的分析模型则可以是板、梁或杆的复合空间模型。

3）模型应与计算条件相适应。模型的繁简程度对计算机容量和运算速度的要求大不相同。解决工程问题，模型应与提供的计算条件相适应。

4）模型要正确反映结构的实际特性。一个具体结构的动态特性，主要取决于质量、刚度的大小与分布情况，以及结构的边界条件和阻尼特性。为了减小由于模型简化而带来的误差，应保证发动机整机及其各组件的质量和质心位置基本不变，保证各构造单元的刚度特性基本不变，并尽可能反映实际结构工作状态所对应的边界条件。

质量的简化形式有集中质量与分布质量两种。一般地说，在初步估算时，为了简化计算常常把结构组件、内部主要设备和集中装载物按集中质量处理，这些质点如实反映它们的质量和质心位置。对于在振动过程中基本上只提供惯性力的组件还可以作更大的简化，即忽略其刚度，而将它的质量分配到与其位置相邻的若干结点上去。实际模型常常是一些集中质量和分布质量混合的模型。

结构刚度的简化形式有刚体、连续分布型、分段连续型、集中刚度型等类型。在进行发动机整机固有特性或动态响应的初步估算时，质量和刚度都较大的组件可按刚体处理或简化成集中质量点。对诸如发动机机架和导管等等截面或接近等截面的组件、推力室壳

体，都可以简化成等刚度的梁、板、壳等连续体。对于刚度变化大而不连续的复杂结构，简化时可用节点把结构划分为许多段，每段为等刚度的连续体。对于助推火箭的级间连接头、发动机的连接支座，大型组件的固定支座等，可以根据其刚度特性简化为集中线弹簧或扭转弹簧。

刚度和质量都连续分布的模型叫连续模型，除此之外的其他模型统称为离散模型。火箭发动机结构的动态分析一般都是离散模型。

现以某膨胀循环发动机为例，介绍其建模的基本过程。

该发动机由机架、常平座、推力室、喷管延伸段、涡轮泵及管路等组件组合而成，按照子结构分析的思想，分别建立各个组件的有限元模型，然后将各个组件组装成发动机整机模型，进行整机的动力学仿真计算。

机架的结构相对简单，一般可按照机架结构的真实尺寸建立有限元模型，考虑机架的结构和受力特点，采用空间梁单元来模拟，梁之间的连接采用共用节点的方式。

推力室建模时选取承力座、头部、身部、短喷管、集合器、尾法兰等主要组件，其他细节如管路的接头、测点接嘴等均忽略，将它们的质量等效到推力室室壁中。推力室室壁的尺寸相对于整体尺寸较小，可以将推力室视为薄壁结构；推力室室壁虽然为中空结构，但是外壁的尺寸偏大，对结构刚度起主要作用，可以忽略中空层的影响，将推力室等效为各向同性的结构；推力室内外壁的材料和尺寸都不一样，采用等效刚度法将推力室等效为同种材料的单层壳单元，可根据其结构特点，进行结构等效转换和材料等效转换，通过结构等效转换确定等效单层壳的厚度，继而可以确定等效密度，然后通过材料等效转换确定等效壳的材料参数。

螺旋管束式喷管延伸段的建模较为复杂。喷管身部为变壁厚薄壁结构，组成喷管的螺旋形方管前小后大，方管厚度较喷管总体尺寸很小，可以将喷管视为薄壁结构。同时，方管入口段很短，建模时可忽略方管高度的变化，统一按照方管尾段高度建模。喷管由中空的方管空间螺旋后焊接而成，从整体上看，喷管沿方管螺旋方向和垂直于方管螺旋方向上的刚度有所不同，为典型的正交各向异性旋转壳。方管的空间螺旋使结构的强度得到加强，但是方管的螺旋结构复杂，同时螺旋角度始终在变化，完全真实模拟建模难度很大。对喷管延伸段建模时，忽略喷管螺旋角度的变化，采取旋转材料坐标系的方式来实现角度的旋转。建模时主要考虑法兰和喷管身部，忽略其他细节。法兰采用实体单元来模拟，实体单元和壳单元之间通过耦合约束来实现变形协调；喷管身部采用正交各向异性三层壳单元。

常平座的简化是一个重点也是一个难点，建模时通常采用大变形约束单元来模拟常平座连接。

涡轮泵自身的刚度很大，其固有频率比发动机整机的固有频率要高很多，在分析发动机整机的模态特性时，可以将涡轮泵视为刚体。涡轮泵通过上下两个"泵腿"，分别连接到推力室头部和身部的泵支座上，二者之间的连接刚度也很大。建模时，将涡轮泵和泵的连接支座都简化为空间梁单元。连接支座同推力室之间采用位移耦合约束在一起。

　　摇摆软管在轴向的特性类似于弹簧，将其简化为弹簧单元，摇摆软管的轴向刚度参考试验实测数据。

　　伺服机构建模时采用空间梁单元来模拟。

　　模型中需考虑主要的输送管路和质量较大的阀门，通常采用管单元模拟各主要管路，质点单元模拟各阀门。

　　在各组件建模的基础上，由组件模型直接组装得到发动机整机的有限元模型，建立的某膨胀循环发动机整机模型如图 7-4 所示。

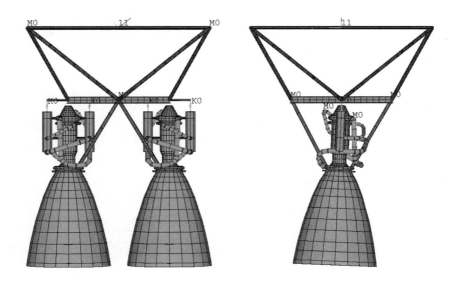

图 7-4　某膨胀循环发动机整机有限元模型（带管路）

　　用有限元法分析结构动态特性是一种对复杂结构进行动力学计算的有效方法。有限元方法本质上是将一个弹性连续系统的动力学问题，离散为一个以有限个节点位移为广义坐标的多自由度系统的动力学问题来求解。有限元方法分为位移法、力法及混合法，通常采用位移法，以节点的位移为基本未知量，并假定每个单元中的位移用单元位移函数来描述，然后利用能量变分原理可进行全结构分析，得到整个结构的动力学方程，从而把连续体的动力学问题化为多自由度的系统的动力学问题。动力学仿真计算的内容通常包含模态分析、谐响应分析、随机振动谱分析等。

### 7.4.3　模态分析

　　由振动理论知，一个线性振动系统，当它按自身某一阶固有频率作自由谐振时，整个系统将具有确定的振动形态（简称振型或模态），描述这种振动形态的向量称为振型向量或模态向量。

　　对于一个具有线性阻尼的线性系统，其运动微分方程为

$$M\ddot{X} + C\dot{X} + KX = F \tag{7-17}$$

其中，$M$、$C$、$K$ 分别为系统的质量、阻尼及刚度矩阵。通常 $M$、$K$ 矩阵为实系数对称矩阵，$C$ 矩阵对线性阻尼系统也为对称矩阵。$X$ 和 $F$ 分别为系统各点的位移响应向量和激励力向量。

上述方程中的 $X$，$\dot{X}$，$\ddot{X}$ 是描述系统的物理坐标，求解上述微分方程组是模态分析所要解决的根本任务。由于式中的每一个方程都包含系统各点的物理坐标，因此一组耦合的方程，无法直接求解。模态分析就是利用系统固有模态的正交性，以系统的各阶模态向量所组成的模态矩阵为变换矩阵，对通常选取的物理坐标进行线性变换，使得振动系统用物理坐标所描述的、互相耦合的方程组，能够变为一组彼此独立的方程（每个独立方程只含一个独立的模态坐标），从而解除方程间的耦合，便于求解。由此可知，模态分析的主要优点就在于，它能用较少的运动方程和自由度数，直观、简明而又相当精确地去反映一个复杂结构系统的动态特性，从而大大减少分析及计算工作。

对线性系统，系统任一点的响应向量都可以表示为各阶模态向量的线性组合，由各阶模态向量 $\phi$ 组成的矩阵称为模态矩阵，记为：$\Phi=(\phi_1, \phi_2, \cdots, \phi_n)$。同时引入模态坐标 $Q=[q_1, q_2, \cdots, q_n]^T$，利用模态矩阵对方程中的物理坐标进行坐标变换。

$$X = \Phi Q \qquad\qquad (7-18)$$

则系统的运动微分方程变为

$$M\Phi\ddot{Q} + C\Phi\dot{Q} + K\Phi Q = F \qquad\qquad (7-19)$$

对系统方程进行傅里叶变换，可以得到

$$(K - \omega^2 M + j\omega C)\Phi Q(\omega) = F(\omega) \qquad\qquad (7-20)$$

对无阻尼自由系统，方程简化为

$$(K - \omega^2 M)\Phi Q(\omega) = 0 \qquad\qquad (7-21)$$

即

$$(K - \omega^2 M)\Phi = 0 \qquad\qquad (7-22)$$

又根据模态的正交性，即

$$\Phi_s^T M \Phi_r = 0, r \neq s$$

$$\Phi_r^T M \Phi_s = 0, r \neq s$$

在式左边乘以 $\Phi^T$，考虑正交性条件，可得

$$K_r - \omega^2 M_r = 0 \qquad\qquad (7-23)$$

式中，$K_r$，$M_r$ 分别为各阶模态刚度 $k_r$ 和模态质量 $m_r$ 组成的矩阵，二者均为对角矩阵。模态刚度 $k_r$ 和模态质量 $m_r$ 的定义为

$$k_r = \Phi_r^T K \Phi_r$$

$$m_r = \Phi_r^T M \Phi_r$$

由公式（7-23），可以求出其特征值 $\omega_i$，进而可以求得特征向量 $\phi_i$。求出的特征值 $\omega_i$ 即为固有频率，每个特征值 $\omega_i$ 对应的特征向量 $\phi_i$ 即为模态向量，又称为模态振型或者固有振型。

对线性阻尼系统，通常取阻尼满足：$C = \alpha M + \beta K$，其中 $\alpha$ 为质量阻尼系数，$\beta$ 为刚度

阻尼系数。则阻尼矩阵 $C$ 也是对称矩阵，同样有正交性

$$\boldsymbol{\Phi}_s^T \boldsymbol{C} \boldsymbol{\Phi}_r = \begin{cases} 0, & (r \neq s) \\ C_r, & (r = s) \end{cases}$$

用模态坐标代替物理坐标，左边乘 $\boldsymbol{\Phi}^T$，并考虑正交性条件，可得

$$(\boldsymbol{K}_r - \boldsymbol{\omega}^2 \boldsymbol{M}_r + j\boldsymbol{\omega} \boldsymbol{C}_r) \boldsymbol{Q}(\boldsymbol{\omega}) = 0 \qquad (7-24)$$

由此，同样将方程解耦为模态坐标下的相互独立的方程组，可以进行方程的分析和求解。

### 7.4.4　谐响应分析

发动机涡轮泵高速旋转过程中产生简谐激励，任何持续的简谐激励将在结构系统中产生持续的简谐响应。谐响应分析用于确定线性结构在承受随时间按正弦（简谐）规律变化的载荷时的稳态响应，分析的主要目的是计算出结构在几种频率下的响应并得到响应值（通常是位移）对频率的曲线。从这些曲线上可以找到"峰值"响应，并进一步观察峰值频率对应的应力。谐响应分析使技术人员能预测结构的持续动力学响应特征，从而使设计人员能够验证其设计能否成功地克服共振、疲劳及其他受迫振动引起的有害效果。

简谐激励是最简单的激励，之所以简单，是因为系统对于简谐激励的响应仍然是频率相同的简谐波；另一方面，由于线性系统满足叠加原理，因此各种复杂的激励可先分解为一系列的简谐激励，而系统的总的响应则可由叠加各简谐响应得到。因此，掌握了简谐响应分析方法，原则上就可以求一个线性系统在任何激励下的响应。

系统在简谐载荷作用下的运动方程为

$$M\ddot{X} + C\dot{X} + KX = F_0 \sin(\omega t) \qquad (7-25)$$

对线性系统，其通解为

$$X = X_1(t) + X_2(t) \qquad (7-26)$$

式中，$X_1(t)$ 对应于公式（7-17）中齐次方程的通解，在弱阻尼状态下，通解可表示为

$$X_1(t) = A e^{-\omega t} \sin(\omega_d t + \varphi) \qquad (7-27)$$

$X_2(t)$ 对应于公式（7-23）的一个特解，因为方程的非齐次项为简谐正弦函数，其特解也为简谐函数，且频率与非齐次项的正弦函数一致，即

$$X_2(t) = B \sin(\omega t + \psi) \qquad (7-28)$$

公式（7-25）的通解可表示为

$$X(t) = A e^{-\omega t} \sin(\omega_d t + \varphi) + B \sin(\omega t + \psi) \qquad (7-29)$$

上式中，第一项表示结构有阻尼的自由振动，后一项表示有阻尼的受迫振动。因此，在简谐载荷下的运动是衰减的自由振动和受迫振动的叠加。经过一段时间后，自由振动衰减而趋于消失，而受迫振动持续下去，形成振动的稳态过程。

对于多自由度系统，当载荷频率变化时，受迫振动的幅值 $B$ 和相位 $\omega$，也作相应的改变。求解式即可求出系统在简谐激励下幅值 $B$ 对 $\omega$ 的变化关系（即幅频响应曲线）和相位 $\psi$ 对 $\omega$ 的变化关系（即相频响应曲线）。

### 7.4.5　随机振动分析

在工程实际中，存在这样一类振源，如大气湍流、喷气噪声、路面不平度等，这些振源的共同特点是随机性。这类由随机激励引起的结构振动称为随机振动。发动机的燃烧过程、燃气喷流过程及推进剂高速流动过程中均产生宽频带随机振动。

随机振动由于载荷激励的不确定性，无法用确定的时间和位置函数来完整描述，通常引入必要的数字特征来描绘随机激励的统计特性，如概率密度 $f$，平均值 $\mu$，方差 $\sigma^2$，相关函数 $R_{xx}$ 和功率谱密度 $S_x(\omega)$ 等。其中，相关函数 $R_{xx}$ 和功率谱密度 $S_x(\omega)$ 对随机振动分析尤为重要。

设 $X(t)$ 是一个随机激励，$X(t_1)$ 和 $X(t_2)$ 是任意两个时刻的状态，$f(x_1,x_2,t_1,t_2)$ 是响应的二维概率密度，定义二阶原点混合矩为随机激励 $X(t)$ 的自相关函数，简称相关函数。

$$R_{xx}(t_1,t_2) = E[X(t_1)X(t_2)] = \int_{-\infty}^{\infty}\int_{-\infty}^{\infty} x_1 x_2 f(x_1,x_2,t_1,t_2)\mathrm{d}x_1\mathrm{d}x_2 \quad (7-30)$$

定义自相关函数的傅里叶变换为随机激励 $X(t)$ 的功率谱密度。

$$S_X(\omega) = \frac{1}{2\pi}\int_{-\infty}^{\infty} R_X(\tau)\mathrm{e}^{-\mathrm{i}\omega\tau}\mathrm{d}\tau \quad (7-31)$$

功率谱密度是从频率的角度描述 $X(t)$ 的统计规律最主要的数字特征，其物理意义是 $X(t)$ 的平均功率关于频率的分布。随机振动分析的主要工作是根据输入的功率谱密度，计算系统的输出功率谱密度。

对于线性系统，输入函数 $x(t)$ 和输出函数 $y(t)$ 之间的动态关系可以用如下形式的常系数线性微分方程来描述

$$b_n \frac{\mathrm{d}^n y}{\mathrm{d}t^n} + b_{n-1}\frac{\mathrm{d}^{n-1}y}{\mathrm{d}t^{n-1}} + \cdots + b_0 y = a_m \frac{\mathrm{d}^m x}{\mathrm{d}t^m} + a_{m-1}\frac{\mathrm{d}^{m-1}x}{\mathrm{d}t^{m-1}} + \cdots + a_0 x \quad (7-32)$$

对系统进行拉普拉斯变换，有

$$(b_n s^n + b_{n-1}s^{n-1} + \cdots + b_0)Y(s) = (a_m s^m + a_{m-1}s^{m-1} + \cdots + a_0)X(s) \quad (7-33)$$

记

$$H(S) = \frac{a_m s^m + a_{m-1}s^{m-1} + \cdots + a_0}{b_n s^n + b_{n-1}s^{n-1} + \cdots + b_0} \quad (7-34)$$

则 $Y(s) = X(s)H(s)$。

$H(s)$ 只与系统自身的特性有关，称 $H(s)$ 为系统的传递函数。

设线性系统的输入功率谱密度 $S_X(\omega)$ 已知，系统输出的功率谱密度与输入谱密度有如下关系

$$S_Y(\omega) = S_X(\omega)\,|H(\mathrm{i}\omega)|^2 \quad (7-35)$$

即，系统输出的谱密度等于输入谱密度乘以系统的功率增益因子 $|H(\mathrm{i}\omega)|^2$。由此，即可确定系统的输出功率谱密度。

### 7. 4. 6　瞬态动力学分析

火箭发动机在试验过程中会受到剧烈的振动和冲击作用，且这些激励是随时间变化的函数，导致发动机的响应也会随时间发生变化，因此，需要对发动机整机进行瞬态动力学分析，从而获得发动机的实时响应特性。

瞬态动力学分析又可以叫做时间历程分析，是用来计算某一结构在任意的、随时间变化的载荷作用下的动力学响应。通过瞬态动力学分析，可以获得结构在稳态载荷、瞬态载荷、和简谐载荷的任意组合激励下的随时间变化的位移、应力等响应结果。图 7 - 5 所展示的是瞬态动力学分析中载荷与时间的关系曲线，对于瞬态动力学分析，图上每一个"拐点"对应一个载荷步。由于载荷是时间的函数，导致惯性力和阻尼的作用比较重要。因此，对于惯性力和阻尼作用不重要的情况，可以采用静力学分析来替代瞬态动力学分析，使得计算量显著降低。

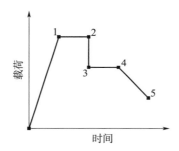

图 7 - 5　载荷—时间曲线

对于瞬态动力学分析，发动机任意单元的运动方程可表示为

$$m\ddot{x} + c\dot{x} + kx = F(t) \tag{7-36}$$

在任意的某确定时刻 $t$，该方程可以被认为是考虑了惯性力 $m\ddot{x}$ 以及阻尼力 $c\dot{x}$ 的静力学平衡方程。

瞬态动力学分析的时间积分方法有 Newmark 时间积分法（包括改进的 HHT 方法）、中心差分时间积分法等。最常用的是 HHT 时间积分法，该方法将连续的时间离散成有限个时间点，然后在每个离散的时间点来求解方程组，彼此相临的两个时间点（$t_n$，$t_{n+1}$）间的增量称作积分时间步长，积分步长决定了求解精度，它需要足够小从而获取到结构的响应频率、载荷突变、接触频率、波传播效应等动力学现象。通常用下述方程来获得积分时间步长（ITS）

$$\mathrm{ITS} = \frac{1}{20f} \tag{7-37}$$

式中，$f$ 是所关注的最高响应频率。

HHT 积分方法先求解中间时间点的运动方程，随后外推到 $t_{n+1}$，其基本形式是

$$[M]\{\ddot{x}_{n+1-\alpha_m}\} + [C]\{\dot{x}_{n+1-\alpha_f}\} + [K]\{x_{n+1-\alpha_f}\} = \{F_{n+1-\alpha_f}\} \tag{7-38}$$

式中，$\alpha_f$ 和 $\alpha_m$ 为两个积分控制常数，且有

$$\{\ddot{x}_{n+1-\alpha_m}\} = (1-\alpha_m)\{\ddot{x}_{n+1}\} + \alpha_m\{\ddot{x}_n\}$$

$$\{\dot{x}_{n+1-\alpha_f}\} = (1-\alpha_f)\{\dot{x}_{n+1}\} + \alpha_f\{\dot{x}_n\}$$

$$\{x_{n+1-\alpha_f}\} = (1-\alpha_f)\{x_{n+1}\} + \alpha_f\{x_n\} \tag{7-39}$$

$$\{F_{n+1-\alpha_f}\} = (1-\alpha_f)\{F_{n+1}\} + \alpha_f\{F_n\}$$

## 7.5 试车与飞行振动数据的采集与分析

振动数据是指结构或系统随时间在某一平衡位置附近往复运动产生的交变测量数据，可通过加速度传感器、速度传感器、位移传感器等方式测取。近几年来，液体火箭发动机遇到的振动、力学环境相关的问题越来越多，严重影响了发动机的交付进度和国家重大任务的开展。冷态试验、热试车或飞行后振动数据的分析和判读对判断发动机或试验产品的健康状态、确保交付发动机或产品的可靠性、安全性具有重要意义。

### 7.5.1 试车数据采集与分析

振动数据是速变数据，采样频率高，数据量巨大。由于试验单位使用的采集系统不一样，记录格式也不一样。为了提高采集和记录效率，每种采集系统都会将采集到的数据记录为自有的二进制格式。若采集到的原始数据格式与分析环境不一致，则需对原始数据进行格式转化。数据转化应满足以下要求：转化过程中采样频率原则上应保持与原始数据一致，以避免采样频率不一致引起的数据泄漏或混叠；在不违背采样定律的情况下，允许适当降低采样频率，减少数据存储量；可通过时域观测、三维谱图等方式，根据已知工作频率检查数据转化的正确性。

进行分析之前，首先需要确认数据测量的有效性，确认方法如下：对振动信号进行时域观测，观察发动机点火前后是否存在着同样的干扰波形，观察是否存在波形畸变、限幅、幅值突然变化等异常现象，判断信号的真伪及干扰的严重程度；观察频谱中是否存在50 Hz电信号及其谐波频率、宽频带噪声、发动机点火前后均存在的测量系统频率等测试系统带来的频率，后续处理中可对这些频率进行剔除；采用高通数字滤波等方法去除趋势项。

数据分析方法及内容如下：对启动、关机等瞬态工作段，分析冲击波形及冲击峰值（包括单峰值、峰峰值、有效值等），并进行统计和包络分析；对平稳段，观测整个时间历程是否平稳，截取平稳段计算均方根值，并进行统计和包络分析。进行频谱分析时，先用全程三维谱图观察整个时间历程是否符合规律，观察各频率成分是否有变化。可根据分析软件及分析对象，选择时间三维谱图或转速三维谱图。涡轮泵上的测点，具备测试与分析条件的，优先选用转速三维谱图，其他部位的测点可选择时间三维谱图。对启动、关机等瞬态工作段，可进行冲击响应谱分析；对于平稳过程数据段，可进行傅里叶变换分析，包含幅值谱、功率谱密度等。对于特殊的故障状态，可引入新的分析方法进行详细分析，比如细化傅里叶谱、小波分析、熵谱、倒频谱等。对于涡轮泵上的测点，具备测试与分析条件的，可进行轴心轨迹、波德图、阶次分析、键相分析等旋转机械的特定分析。

### 7.5.2　飞行数据采集与分析

飞行时受制于数据传输资源，只进行极少量测点的振动测量，用以评估飞行振动环境和判断发动机的健康状态。膨胀循环发动机通常用于上面级火箭动力系统，在真空环境下工作，而噪声无法在真空中传播，因此在飞行时一般只关心 2 000 Hz 以内的机械振动成分，特殊情况下需要关注高频冲击，则需将测量频率提高到 10 000 Hz 以上。

飞行数据的分析方法同地面数据分析方法一致，只是测量频段更窄，获取的有效信息更少。随着测量、传输、存储等软硬件能力的提升及飞行实时健康监测的需要，应拓宽测量频段、设置更多振动测点。

## 7.6　基于振动数据的故障诊断

### 7.6.1　燃烧装置的故障诊断

#### 7.6.1.1　燃烧装置振动数据分析判别

通过与发动机时序是否对应、冲击峰值、冲击响应谱判断点火过程、关机过程是否正常，如果振动能量有明显增加或明显减小，排除工况影响外，则需关注燃烧状态及结构状态是否有变化。如果燃烧室出现了异常频率（首先要排除从涡轮泵或其他部位传过来的频率），则需要关注该频率是声振频率还是结构频率。燃烧室声振频率优先采用有限元方法进行计算，也可以采用 7.6.1.2 节的方法计算。喷嘴的声振频率计算可以通过计算不同频率对应的喷嘴导纳值得到。由于燃烧室是模态密集型结构，结构响应具有频带宽、阻尼大的特性，而燃烧室声振频率一般同燃烧室混合比等影响燃气声速的参数有关，喷嘴声振频率一般跟喷前温度、压力等可以影响喷嘴内介质声速的参数有关，需要根据异常频率与各工况参数的关系综合判断其属于哪一种声振频率。如果是声振频率，则需要进一步确定是否发生了燃烧不稳定。如果是结构频率，则需要确认安装状态或结构状态是否有所变化。

#### 7.6.1.2　燃烧室声振频率的理论计算方法

燃烧室声振频率可按下列公式计算

$$f_c = \frac{C_c}{2} \sqrt{\left(\frac{q}{L_c}\right)^2 + \left(\frac{2\beta_{mn}}{d_c}\right)^2} \tag{7-40}$$

式中　　$f_c$ ——燃烧室的某种振型的频率；

　　　　$C_c$ ——燃气的声速；

　　　　$d_c$，$L_c$ ——燃烧室直径和长度，燃烧室长度一般为圆柱段长度加上 2/3 收敛段
　　　　　　　　长度；

　　　　$q$，$m$，$n$ ——纵向、切向和径向振型的阶数；

　　　　$\beta_{mn}$ ——切向和径向组合振型的系数，其值见表 7 - 2。

表 7 - 2　燃烧室切向和径向组合振型系数值 $\beta_{mn}$

| $n$ | $m$ | | | |
|---|---|---|---|---|
| | 0 | 1 | 2 | 3 |
| 0 | 0 | 1.220 | 2.233 | 3.238 |
| 1 | 0.586 | 1.679 | 2.714 | 3.726 |
| 2 | 0.972 | 2.153 | 3.173 | 4.192 |
| 3 | 1.337 | 2.551 | 3.611 | 4.693 |

### 7.6.2　转子系统常见故障的诊断

#### 7.6.2.1　柔性转子的次同步振动

次同步振动是指柔性涡轮泵转子通过临界转速后重新激发转子以低于工作转速的某阶横向固有频率振动的现象，其基本特征是：低于工作转速的某阶转子固有频率被激发且在试车过程中不收敛。出现次同步振动，但如果次同步振动幅值限制在结构可承受范围内，发动机可正常交付使用。容许幅值需根据涡轮泵结构分析、振动能量与分解检查对应情况来确定。不同型号涡轮泵需制定自己的容许幅值。

#### 7.6.2.2　柔性转子的超同步振动

超同步振动是指柔性涡轮泵转子通过临界转速后激发转子以高于工作转速的某阶横向固有频率振动的现象，其基本特征是：高于工作转速的转子固有频率被激发，且在试车过程中不收敛，通常伴有次同步振动。如果超同步振动出现，则需对涡轮泵进行进一步检查处理。

#### 7.6.2.3　转子轴向振动

转子轴向振动是指涡轮泵转子以其轴向固有频率振动的现象，其基本特征是：转子升速过程中，当转速通过轴向固有频率时，激发轴向固有频率下的振动，且在试车过程中不收敛。

原则上涡轮泵不允许出现轴向自激振动，但如果该频率幅值限制在结构可承受范围内，发动机可正常交付使用。容许幅值需根据涡轮泵结构分析、振动能量与分解检查对应情况来确定。不同涡轮泵需制定自己的容许幅值。

#### 7.6.2.4　转静碰摩

转静碰摩是涡轮泵的常见故障类型，其基本特征是：时域波形有削波现象；频域上出现高次谐波及分数次谐波（诸如 $1/2$、$1/3$、$1/4$ 等）等非线性特征。

#### 7.6.2.5　转子掉块

转子掉块可能发生的形式有：诱导轮叶片掉块、涡轮转子叶片掉块、密封环脱落、膜层脱落等转子结构不完整性故障模式。其基本特征是：时域上出现突然的冲击信号，同时频域上同步响应振动幅值（或者与其他倍频同时）发生突然变化。

#### 7.6.2.6　涡轮盘异常振动

涡轮盘异常振动是薄盘转子系统的常见故障，其基本特征是：出现涡轮盘节圆或节径型振动频率，有时会出现其前后行波，如果结构出现裂纹，则会出现上述频率值下降（部分情况下上升）或其幅值突然增加的现象。

#### 7.6.2.7　滚珠轴承的异常振动

滚珠轴承的振动主要分为两大类：第一是与轴承的弹性有关的固有振动，这类振动在轴承正常与异常时均有发生，故对诊断工作本身没有太大的意义；第二是与弹性元件接触表面状况有关的振动，这类振动主要反映了轴承的损伤状况，是轴承故障诊断的重要依据之一。

滚珠轴承出现故障的基本特征是：

1）出现滚珠轴承的故障特征频率，包含外圈、内圈、滚动体、保持架的故障特征频率。

2）轴承磨损较为严重时，通常会出现转速的各阶倍频幅值同时增大，各阶倍频幅值大小的分布具有随机性。

一般来说，泵壳体上测得的轴承信号很微弱，需要结合一些特殊的分析工具如小波分析、共振解调等来进行轴承故障特征频率的识别。

当轴承运转中元件的缺陷部位进入接触状态时，会出现由反复的冲击力作用产生的低频脉动，这种脉动成为轴承的"特征频率"。这频率又可以认为是各轴承元件的转动频率。其频率值可以由转速和轴承的几何尺寸计算得到。

滚动体的故障特征频率为

$$f_b = \frac{Dn}{2d}(1 - d^2\cos^2\alpha/D^2) \tag{7-41}$$

外圈的故障特征频率为

$$f_o = \frac{Zn}{2}(1 - d\cos\alpha/D) \tag{7-42}$$

保持架的故障特征频率为

$$f = \frac{n}{2}(1 - d\cos\alpha/D) \tag{7-43}$$

内圈的故障特征频率为

$$f_i = \frac{Zn}{2}(1 + d\cos\alpha/D) \tag{7-44}$$

式（7-41）～式（7-44）中

$f_b$ ——滚动体自转频率；

$f_i$ ——滚动体通过内圈频率即内圈故障频率；

$f_o$ ——滚动体通过外圈频率即外圈故障频率；

$f$ ——保持架旋转频率即保持架故障特征频率；

$d$ ——滚动体直径；

$D$ ——节圆直径；

$\alpha$ ——接触角，为共切点与圆心的连线同垂线的夹角；

$Z$ ——滚动体个数；

$n$ ——轴频。

通过对滚动轴承振动特性的识别与研究，有利于对滚动轴承故障模式进行判别，并对运行中的轴承进行健康监控及早期预警。

### 7.6.3 小波分析在轴承保持架故障分析中的应用

膨胀循环发动机的高性能要求氢涡轮泵转子具有高转速，高 $DN$ 值滚动轴承是易发生故障的主要部件之一，因此成为涡轮泵健康监测的主要对象。

作为滚动轴承主要元件之一的保持架材料采用的是强度及刚度相对比较弱的非金属材料（常用主材是聚四氟乙烯），其故障特征频率振动量级较小，容易被湮没在复杂的背景噪音下。采用常规的短时傅里叶分析，该特征频率难以被识别出来，进而会影响对氢涡轮泵轴承健康状况判别的效果。

小波分析是最近二十几年出现的信号分析方法，具有多分辨率的时频局部分析及快速线性多通道带通滤波的特点。小波分析与短时傅里叶分析相结合的分析方法能够更形象更直观地辨识出特定的频率成分。使用这种方法处理氢涡轮泵振动信号，能够有效提高在高频采样下提取振动量级较小的低频成分的能力，从而提高氢涡轮泵的故障诊断成功率。

#### 7.6.3.1 小波分析的基本理论简介

满足条件

$$\int_{-\infty}^{+\infty} |\hat{\psi}(\omega)|^2 |\omega|^{-1} \mathrm{d}\omega < +\infty \qquad (7-45)$$

的平方可积函数 $\psi(t)$（即 $\psi(t) \in L^2(-\infty, +\infty)$）称为基本小波或小波母函数，其中 $\hat{\psi}(\omega)$ 是 $\psi(t)$ 的傅里叶变换。令

$$\psi_{a,b}(t) = \frac{1}{\sqrt{|a|}} \psi\left(\frac{t-b}{a}\right), a、b \text{ 为实数，且 } a \neq 0 \qquad (7-46)$$

称为有母函数 $\psi$ 生成的依赖于参数 $a、b$ 的连续小波，又称为小波基函数。设 $f(t) \in L^2(-\infty, +\infty)$，定义小波变换为

$$W_f(a,b) = \langle f, \psi_{ab} \rangle = \frac{1}{\sqrt{|a|}} \int_{-\infty}^{+\infty} f(t) \psi\left(\frac{t-b}{a}\right) \mathrm{d}t \qquad (7-47)$$

由上面定义可见，参数 $b$ 起着平移的作用，而参数 $a$ 的变化不仅改变连续小波的频谱结构，而且也改变其窗口的大小与形状。这是因为由 Fourier 变换的基本关系式可见，随着 $|a|$ 的减小，$\psi_{ab}(t)$ 的频谱就向高频方向移动，而 $\psi_{ab}(t)$ 的宽度则愈来愈狭小。这就满足了信号频率高相应的窗口应该小，因而它在时间（或空间）域上的分辨率亦高的要求。

Mallat 提出了多分辨分析的概念，受到金字塔算法的启发，以该概念为基础提出了著名的快速小波算法——Mallat 算法（FWT）。这种算法先对较大尺度的信号进行小波变

换，再选取其中的低频部分在原尺度的 1/2 尺度上进行小波变换。利用 Mallat 塔式算法进行信号分解，下一层的高、低频部分分别是上一层低频信号的高半频带与低半频带。基于多分辨分析的思想，我们可以把信号分解到各不同的频率通道之中，并保持有相应的频率与时间分辨率。在滤波的角度上来看，就是将信号的频带二进划分成一系列子带的过程，有带通滤波器的功能，并拥有较高的分析精度。小波分析的带通滤波简单示意图，如图 7 - 6 所示。

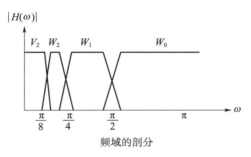

频域的剖分

图 7 - 6　小波分析带通滤波器的简单示意图

#### 7.6.3.2　诊断实例

某氢氧膨胀循环发动机在试车后返厂分解检查时，发现涡轮端靠近涡轮盘侧的两套轴承均已经损坏，轴承保持架均已碎裂，滚珠与内外套圈未见明显破损现象，如图 7 - 7 所示。

图 7 - 7　涡轮端两套轴承分解时状态

根据对发动机系统参数的分析，发动机主要的系统参数均在某一时刻突然下降，而氢涡轮泵的转速也相应下降。运用常规短时傅里叶分析对参数有变化的时段氢涡轮泵涡轮端振动信号进行分析处理，没有发现氢涡轮泵轴承保持架的故障特征频率，通过对这段振动信号运用小波分析进行细化分析，发现氢涡轮泵轴承的保持架故障特征频率发生了变化，如图 7 - 8 所示。

选用 db16 小波基对这段振动信号 b 进行 7 层离散小波分析，得到 7 个高频成分与 1 个低频成分，如图 7 - 9 所示。其中 d6 频段包含频率是 625～312 Hz，保持架的故障特征频率就在此频段。运用短时傅里叶分析对此频段进行分析可以得到图 7 - 10。

由上面的谱图可分析，保持架的故障特征频率一直存在（但幅值几乎没有发生变化）。在试车参数突变点这一时刻突然发生分叉现象，一个频率下降后维持在某一频率值，而另

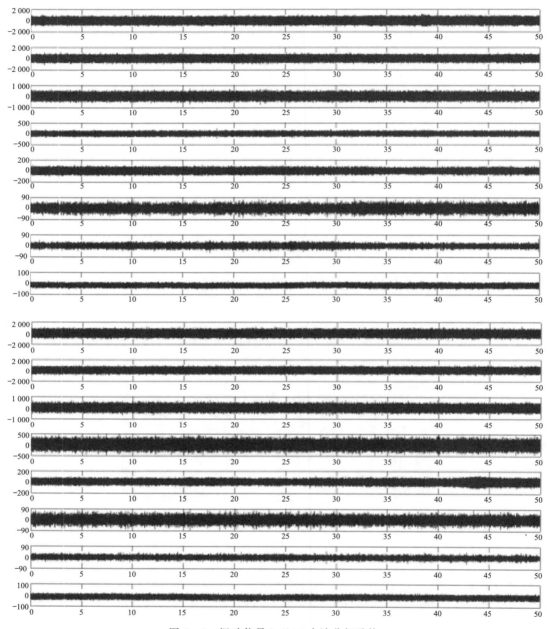

图 7 - 8　振动信号 b db16 小波分解重构

一个频率先下降后上升，且有较大的波动。

　　在通常情况下，由于轴承保持架设计和材料的特殊性，保持架故障特征频率的幅值很小，在振动谱图中应该不会出现。但是，轴承保持架故障特征频率的出现并不意味着保持架出现了故障。如果其幅值在整个试验的过程中处于平稳状态，仅能说明保持架处于非良好的工作状态。因为氢涡轮泵涡轮端装的是两套轴承，故障特征频率本身就包含两个轴承

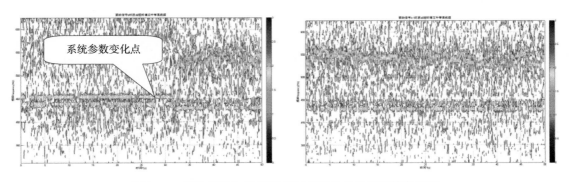

图 7 - 9　振动信号 b d6 频段短时傅里叶分析频谱等高线图

的保持架故障特征频率。在发动机系统参数变化点上，轴承的保持架故障特征频率发生了分叉现象，其中一个频率发生了较大波动，说明该轴承保持架发生了实质性损坏；而另一个频率发生了适应性变化并维持在一稳定频率上，说明另一套轴承的保持架没有发生实质性损坏。

# 参 考 文 献

［1］ 谭永华. 液体火箭发动机结构动力学理论及工程应用 ［M］. 北京：中国宇航出版社，2022.

［2］ 李斌，闫松，杨宝锋. 大推力液体火箭发动机结构中的力学问题 ［J］. 力学进展，2021，51（04）：831－864.

［3］ 罗巧军，褚宝鑫，须村. 氢涡轮泵次同步振动问题的试验研究 ［J］. 火箭推进，2014，40（05）：14－19.

［4］ 张正平. 航天运载器力学环境工程技术发展回顾及展望 ［J］. 航天器环境工程，2008，（03）：233－236.

［5］ 马兴瑞，于登云，韩增尧，等. 星箭力学环境分析与试验技术研究进展 ［J］. 宇航学报，2006，（03）：323－331.

［6］ 张小达，荣克林. NASA－HDBK－7005，动力学环境准则分析 ［J］. 航天器环境工程，2009，26（05）：436－441＋398.

［7］ 王其政，刘斌，宋文滨. 航天事故与动力学环境预示和控制技术研究述评 ［J］. 环境技术，1995，（04）：1－6.

［8］ Hyun C，Boo S H，Lee P S. Improving the computational efficiency of the enhanced AMLS method ［J］. Computers & Structures，2020（228），106158.

［9］ Frady G，John J，Katherine M，et al. Engine system loads analysis compared to hot－fire data ［C］. 43rd AIAA/ASME/ASCE/AHS/ASC Structures，Structural Dynamics，and Materials Conference. 2002.

［10］ Baklanov V S. Low－frequency vibroisolation mounting of power plants for new－generation airplanes with engines of extra－high bypass ratio ［J］. Journal of Sound & Vibration，2009，308（3－5）：709－720.

［11］ Langley R S，Bremner P. A hybrid method for the vibration analysis of complex structural－acoustic systems ［J］. Journal of the Acoustical Society of America，1999，105（3）：1657－1671.

［12］ 邹元杰，张瑾，韩增尧. 基于 FE－SEA 方法的卫星部组件随机振动条件研究 ［J］. 航天器环境工程，2010，27（04）：456－461.

［13］ 张瑾，邹元杰，韩增尧. 声振力学环境预示的 FE－SEA 混合方法研究 ［J］. 强度与环境，2010，37（03）：14－20.

［14］ 邱吉宝，向树红，张正平. 结构动力学及其在航天工程中的应用 ［M］. 合肥：中国科学技术大学出版社，2015.

［15］ Niezrecki，Cudney C. Active control technology applied to rocket fairing structural vibrations and acoustics ［C］. AIAA/ASME/ASCE/AHS/ASC Structures，Structural Dynamics，and Materials Conference and Exhibit，1997.

［16］ Wang L，Tao G，Stankovic J A，et al. Real－time design and simulation of an actuator failure compensation algorithm for a rocket fairing vibration reduction model ［C］. IEL Citation，2003.

［17］  Wang L，Huang B，Tan K C. Fault‐tolerant vibration control in a networked and embedded rocket fairing system ［J］. IEEE Transactions on Industrial Electronics，2004，51 (6)：1127‐1141.

［18］  杨新华，陈传尧. 疲劳与断裂 ［M］. 武汉：华中科技大学出版社，2018.

［19］  NASA‐STD‐5012. Strength and life assessment requirement for liquid fueled space propulsion system engines ［S］. 2006.

［20］  闫松，李斌，李锋. 结构动力学模型修正技术在液体火箭发动机中的应用 ［J］. 火箭推进，2018，44 (1)：10.

［21］  李弼程，罗建书. 小波分析及其应用 ［M］. 北京：电子工业出版社，2003.

# 第 8 章 发动机试验技术

## 8.1 概述

膨胀循环发动机研制过程中，试验是重要的一个环节。发动机在理论分析与仿真的基础上开展试验研究，通过组件、半系统、系统各层级的矩阵式试验，实现发动机最终功能、性能、寿命等与飞行一样的地面考核，夯实飞行试验基础。

## 8.2 推力室真空辐射试验

膨胀循环发动机由于起动能量来源于推力室、涡轮等结构温度，而空间滑行时，外界为真空冷黑背景，仅有辐射换热，无对流换热。为了获得发动机滑行时推力室在真空环境下的温度变化数据和规律，获得推力室辐射特性，需进行推力室真空辐射换热试验。

进行推力室真空辐射地面模拟试验的主要目的是：

1) 获得推力室在空间辐射、真空冷黑环境下的表面辐射特性和温度变化规律；

2) 用试验结果对理论估算和数值计算结果进行校验。试验结果用于膨胀循环发动机空间二次起动分析。

在美国"半人马座上面级"的研制过程中，曾经在 NASA 的刘易斯研究中心，对整个上面级（带两台 RL10 发动机）进行了热真空试验考核，研究上面级和发动机在模拟空间辐射环境下的温度变化情况。在点火前将产品长时期放在低温、真空和加热条件下，模拟空间长时间运行的影响。低温热沉采用液氮管道和散热片组成冷壁模拟高空低温背景。采用石英红外灯组成的太阳模拟加热器实现热模拟。

推力室真空辐射地面模拟试验示意图如图 8-1 所示。试验设备包括真空舱、红外加热系统、低温热沉系统、数据采集系统等。

低温热沉由表面喷涂了吸收率很高的黑漆和内部有低温液氮循环流动的铜管组成，与真空舱共同模拟出宇宙空间的真空冷黑背景（受液氮的温度所限，最低温约 85 K，真空度 $<10^{-3}$ Pa）。

红外加热笼设置在推力室外面，对推力室进行加热，模拟空间辐射条件。红外加热笼的加热元件是固定在框架上的 Ni-Cr 电阻带，面向产品的表面喷涂黑漆，以增加其吸收率；而面向热沉的一面采用抛光处理，以降低发射率，减少散热损失。为利于真空热试验产品的散热，加热带之间留有间隙，产品通过间隙与热沉辐射换热。

试验过程中，推力室与试验平台之间使用绝热垫片来隔绝两者之间的热传导，并在平

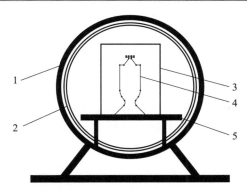

图 8-1　真空辐射地面模拟试验示意图

1—真空舱；2—低温热沉；3—红外加热笼；4—试验推力室；5—试验平台

台表面覆盖多层高反射率的镀铝薄膜，隔绝辐射换热，确保试验准确性。

试验实测推力室部分温度如图 8-2 所示。

推力室不同位置在同一次试验中的降温速率基本一致，说明了降温速率主要取决于外部环境（在试验中为外部低温热沉的温度），而推力室不同位置的辐射降温特性基本一样。

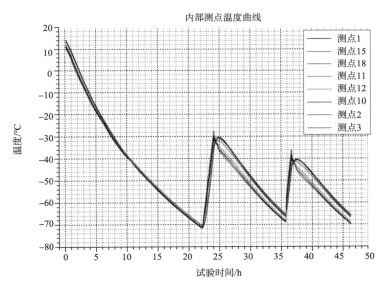

图 8-2　推力室真空辐射地面模拟试验温度曲线

将真空辐射地面模拟试验获得的数据反馈到数值计算中，得出推力室在空间叠加辐射环境下温度升高幅度。

## 8.3　缩比推力室设计与试验

膨胀循环推力室换热量约是同等推力量级其他循环的 2~3 倍，需要通过加长身部、内壁加肋等措施大幅提升换热能力。这种情况下一般会采用缩比推力室试验，针对推力室换热性能、推力室热流分布、推力室内壁气壁温等关键问题开展研究。

### 8.3.1 国外缩比推力室试验情况

（1）SSME 缩比方案与试验

SSME 发动机的研制过程中，采用推力室缩比件研究全尺寸的传热以及循环寿命。缩比件设计的目标是喉部附近的壁温分布和总循环应变与全尺寸尽可能相近。为此设计了两种推力室缩比试验件，按照全尺寸 SSME 推力的十分之一进行缩比，一种是环形水冷量热式；另一种是氢再生冷却式。

两个缩比件均保持与全尺寸相同的燃烧室长度、收敛段收缩角、喉部曲率半径和收缩比，喷注单元结构尺寸也与全尺寸相同。其主要结构参数见表 8-1。

表 8-1　SSME 缩比件主要结构参数

| 设计参数 | 全尺寸 | 量热式 | 再生冷却式 | 缩比与全尺寸之比 |
|---|---|---|---|---|
| 总喷嘴数量 | 600 | 61 | 61 | 约 1:10 |
| 圆柱段直径/mm | 450.6 | 143.8 | 143.8 | 约 1:10$^{0.5}$ |
| 喉部直径/mm | 261.75 | 84.1 | 84.1 | 约 1:10$^{0.5}$ |
| 混合比 | 2.96 | 2.92 | 2.92 | 1:1 |
| 燃烧室长度 | 355.6 | 355.6 | 355.6 | 1:1 |
| 出口扩张比 | 5:1 | 7:1 | 5:1 | 1:1（再生冷却式） |
| 冷却通道数 | 390 | 116 | 128 | 约 1:10$^{0.5}$（再生冷却式） |
| 冷却方式 | 轴向 | 环向 | 轴向 | / |

一方面，通过水冷量热式缩比件的热试验得到不同轴向位置的燃气侧换热系数分布，如图 8-3 所示。由该分布曲线推算得出氢再生冷却式缩比件沿轴向的燃气侧换热系数分布、热流密度分布（见图 8-4）以及总换热量，再与氢再生冷却式热试验实测得到的总换热量进行比较，结果表明两者相差较小，仅不到 5%。

另一方面，也通过量热式缩比件热试验得出的燃气侧换热系数分布，按照相同马赫数下燃气侧换热系数相同的假设，推算得到全尺寸的燃气侧换热系数分布，如图 8-5 所示。同样地，可由该换热系数分布计算得到全尺寸的热流密度分布和总换热量，经过与全尺寸实测的总换热量比较，结果表明两者相差也较小，不到 5%。

量热式缩比件燃烧室试验的室压为 8.6～11.4 MPa，混合比为 5.5～6.5，相比于全尺寸 SSME 的额定室压 20.47 MPa，混合比 6.0 而言，试验的混合比范围覆盖全尺寸，但室压偏低。这是由于室压的最大值受限于喉部处水的冷却能力。再生冷却式缩比件试验的室压、混合比则与全尺寸完全相同，这样有利于模拟全尺寸的燃气侧换热、壁温分布和循环寿命。

综上所述，按上述缩比方法设计的量热式和再生冷却式缩比件，通过计算与热试验，与全尺寸热试验得到的总换热量相符，并可模拟最恶劣区域喉部附近的壁温分布及工作循环寿命，具有参考和借鉴意义。

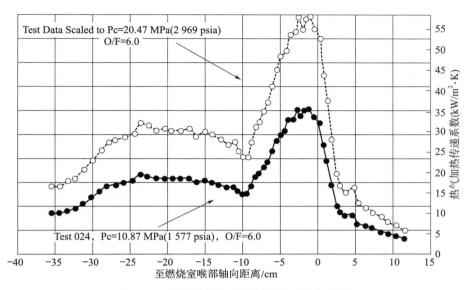

图 8 - 3　量热式缩比件气侧换热系数分布图

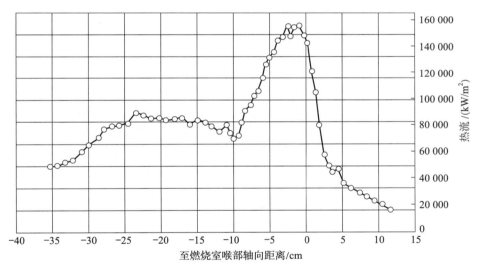

图 8 - 4　再生冷却式缩比件热流密度推算值的分布图

（2）VINCI 缩比方案与试验

本世纪初为了研究新型低温上面级膨胀循环发动机 VINCI，德国 Astrium 公司主要针对如何提高燃烧室换热能力开展研究工作，其主要技术途径是通过缩比燃烧室研究两项增强换热措施，一项是增长圆柱段长度，另一项是圆柱段燃气侧加肋。

燃气侧加肋缩比燃烧室（结构见图 8 - 6）主要分成三部分，分别是头部、水冷圆柱段和水冷喉部段。介质为气氢气氧。其中水冷圆柱段可更换，共设计 8 种结构，其中 1 种为光壁结构，其余 7 种为内壁加肋结构，见表 8 - 2。试验结果表明类型 6 和类型 8 获得的换热量最大，比光壁结构大约高出 25％。

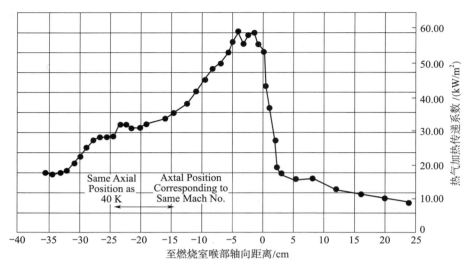

图 8-5 推算得到的全尺寸 SSME 气侧换热系数分布图

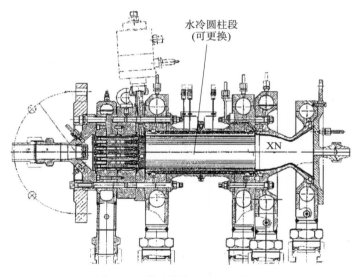

图 8-6 缩比燃烧室组成结构图

表 8-2 不同种类的圆柱段内壁结构

| Configuration | Rib Type | 表面积增加 | 冷却剂通道 |
| --- | --- | --- | --- |
|  | 1 | 0%（Reference） | 86 |

**续表**

| Configuration | Rib Type | 表面积增加 | 冷却剂通道 |
|---|---|---|---|
| 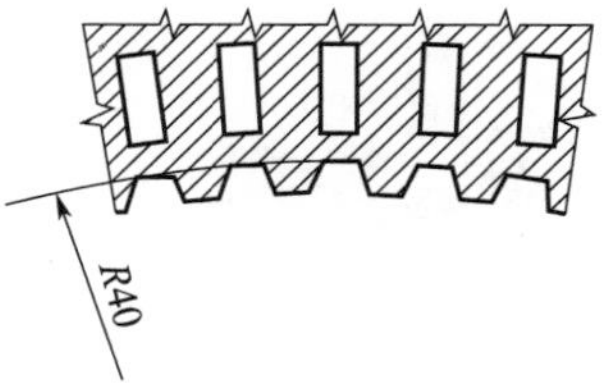 R40 | 2 | 41% | 86 |
| 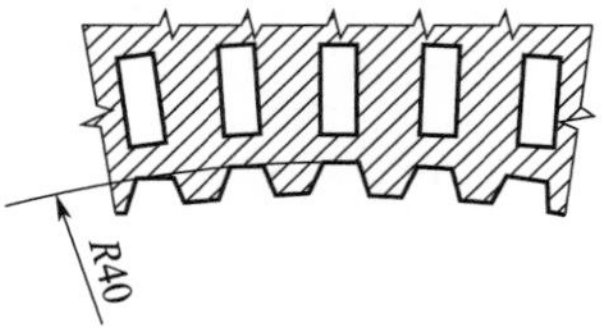 R40 | 3 | 30% | 86 |
| 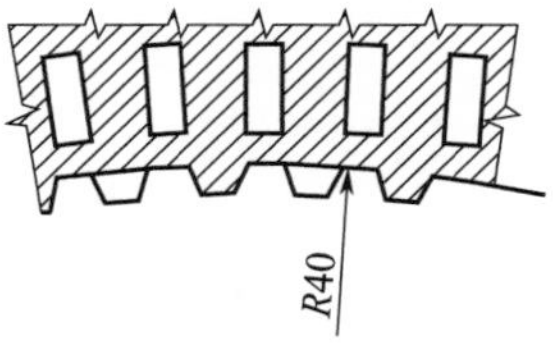 R40 | 4 | 21% | 86 |
|  HONOBLOC K3R2　R40 | 5 | 30% | 86 |
| 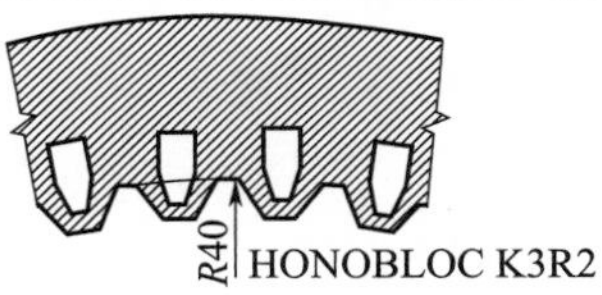 R40 HONOBLOC K3R2 | 6 | 35% | 48 |
| 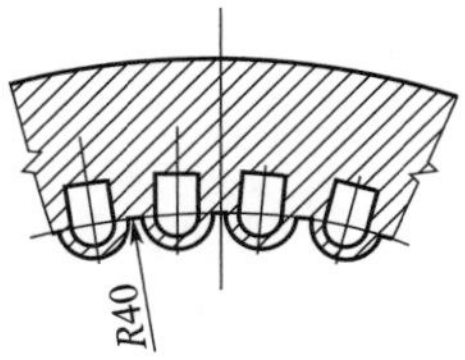 R40 | 7 | 35% | 48 |
|  HONOBLOC K3R2　R40 | 8 | 29% | 48 |

　　针对另一种增强换热的措施，设计了原 2 倍圆柱段长度的缩比燃烧室。其圆柱段长度与全尺寸 VINCI 燃烧室的圆柱段长度相当，如图 8-7 所示。第一段圆柱段采用轴向冷却通道；第二段采用量热式圆柱段，共有 11 个独立的环形通道；第三段为量热式喉部段。两段圆柱段内壁均光滑。研究结果认为，缩比燃烧室热试对于修正 Astrium 燃烧计算工具 CryoRoc 具有价值。

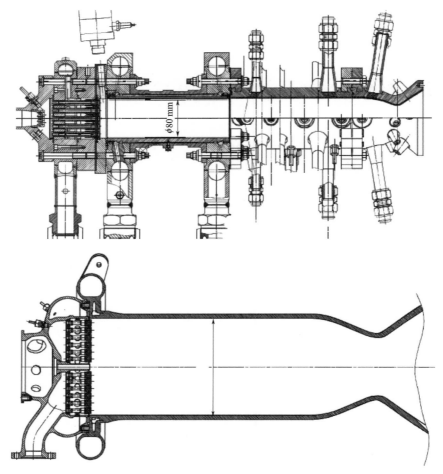

图 8-7　2 倍圆柱段长度的缩比燃烧室（上图）；VINCI 全尺寸燃烧室（下图）

（3）高深宽比冷却通道缩比试验

同样在本世纪初，德国 DLR[2]（German Aerospace Center）通过传热计算和缩比件热试，对冷却通道几何尺寸进行比较和优化。由于高深宽比通道在降低气壁温和减少流阻方面具有较大潜力，而且圆柱段可制造性好，所以研究对象为圆柱段上不同深宽比冷却通道。

专门设计的具有不同高深宽比、分区设置的燃烧室试验件结构如图 8-8 和图 8-9 所示，结构尺寸见表 8-3。其主要设计特点为：

1）沿环向等分为四个不同深宽比的通道区域，每个区相互独立；

2）通过深宽比的调整保持每区的流阻相同、近似保持每区的冷却流量相同；

3）每区的喷注器排列、通道排列以及温度传感器布置位置保持一致；

4）尽量使通道壁面光滑，降低粗糙度对换热的影响；

5）在试验件入口前加一段圆柱段，以减少燃气入口效应和燃烧不充分的影响。

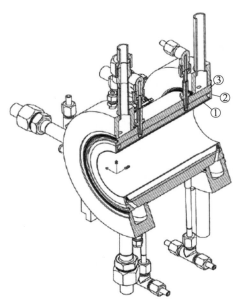

图 8-8　试验件的结构

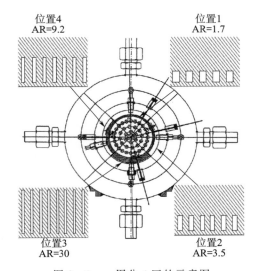

图 8-9　一周分 4 区的示意图

**表 8-3　四种高深宽比结构的几何尺寸**

| 位置 | 宽度/mm | 高度/mm | aspect ratio | fin width/mm |
|------|---------|---------|--------------|--------------|
| 1 | 1.2 | 2.0 | 1.7 | 1.4 |
| 2 | 0.8 | 2.8 | 3.5 | 1.4 |
| 3 | 0.3 | 9.0 | 30 | 1.4 |
| 4 | 0.5 | 4.6 | 9.2 | 1.4 |

　　试验件头部以下分为三段：附加圆柱段、分区试验段和喉部段（见图8-10），各段均采用液氢冷却。

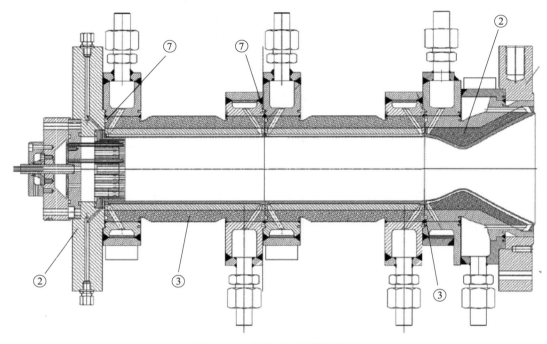

图8-10　整体试验件结构简图

　　试验系统全部来流液氢分成两路：一路用于冷却附加圆柱段，冷却后一路排放，剩下部分进入头部燃烧；另一路分四路分别进入试验件的四个区，冷却后汇总冷却喉部段。

　　试验中对距燃气壁面不同距离的肋温进行测量，再由梯度法计算得到气壁温，其原理如图8-11所示。每个区沿轴向布置4个位置，每个位置布置5个不同埋深的温度热电偶，具体轴向位置与距内壁面的距离见表8-4所示。测得5个不同肋温后，由导热公式，通过线性外推，可获得燃气侧气壁温和热流密度。

表8-4　肋上的测温位置

| 位置 | 1 | 2 | 3 | 4 |
|---|---|---|---|---|
| 距管片前缘的距离/mm | 52 | 85 | 119 | 152 |

| 热电偶 | $TE_1$ | $TE_2$ | $TE_3$ | $TE_4$ | $TE_5$ |
|---|---|---|---|---|---|
| 离热气面距离 | 0.7 | 1.1 | 1.5 | 1.9 | 7.5 |

　　（4）LE-X（LE-9前身）缩比方案与试验

　　2009年为研制140 t开式膨胀循环LE-X发动机，JAXA重点研究了内壁加肋增强换热技术，图8-12是两种环形水冷量热式缩比推力室结构方案。

　　燃烧室A圆柱段分光滑区和加肋区，加肋数为180个，肋高1 mm，肋宽1 mm，肋间距0.9 mm，从加肋区开始至20 mm距离内，肋高逐渐由0增加到1 mm。

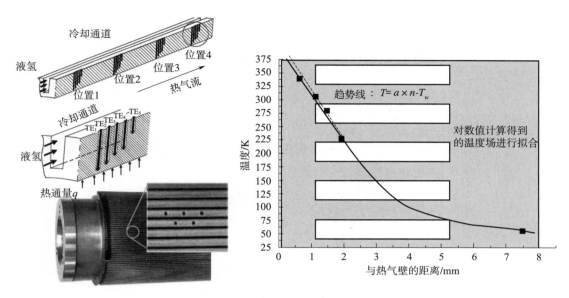

图 8-11　计算燃气侧壁温的原理图

燃烧室 B 加肋圆柱段可更换，还设计一个长 117 mm 光壁圆柱段，通过热试可以对比两种结构的换热情况。加肋数为 90 个，肋高 1 mm，肋宽 1.27 mm，肋间距 1 mm。

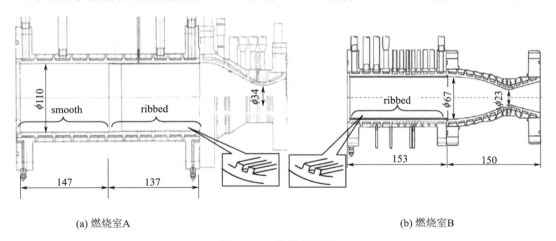

(a) 燃烧室A　　　　　　　　　　　　　　　　　　　(b) 燃烧室B

图 8-12　加肋燃烧室

为了更准确地预测再生冷却通道内流动与换热特性，2011 年左右 JAXA 设计了如下图 8-13 所示的缩比燃烧室，采用真实介质氢冷却。喷注面距喉部的长度为 250 mm，圆柱段内径为 66 mm，喉部直径为 35.4 mm，喉部距燃烧室出口为 108 mm。

热试过程中对肋的壁温进行沿轴向和环向的测量，以便修正数值仿真结果，在肋的两处不同深度位置布置测温热电偶，如图 8-14 所示。

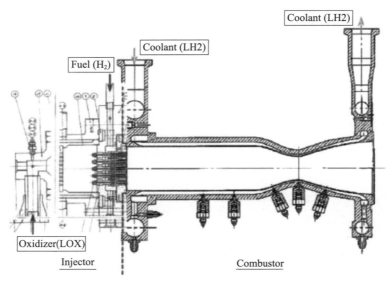

图 8 - 13　缩比氢冷却燃烧室结构图

图 8 - 14　试验台上的缩比氢冷却燃烧室

### 8.3.2　缩比推力室设计方法

根据相似原理，物理现象的相似是指，同一类物理现象中，在空间对应的点和在时间对应的瞬间，其各对应的物理量分别成一定的比例。表征相似现象的相似准则数对应相等。所以，对于设计模拟全尺寸推力室传热现象的缩比件而言，需要在几何尺寸上、在表征传热的主要物理量上与全尺寸存在某种相似关系，即成一定的比例。两者表征传热现象的相似准则数应对应相等。下面就如何满足上述相似原理，即几何相似和传热相似这两方面进行缩比件缩比方法的分析。

8.3.2.1　几何相似

缩比件与全尺寸两台相似推力室需要对应的线性尺寸成比例，对应曲线的斜率处处相等。将缩比件与全尺寸两者对应线性尺寸的比定义为缩小比例数（简称缩比数），为 1：$n$。这样，全尺寸与缩比件的内型面对应处的轴向长度 $x$ 和径向长度 $y$（半径）之比为

$$\frac{x_s}{x_f} = \frac{y_s}{y_f} = \frac{r_{t,s}}{r_{t,f}} = \frac{1}{n} \tag{8-1}$$

其中下标 $s$ 代表缩比件、$f$ 代表全尺寸、$t$ 表示喉部。则喉部面积 $A_t$ 之比为

$$\frac{A_{t,s}}{A_{t,f}} = \frac{1}{n^2} \tag{8-2}$$

取无量纲参数 $x^* = x/r_t$，$y^* = y/r_t$，则对应处无量纲参数处处相等，即 $x_s^* = x_f^*$，$y_s^* = y_f^*$。满足以上关系，则认为缩比件与全尺寸两者几何相似。

8.3.2.2　传热相似

（1）燃气侧

对于推力室内圆柱段，虽然其内部流动为管流，但其长径比相对于充分发展的管流所需的长径比而言，其值较小，实际是非充分发展流。因此推力室内圆柱段的流动与充分发展管流并没有相似性。而这种具有贴壁的、附面层逐渐发展特征的流动则与平板流动比较相似，所以认为圆柱段内的燃气流动与传热现象可参考平板流动，用如下相似准则数来表示

雷诺数：

$$Re = \frac{\rho v x}{\mu} \tag{8-3}$$

普朗特数：

$$Pr = \frac{Cp\mu}{\lambda} \tag{8-4}$$

努赛尔数：

$$Nu_x = C \cdot Re_x^a Pr_x^b \tag{8-5}$$

公式中 $x$ 代表距喷注面的轴向距离，以喷注面板为零点。$\rho$ 代表流体密度、$v$ 代表流速、$Cp$ 为比热、$\mu$ 为粘性系数、$\lambda$ 为导热系数。$a$ 和 $b$ 代表经验公式中的拟合指数。雷诺数 $Re$ 反映流动的惯性力和粘性力大小的比值。普朗特数 $Pr$ 反映流体的动量传递能力和热量传递能力的比值。努赛尔数 $Nu$ 则反映流体的对流换热的强弱。

对于圆柱段，缩比件和全尺寸在相同轴向位置 $x$ 处只要满足喷注器结构相同（这样雾化、混合、燃烧等过程相近）、室压和混合比相同，那么该处的流速、温度、压力、密度、黏度、马赫数等参数也就相同，以上的雷诺数、普朗特数和努赛尔数也就处处相等，传热现象就是相似的。也就是说需要缩比件和全尺寸两者的燃烧工况相同、相同位置处燃气参数相等、圆柱段长度相等。

对于有直径变化的收敛段和扩张段，由于流通面积变化较大，流速变化大，流体内部发生掺混，流态与充分发展管流比较接近，所以认为该段宜用管流的相似准则数来表示流

动和换热特征，如

雷诺数：

$$Re = \frac{\rho v d}{\mu} \qquad (8-6)$$

普朗特数：

$$Pr = \frac{Cp\mu}{\lambda} \qquad (8-7)$$

努赛尔数：
$$Nu_d = C \cdot Re_d^c Pr_d^d \qquad (8-8)$$

其中换热系数：

$$h = \frac{Nu \cdot \lambda}{d} \qquad (8-9)$$

其中 $d$ 为流动截面直径，$c$ 和 $d$ 代表经验公式中的拟合指数。缩比件和全尺寸在相似处两者直径之比等于缩比数，截面积（包括喉部面积）之比为缩比数的平方，截面积与喉部面积之比（即收缩比）对应相等。这样相似对应处两者的马赫数相等，流速、温度、压力和燃气物性也对应相等，两者在相似处的雷诺数之比等于对应截面直径之比，等于缩比数。普朗特数两者对应相等。努赛尔数中的换热系数取决于雷诺数和当地直径。对于紊流强迫对流换热一般公式中的指数 $c$ 为 0.8 左右，这样可得

$$h \propto \frac{1}{d^{0.2}} \qquad (8-10)$$

也就是说，缩比件和全尺寸相似处的换热系数之比等于两者相似处直径之比的 0.2 次方的倒数，即为缩比数的 0.2 方的倒数。若缩比数取 $1:10^{0.5}$，则比值约为 1.259。也就是说在收敛扩张段缩比件与全尺寸在几何相似处燃气侧换热系数对应成一固定比例，该比例值仅与几何缩比的比例有关。

综上所述，对于燃气侧换热，缩比件可以采用圆柱段长度不变、径向尺寸成比例缩小的相似方法，还要使喷注器结构采用与全尺寸相同的结构、室压和混合比与全尺寸相同。这样在圆柱段相似处的两者换热系数相等，在收敛扩张段两者的换热系数之比成比例，基本满足相似要求。

（2）冷却剂侧

通道内的冷却剂流动形式由于长径比较大，可认为其为充分发展流。对此流动与传热现象可用如下相似准则数表示为

雷诺数：

$$Re = \frac{\rho v d_l}{\mu} \qquad (8-11)$$

普朗特数：

$$Pr = \frac{Cp\mu}{\lambda} \qquad (8-12)$$

努赛尔数：

$$Nu_{d_l} = C \cdot Re_{d_l}^m Pr_{d_l}^n \qquad (8-13)$$

其中换热系数：

$$h = \frac{Nu \cdot \lambda}{d_l} \qquad (8-14)$$

式中 $d_l$ 为通道的水力直径，$m$ 和 $n$ 代表经验公式中的拟合指数。为满足以上相似准则，需要保持缩比件与全尺寸在冷却通道相似处具有相同的通道尺寸（即具有相同的水力直径）和相同的流速、密度、黏度等参数，而后者就需要保证相似处的流量、压力、温度、流动长度（以冷却剂入口为零点）对应相等。

为满足以上条件，则在满足上节燃气侧相似条件的基础上，可以采取以下措施：

1）以喉部为基准，同时向两边延长圆柱段和扩散段，使总轴向长度相等，流动长度近似相等；

2）在相似处（即相同的流动长度处）采用与全尺寸相同或相近的冷却通道尺寸，该处的通道水力直径近似相等；

3）保证缩比件每个通道的流量与全尺寸的单通道流量相等、两者流速相近、入口压力和温度也与全尺寸相等。

如果满足上述条件，那么两者相似处的雷诺数、普朗特数和努赛尔数也就近似相等，可满足相似原理。

以喉部为基准可以保证喉部距冷却入口的轴向位置不变，冷却的流动长度近似相等（由于缩比件径向尺寸的缩比会造成母线长度与全尺寸不同，流动长度会有微小的差别），应保证关键部位（喉部附近）的传热尽量相似。圆柱段的加长是在圆柱段结束与收敛段起点之间增加一段圆柱段，如图 8-15 所示。加入的圆柱段会使缩比件收敛段入口处燃气的边界层和换热与全尺寸有所不同，继而影响到下游收敛扩张段的燃气换热状态。不过经三维传热计算表明，增加的圆柱段会减小下游（包括喉部）的燃气侧换热系数，使得喉部处理论上比全尺寸大近 1.259 倍（缩比数取 $1:10^{0.5}$ 时）的换热系数减少到约 1.15 倍，更接近全尺寸的换热状态，有利于冷却设计和相似模拟。

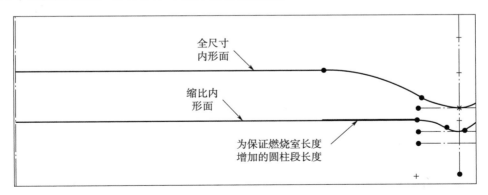

图 8-15　圆柱段加长示意图

对于扩散段的加长，若按最大推力喷管型面延长会造成面积比增大，可能地面试车时燃气会分离，影响传热。因此扩张段采用直径等于出口直径的圆柱形状进行延长，见下图

8 - 16。

综上所述，在满足燃气侧相似基础上，可以采取以喉部为基准，同时向两边延长圆柱段和扩散段，使总轴向长度相等；采用与全尺寸相同或相近的冷却通道尺寸；保持与全尺寸相同的单通道流量的方法使得缩比件与全尺寸的液侧换热相似准则数近似相等，满足相似原理。两者的内型面示意图如图 8 - 16 所示。

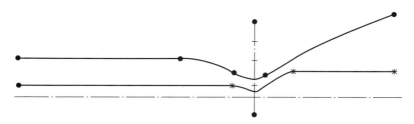

图 8 - 16　缩比件与全尺寸型面的示意图

（3）内壁

对于内壁而言，主要是确定缩比件的壁厚尺寸。根据 $x$ 处换热量等于

$$Q_x = A_{g,x} h_{g,x} (T_{aw,x} - T_{wg,x}) = \left(\frac{\lambda}{\delta}\right)_x A_{sd,x} (T_{wg,x} - T_{wl,x}) = h_{l,x} K_{p,x} A_{l,x} (T_{wl,x} - T_{l,x})$$

$$(8 - 15)$$

从上式可见，缩比件和全尺寸若相似处保证相同的内壁厚度，在相似处燃气侧换热系数、冷却剂侧换热系数、燃气温度、冷却剂主流温度均相等的条件下，则可使得缩比件和全尺寸在相似处气壁温和液壁温对应相等。也就是说，使冷却剂侧和燃气侧都传热相似的条件下，只要保证相同的内壁厚度就能保证内壁的导热相似，内壁的温度分布就相等，实现缩比件的缩比目的。所以，缩比件的壁厚应与全尺寸保持相同。

那么，缩比件和全尺寸的总换热量之比等于缩比数的平方的倒数，符合相似原理。

$$\frac{Q_s}{Q_f} = \frac{\sum Q_{x,s}}{\sum Q_{x,f}} = \frac{\sum A_{x,s}}{\sum A_{x,f}} = \frac{1}{n^2} \tag{8 - 16}$$

燃烧室的总流量之比也等于缩比数的平方的倒数，推力也亦然，亦符合相似原理。

$$\frac{F_s}{F_f} = \frac{\dot{m}_{tc,s}}{\dot{m}_{tc,f}} = \frac{A_{t,s}}{A_{t,f}} = \frac{1}{n^2} \tag{8 - 17}$$

### 8.3.3　热流密度的测量

以往的推力室身部均采用轴向冷却通道，要获得燃气侧的热流密度有以下两种方式：1）通过测量内壁近壁区温度梯度，根据傅里叶定律计算得到热流密度，但由于内壁的温度线性区很薄，梯度很大，所以对于测点的位置精度要求非常高，测准很困难；2）通过测量冷却通道冷却剂沿程的温度和压力来获得冷却剂的吸热量，由于冷却剂的吸热量与燃气侧的换热量相等，从而可以得到这一小段区域的平均热流密度，但一般冷却通道槽宽都很小，温度传感器很难伸入通道中，且由于冷却剂存在明显的温度分层，难以测得平均温度。

图 8-17 是 DLR 缩比推力室传热试验热电偶安装示意,通过测量肋不同深度的温度,再由梯度法计算得到气壁温。采用梯度测温方式时,一方面必须确保能够在极高的热流下准确地测得温度,另一方面,热电偶安装时需要具备良好的可操作性,且尽量减小对室壁结构的影响。DLR 采用的方式为将热电偶插入到在固壁上高精度加工的深孔中,并在外部用弹簧施加 2~3.3 N 的作用力,以保证结构在热试中产生热变形和振动的条件下,热电偶感温端与孔底部保持良好的接触。每个热电偶采取了绝热措施,以减小传感器自身导热对测温结果的影响。

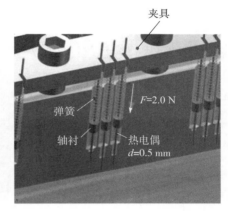

图 8-17　DLR 热电偶安装示意图

图 8-18 缩比身部量热式测量方案示意,沿轴向设计多个冷却环带,试车中冷却剂从环带入口进入冷却通道,分两侧沿身部周向流动,绕行 180°汇聚后从环带出口流出,通过测量每个环带冷却剂流量和进出口的温度、压力,获得冷却剂的进出口焓值,从而计算得到环带所在位置的平均热流密度。其中每个环带内根据跨度和冷却需要,可包含多个轴向排列的环形冷却通道。

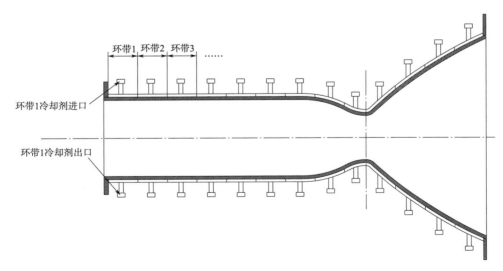

图 8-18　量热试身部示意图

## 8.4　推力室点火及换热挤压试验

膨胀循环发动机的涡轮泵驱动能源全部来自推力室夹套换热，因此换热性能就成了决定发动机推力指标的核心因素之一，换言之夹套换热等相关特性成了影响发动机技术方案的关键。由于推力室夹套在膨胀循环发动机中特殊且重要的作用，一般在发动机全系统试验前都要进行推力室挤压试验，其目的除考核推力室燃烧特性、整机工作协调性外，更重要的是获得推力室夹套的换热性能和流阻特性。

### 8.4.1　推力室挤压试验系统原理

推力室挤压试验系统由发动机系统和试验台系统两部分构成，其中试验台系统又包括推进剂供给系统，推进剂排放系统，贮箱增压系统、吹除供气系统，控制、点火供电系统，参数测量系统等，除前面提到的高压大流量推进剂供给要求外，其他系统与发动机常规整机试车并无本质差别，因此后面主要介绍推力室挤压试验发动机系统的设计特点。

典型的推力室挤压试验系统如图 8-19 所示，试验台供给的高压液氢、液氧首先流经入口的汽蚀管，以达到流量精确控制的目的，但这势必又会提高对入口压力的需求。在推进剂输送过程中热输入以及高压的双重作用下，入口汽蚀管的氢很可能已处于超临界状态，此时汽蚀管流量控制方程已经失效。图 8-20 为 VINCI 发动机推力室挤压试验现场。

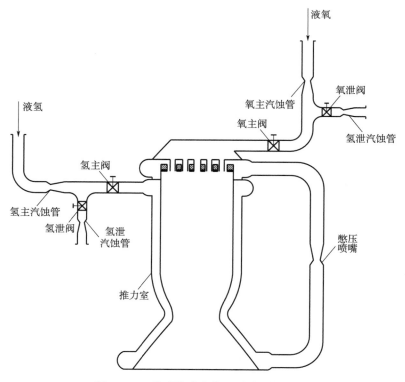

图 8-19　典型推力室挤压试验系统原理

图 8 - 20　VINCI 发动机推力室挤压试验现场，点火阶段（左）稳定状态（右）

　　针对上述高压挤压试验系统特有的问题，可以从以下两个方面入手降低试验风险：
1）将试验工况由低到高分步骤实施，低工况在保安全的情况下初步获得组件特性，为高
工况参数的精准控制提供重要依据；2）取消入口氢汽蚀管改由夹套出口的声速喷嘴控制
氢流量，尽管这种流量控制手段相对间接，且控制精度受夹套换热和流阻特性影响，但可
彻底规避超临界流体汽蚀管方程失效问题，且可以将发动机入口压力需求降低 20％左右。

## 8.4.2　推力室挤压试验控制方式

　　推力室挤压试验技术难度大、风险高，若能在一次试验中考核更多的工况，对控制总
风险和降低总成本都有重要意义，为此一次试验中一般都设置多个试验工况。

　　推力室挤压试验工况控制方式有多种选择：1）直接通过台上增压系统控制发动机入
口压力。该方式的难点在于增压系统与发动机的动态匹配性，借助强大的动态过程系统仿
真工具，相关技术问题已经可以很好地决定，并成功在某 10 t 级膨胀循环发动机推力室挤
压试验中应用；2）通过改变发动机流路状态调节进入推力室的流量，具体可分为改变主
流路状态和泄出路状态两种。前者将入口汽蚀管拆分为两个或多个，并分别设置阀门进行
通断控制，后者则直接利用泄出系统的分流能力控制推力室流量。这种方式不但要求泄出
路有准确的流量特性，而且要求泄出路前必须有总流量控制环节。上述工况控制方式往往
不会单独使用，而是组合起来以达到更加丰富的控制效果。试验工况调节过程不但要改变
燃烧室压力，而且伴随着混合比的大幅变化。因此要特别注意设计上坚持低混合比不灭高
混合比不烧原则。

　　推力室挤压试验起动、关机过程控制，是决定试验成败最重要的环节，点火能量不
足、时序设置不当等都会导致试验出现重大安全风险。

　　膨胀循环发动机在低压小流量下点火，即使点火失败也不存在安全风险。推力室挤压
试验一般在较高箱压下点火，因推进剂流量显著增加带来的点火能量不足和失败风险问题
变得非常突出。为此，一方面要尽量采用点火能量更大的点火器，另一方案要尽量降低点
火工况，最后就是设置合理的紧急关机条件。

　　挤压试验点火失败紧急关机的核心，是避免推进剂持续向外界排放和积存，进而由外

界能量引燃发生爆轰风险。点火失败紧急关机后的现场维护措施，重点是使推力室排出的推进剂尽快扩散，因此大流量的氮气吹除是必要的措施。理论上在没有外部点火能量作用的情况下，即使氢氧介质混合也不具备爆炸的条件。

自下发控制指令至介质进入推力室的时间，定义为介质的充填时间 $\Delta t$，它是确定点火起动时序的关键依据。充填时间 $\Delta t$ 与电控系统响应特性、气控系统响应特性、主阀本身运动特性、主阀下游管路结构、介质种类等都有密切关系。如此复杂的影响因素很难通过理论分析准确掌握。因此正式试验前一般都要进行氢、氧系统的冷态充填调试。为了获得与正式试验一致的试验结果，冷态充填调试一般采用真实介质。但是考虑到试验成本等问题，也可考虑采用其他替代介质。根据研究经验和理论仿真结果，氢介质在管路中充填的时间，在整个充填时间 $\Delta t$ 中的占比非常有限，因此只需通过冷调获得其他因素的响应时间即可。需要注意的是，如果采用液氮等代替液氢进行充填特性调试，由于液氮的流动性、扩散性远不如氢，所以获得的充填时间 $\Delta t$ 可能会明显比氢介质长，这种情况在氢主阀下游管路长且容腔大时尤为明显。

## 8.5　涡轮泵介质试验

通过涡轮泵介质试验可获得涡轮泵整机性能、考核整机工作协调性，用于研制初期涡轮泵方案可行性评价。涡轮泵介质试验还可标定不同台次产品间的性能差异，用以提高发动机一次调整计算精度，单纯通过泵水试或涡轮吹风试验往往很难获得这种台次性能差异。

### 8.5.1　系统构成及原理

涡轮泵介质试验除包括台上供液系统、供气系统和介质排放系统外，还有涡轮泵工况控制环节，如果采用低温工质则还需要吹除防护。图 8-21 是典型的涡轮泵介质试验系统原理图，泵介质供应采用一般的低压贮箱系统即可，涡轮工质供应需要采用高压气瓶系统。如果选择定工况试验方式，则供气系统需设置一套减/稳压系统。由于氢涡轮泵介质试验的气体供应流量往往都比较大，以 10 t 级发动机氢涡轮泵介质试验为例，涡轮气氢工质流量将近 3 kg/s。这会导致减/稳压系统规模非常庞大，如果只进行有限次的研究性试验，这样的试验系统投入效费比显然不理想。针对上述问题可以考虑变工况试验方式，即取消供气系统的减/稳压系统，直接通过高压气瓶落压供气，当气瓶容积足够大时不但可获得准稳态参数，还可获得涡轮泵不同工况点的性能。图 8-22 为 VINCI 发动机氢涡轮泵介质试验现场。

涡轮泵工况控制可分为离心泵工况控制和涡轮工况控制，二者即相互独立又因工作在同一轴上而相互关联，工况设计的最终目标是使各工况参数都在设计点附近。但是由于涡轮泵介质试验一般都采用代替介质，所以要使所有工况参数都接近设计点往往会比较困难甚至不可能。

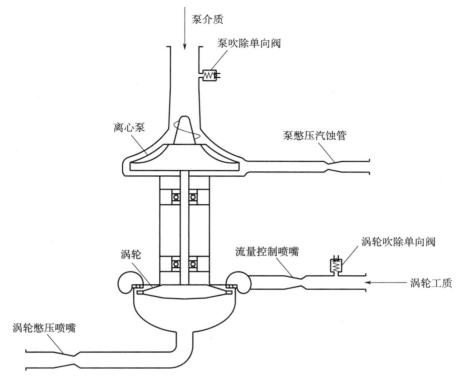

泵介质

泵吹除单向阀

离心泵

泵憋压汽蚀管

涡轮

流量控制喷嘴

涡轮吹除单向阀

涡轮工质

涡轮憋压喷嘴

图 8 - 21　典型涡轮泵介质试验系统原理

图 8 - 22　VINCI 发动机氢涡轮泵介质试验现场

　　离心泵工况一般通过泵后设置的汽蚀管或阀门控制。涡轮工况包括出口压力 $p_{et}$ 和压比 $\pi_t$ 两方面内容。涡轮出口压力 $p_{et}$ 通常采用出口设置的喷嘴或阀门进行控制。涡轮压比 $\pi_t$ 由涡轮的流通能力和流量共同决定，只需控制涡轮流量 $\dot{m}_t$ 或入口压力 $p_{it}$ 中的一个参数即可。新研涡轮进行介质试验前大都没有专门的流量特性试验。由于没有准确的涡轮流量特性，所以一般采用控制流量方式以降低系统偏差风险，流量控制方法是在涡轮入口设置声速喷嘴。当涡轮端轴承采用液冷时需要特别注意，涡轮入口压力 $p_{it}$ 甚至出口压力 $p_{et}$ 要低于轴承腔的设计压力，避免气体窜入轴承腔影响轴承的可靠冷却。

## 8.5.2　涡轮泵性能评价

　　涡轮泵性能包括泵扬程、泵效率、涡轮效率和涡轮流通能力等四个方面内容。由于泵效率和涡轮效率很难在涡轮泵整机试验时准确区分开来，且对发动机性能影响关键的是涡轮泵总效率，所以一般工程研制时不必严格区分泵或涡轮效率。但是由于泵和涡轮各自有描述自己效率特性的方程，于是在发动机参数计算时又不得不将其分开处理。因此，工程上一般将泵或涡轮理论特性方程修正系数取为 1.0，并将试验获得的整机效率修正系数修订另一端的特性。

　　泵效率特性方程可用式（8-18）表示，式中效率修正系数 $c\eta_p$ 是待确定的参数，$a_2$、$a_1$、$a_0$ 是与介质无关的特性方程系数，可通过泵水试、数值仿真等方法事先确定。

$$\eta_p = c\eta_p \times \eta_{p,th}$$
$$\eta_{p,th} = a_2 (Q_v/n)^2 + a_1 (Q_v/n) + a_0 \tag{8-18}$$

　　泵扬程特性方程如式（8-19）所示，式中扬程修正系数 $c\Delta P_p$ 是待确定的参数，$\Delta P_{p,th}$ 是特定介质下的理论扬程，$p_2$、$p_1$、$p_0$ 是该介质密度下的特性方程系数，同样可通过泵水试、数值仿真等方法事先确定。当介质试验的泵介质密度与确定特性方程所用密度不同时则需要进行密度修正，其中 $\rho_0$ 为泵特性方程对应的密度，$\rho_1$ 为介质试验泵介质密度。（目标介质）

$$\Delta P_p = c\Delta P_p \times \Delta P_{p,th}$$
$$\Delta P_{p,th} = \frac{\rho_0}{\rho_1} \times (p_2 (Q_v/n)^2 + p_1 (Q_v/n) + p_0) \times n^2 \tag{8-19}$$

　　涡轮效率特性方程如式（8-20）所示，式中效率修正系数 $c\eta_t$ 是待确定的参数，$e_2$、$e_1$、$e_0$ 是涡轮效率特性方程系数，可通过变工况性能仿真计算确定。

$$\eta_t = c\eta_t \times \eta_{t,th}$$
$$\eta_{t,th} = e_2 (u/c)^2 + e_1 (u/c) + e_0 \tag{8-20}$$

　　除了变工况性能仿真计算，工程上基于统计数据总结了各种形式涡轮效率方程。膨胀循环发动机一般采用带有一定反力度的低压比涡轮，计算时可用下面效率曲线作为涡轮性能研究的基础。

　　对于单级涡轮

$$\eta_{t,th} = -2.069 (u/c)^2 - 2.491(u/c) \tag{8-21}$$

双级涡轮

$$\eta_{t.th} = -3.993\,(u/c)^2 - 3.460(u/c) \tag{8-22}$$

涡轮流量特性一般采用亚声速喷嘴模型，式中 $\mu_t$ 为待确定的涡轮流量系数。

$$\dot{m}_t = \mu_t \times A_t \times \sqrt{P_{it}\rho_{it}} \times \sqrt{\frac{2k}{k-1}\left[\left(\frac{P_{et}}{P_{it}}\right)^{\frac{2}{k}} - \left(\frac{P_{et}}{P_{it}}\right)^{\frac{k+1}{k}}\right]} \tag{8-23}$$

前面提到由于离心泵和涡轮同轴工作，且介质试验无法测量轴功率或扭矩，所以很难区分开泵和涡轮各自的效率。在不考虑流动损失和对外热交换的理想情况下，流体在泵/涡轮中的流动被认为是绝热等熵过程，此时泵的焓增或涡轮的焓降可统称为等熵焓差 $\Delta h_s$。但是实际过程必然存在流动损失，由此导致泵/涡轮的出口温度高于等熵值。基于上述能量转换过程原理，如果可以准确测得泵/涡轮进、出口温度，则可以根据实际焓差 $\Delta h$ 与等熵焓差 $\Delta h_s$ 评估泵和涡轮的气动效率，该效率值可大体代表泵或涡轮各自的效率。

基于上述焓差原理可得到泵/涡轮效率计算式（8-24）、式（8-25），式中 $h_{ip}$、$h_{it}$、$h_{ep}$、$h_{et}$ 分别与实测温度、压力相关的泵/涡轮进、出口实际焓值，$h_{ep,s}$、$h_{et,s}$ 是由等熵压缩/膨胀过程确定的泵/涡轮出口的理想焓值。计算时首先由式（8-26）确定理想过程泵/涡轮出口温度 $T_{t,s}$，随即可由 $P_e$、$T_{t,s}$ 查出理想过程泵/涡轮出口焓 $h_{e,s}$。

$$\eta_p = \frac{\Delta h_{p,s}}{\Delta h_p} = \frac{h_{ep,s} - h_{ip}}{h_{ep} - h_{ip}} \tag{8-24}$$

$$\eta_t = \frac{\Delta h_t}{\Delta h_{t,s}} = \frac{h_{it} - h_{et}}{h_{it} - h_{et,s}} \tag{8-25}$$

$$s_i(P_i, T_i) = s_{e,s}(P_e, T_{e,s}) \tag{8-26}$$

基于焓差原理的泵/涡轮效率评估方法，在实际应用时需要特别注意以下两点：1）能够准确测量泵/涡轮进、出口温度，由于离心泵温升本身都非常小（图8-23），所以只有在使用液氢介质时才考虑用这种方法辅助分析；2）用于评估涡轮效率时，要考虑泵端低温流体向涡轮侧泄漏对温度的影响，当然如果状态一定也可用这种方法间接评估密封泄漏水平。

通过焓差评估泵/涡轮效率高度依赖温度测量精度，但是由于测点位置、密封泄漏干扰、温度变化偏小等因素存在，工程上很难精准测量介质温度变化，因此该方法对单次试验效率评估意义不大，但对涡轮泵性能评估具有统计意义。

### 8.5.3 介质及工况设计

涡轮泵介质试验的工质最好与发动机真实工作时保持一致，但是受介质安全排放、试验成本等限制，在条件不允许的情况下也可选用其他代替介质。代替介质的选择主要考虑两方面问题。首先，泵端和涡轮端介质要物理相容，如果泵端采用水则涡轮端可用空气或氮气，如果泵端采用液氮则涡轮端要选择纯氮等不会冷凝的气体；其次，要尽可能保证介质试验时泵和涡轮都接近真实工况点，其中离心泵的工况参数为 $Q_v/n$，涡轮工况参数为速比 $u/c$ 和压比 $P_{it}/P_{et}$。

涡轮泵介质试验工况设计首先确定泵工作参数：如果选用比原型泵密度低的介质进行

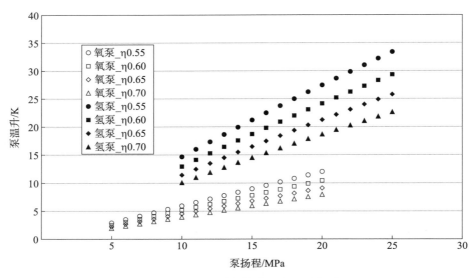

图 8 - 23　泵温升与效率、扬程的关系

试验，一般保持泵的设计转速不变，反之则保持泵的设计扬程不变。介质试验的泵扬程和转速确定之后，为了考核到设计工况的泵效率，$Q_n/n$ 应保持与原型泵设计一致，随即可以确定泵流量及功率等参数。

$$\frac{\Delta P_1}{\Delta P_2} = \frac{\rho_1}{\rho_2} \times \left(\frac{n_1}{n_2}\right)^2 \qquad (8-27)$$

$$\frac{Q_{v1}}{Q_{v2}} = \frac{n_1}{n_2} \qquad (8-28)$$

当选用高密度介质时即保持设计扬程不变，根据泵的相似原理介质试验时泵转速会低于设计值。以液氢泵为例，如果选用液氮介质进行试验，液氮密度约是液氢 11.5 倍，这就决定了试验时转速仅能达到设计值的 29.6%。氢涡轮泵一般采用柔轴方案以获得高转速下的高性能，大幅降低转速使转子只能处于刚轴状态，而无法考核到柔性转子的真实工作特性，这是选用代替介质不得不面对的问题。

泵端试验参数确定后，根据功率平衡、转速相等，以及涡轮速比 $u/n$ 和压比 $\pi_t$ 与设计值一致原则，就可以确定出涡轮工作参数。

## 8.6　发动机高空模拟试验

上面级发动机工作在高/真空环境中，为了模拟发动机实际工作时的空间环境，必须利用地面试验系统创造一个近似高空/真空环境，进行发动机高/真空环境下的工作过程、性能、可靠性等各种研究试验。这是上面级发动机研制的重要内容。

为提高发动机的比冲，上面级发动机往往采用面积比较大的喷管。而受环境压力的影响，喷管在地面直接进行试验时会处于不满流的工作状态，无法获得发动机的高空性能。

因此，在地面试验时必须创造一个近似高空条件的环境，使发动机在这个环境中工作，从而进行其性能、可靠性以及起动特性等各种试验。这被称为高空模拟试验。

　　一般采用两种方式进行发动机的高空模拟试验：一是被动引射方式，它由发动机和超声速扩压器组成，是应用较为简单的高空模拟试验方式，属于自身引射装置，特点是简单可靠，试验成本低，但模拟高度或可达到的真空度有限，且发动机喷管面积比受到限制；二是主动引射方式，由超声速扩压器接一级或多级抽气系统组成，特点是试验系统庞大，试验成本较高，但可以在足够的真空度下模拟发动机从一次起动/关机、空间滑行、二次起动/关机的全过程，从而对发动机空间二次起动问题进行试验和研究，且发动机喷管面积比不受限制，是研制采用大面积比喷管的高性能上面级发动机必需的试验设备。

### 8.6.1　被动引射高空模拟系统

　　在高空模拟试验中，发动机-扩压器系统是应用最为简单的抽气方式，其典型结构如图 8-24 所示。发动机喷管上套接超声速扩压器。扩压器的一端与试验真空舱相接，另一端与大气相通。喷管的燃气喷向扩压器的入口，高速流动的燃气对周围的气体有引射作用，使试验真空舱产生并维持低压环境。这种利用发动机自身的超声速燃气作为引射气流的引射系统一般称为被动引射系统。

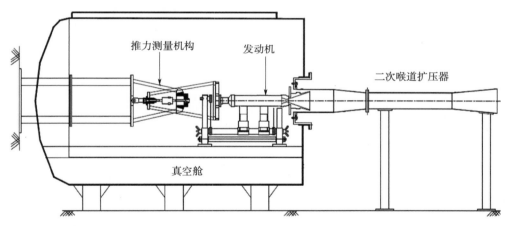

图 8-24　被动引射高空模拟试验系统示意图

　　被动引射高空模拟试验设备一般采用二次喉道扩压器，该系统性能可靠、建造和试验成本低。燃烧室在高空模拟试验的起动初始阶段，由于振动比较大，可对大喷管做可靠固定，待转入正常工作后，再松开夹紧机构以利于准确测量推力。为了确保起动安全，点火前用大量氮气吹除机舱，点火后关闭吹除。关机前，为防止火焰返流，先打开机舱吹除氮气再关机。我国在研制 YF-73、YF-75 等上面级发动机时，采用被动引射系统实施发动机高空模拟试验，自投入使用以来，工作安全可靠，性能良好，取得了很好的使用效果。

　　被动引射高空模拟试验系统存在一定的局限性。由于该系统依靠发动机主级工作的燃气进行自身引射，只有发动机进入主级后被动引射系统才能达到起动状态（喷管满流）。

所以只能对发动机的主级工作进行模拟，而无法模拟发动机的起动、关机等工作状态。另外，被动引射系统模拟的环境真空度较低，仅适用于面积比较小的发动机（一般 $\varepsilon \leqslant 80$）。

图 8-25 和图 8-26 为超声速二次喉道扩压器内部激波分布图和扩压器沿轴线压力分布曲线。发动机点火后，燃气从喷管排出。随着燃烧室压力的升高，燃气在喷管喉部达到声速，燃烧室压力进一步升高，喷管内的正激波会从喉部向出口移动。当正激波离开喷管出口时，在扩压器收缩段起始位置发出斜激波。此斜激波在二次喉道起始段附近相交并反射，形成反射斜激波。该反射斜激波打在管道壁面上，由于激波附面层干扰，引起附面层分离，形成反射激波，而后又形成一系列复杂的激波系。这些波系对超声速气流起减速增压的作用，并最终从超声速流动变为亚声速流动；而压力经扩张段作用后进一步升高，在出口接近环境压力，直至在远场达到环境压力。

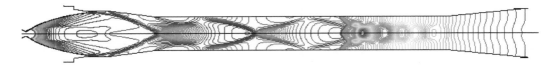

图 8-25　超声速二次喉道扩压器内流场激波分布

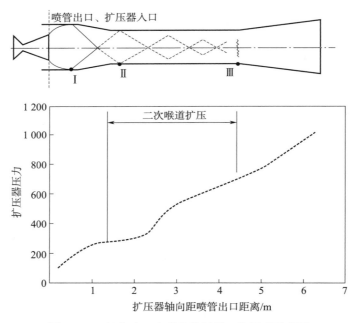

图 8-26　超声速二次喉道扩压器工作原理示意图

激波系在扩压器内的传播会产生低压区，喷管周围的空气便与超声速气流一起被驱开，即受到超声速气流的引射而被排到大气中。因此，利用发动机和扩压器的组合工作，就能在喷管周围产生并保持低压环境，使喷管处于满流工作状态。

对于被动引射系统，发动机起动过程中，随着室压的爬升，扩压器要经历两个典型的流动模式：

1）扩压器未起动模式（Diffuser Unstarting Mode）；

2）扩压器起动模式（Diffuser Starting Mode），处于壅塞状态的发动机-扩压器匹配系统进行高空模拟试验时，若喷管实现了满流，则称扩压器处于起动状态。

图 8 - 27 为扩压器工作模式示意图，三种流动状态分别对应不同的发动机室压。对于扩压器未起动模式（Diffuser Unstarting Mode），发动机喷管又可分为起动和未起动工作模式（图中的 A 和 B）；随着室压的爬升，扩压器起动，导致试验舱内压力突然下降，达到稳定的工况点（mode C），扩压器一旦起动，舱内压力随室压的增加有所增加，但增加幅度不大。

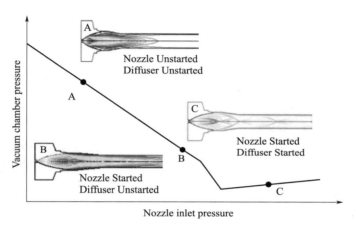

图 8 - 27　扩压器工作模式示意图

## 8.6.2　主动引射高空模拟系统

被动引射系统依靠主级发动机燃气进行自身引射的特性决定了该系统只能进行发动机主级工作段的考核，而需要对发动机在任务周期内的全过程进行模拟，获得空中预冷、起动、主级、关机以及滑行等全过程工作特性时，就必须采用主动引射高空模拟试验系统。

高空模拟试验方式的选择对膨胀循环发动机至关重要。究其原因，一是由于其采用箱压下自身起动，起动初期燃烧室存在较长时间的低工况工作阶段，而燃烧室的工作状态与环境压力直接相关，在地面大气压环境下，低工况工作阶段燃烧室喉部一般为亚声速流动状态；二是出于增强换热的考虑，膨胀循环发动机采用整个燃烧室（包括扩张段），甚至采用部分喷管对气氢进行加热，如美国 RL10 发动机为增强换热采用了整个喷管对气氢加热，发动机在起动阶段喷管的换热部分必须满流，决定了发动机起动过程中真空舱压力必须满足喷管换热部分满流的要求，所以在发动机起动过程中需要借助主动引射系统建立满足喷管换热部分满流的低压环境；三是在发动机室压一定的情况下，在主级工作情况下被动引射系统对应极限的喷管面积比，当喷管面积比超过极限值后，就必须考虑采用全程主动引射系统。

（1）主动引射高空模拟试验系统

主动引射高空模拟试验系统是在扩压器后接一级或多级蒸汽引射器，如图 8 - 28 所示。工作过程中发动机超声速射流首先通过扩压器减速增压，随后再通过主动引射系统进一步增压，最后排入大气环境。主动引射系统可不依靠发动机自身，通过蒸汽引射器对试验舱进行抽吸，进行发动机的工作特性考核。

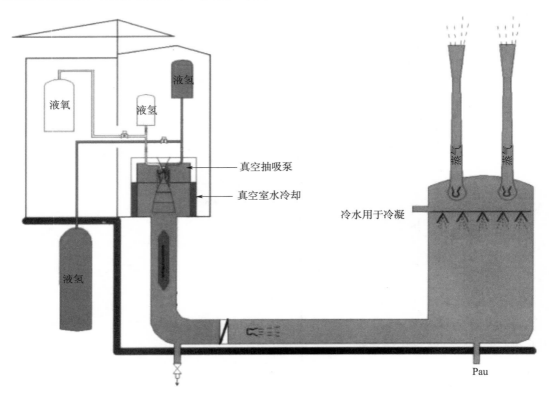

图 8 - 28　发动机主动引射高空模拟试验系统示意图

（2）主动引射高空模拟试验系统的关键设备

引射系统是主动引射高空模拟试验系统的核心组成，用于引射发动机燃气。引射系统一般指设置在燃气通道上的各种设备和器件，主要由扩压器、冷却系统、燃气发生器、引射器、冷凝器等组成。引射系统具备起动快、抽速大、效率和可靠性高等特点。

以下对主动引射系统的关键设备进行介绍。

（a）燃气扩压器

主动引射系统中通常需要扩压器进行一次扩压，图 8 - 29 为德国 P4.1 高空模拟试验台用中心体扩压器（左）和美国 E - 8 试验台用扩压器（右）。主动引射系统中发动机-扩压器与被动引射系统相比，其工作原理相同。二者的主要区别是：前者的扩压器出口为变化的压力，此压力决定于蒸汽引射器的抽吸能力，而后者的扩压器出口恒定为大气压力。

火箭发动机排出的高温高速燃气首先通过扩压器，在其内部产生一系列激波，扩压器中的燃气流静温将升高到接近燃气的总温。因此，对扩压器必须采取冷却措施。

一般有两种冷却方法：一种是直接喷水冷却，另一种是双壁夹层冷却。喷水冷却结构简单，但冷却效率低，冷却不均匀会造成局部烧蚀，并且冷却水蒸发后转变为蒸汽引射系统的引射负载，加大了蒸汽引射器的建造规模，通常不采用该种冷却方式；而双壁夹层冷却采用循环水系统，冷却效率高，是目前扩压器主要的热防护措施。

图 8 - 29　VINCI、RL - 60 发动机用燃气扩压器

（b）蒸汽供应系统

高空模拟试验主动引射系统在短时间内需要消耗大量蒸汽作为引射器的引射工质，如 VINCI 发动机高空模拟试车中，主级工况下蒸汽耗量为 228 kg/s，而 J - 2X 高空模拟试验中蒸汽耗量更是巨大，达到 2 205 kg/s。试验过程中保证蒸汽的稳定、可靠供应是高空模拟试验的关键。目前，国内外高空模拟试验系统中蒸汽供应系统主要有两种方案：一是采用蒸汽锅炉和蒸汽蓄热器；二是采用蒸汽发生器。

通过蒸汽锅炉供气，该方式存在锅炉产气量与引射系统需气量的不平衡状态，即蒸汽锅炉的瞬时产气量不能实时满足引射系统对气量的需求。为了改变这种情况，在供气系统中配置蒸汽蓄热器，蒸汽锅炉提前制取蒸汽贮存在蒸汽蓄热器中。日本高空模拟试车台采用 18 个 108 m³ 的蓄热器，可产生 160 kg/s×180 s 的气量。蒸汽蓄热器是一种以水为介质储存蒸汽热能的压力容器，适用于瞬时热耗极大，热负荷波动大等情况，可以实现锅炉和用气系统的平稳连接和供用气平衡，从而保持锅炉运行稳定，提高锅炉的燃烧效率。蒸汽蓄热器的工作原理是：蓄热器蓄热和放热分别是两个过程，蓄热器从冷态开始运行时，容器内先盛装约半罐水，而后通入蒸汽锅炉产生的蒸汽，罐内水温、水压随之缓缓升高；蒸汽不断凝结，罐内水容积逐步增多，直至充水量达到容器容积 90% 左右时，罐压升至蓄热器最高工作压力，高压饱和水蓄积了大量的能量。用户耗热时，罐内压力逐步下降，罐内饱和水汽化对外供气。

蒸汽发生器的燃烧系统与火箭发动机类似，将水喷入燃烧室产生的高温燃气，水在燃气中蒸发可在短时间内产生大量蒸汽，满足主动引射系统对大流量引射工质的需求。蒸汽发生器可对蒸汽的流量、压力、温度等参数进行工况调节。根据国外经验蒸汽发生器蒸汽供应系统建设成本远低于蒸汽锅炉，目前新建大型高空模拟试验台均采用燃气发生器作为蒸汽供应系统。

（c）蒸汽引射器

在发动机高空模拟试验系统中，蒸汽引射器位于扩压器的出口，用于降低扩压器的出口背压，降低扩压器的起动压力，进而实现燃气的逐级压缩，提高总压缩比，达到提高模拟高度的目的。

蒸汽引射器通常由蒸汽喷嘴、吸入室、混合室和扩压室四部分组成，为提高压缩比，扩压室一般采用二次喉道式结构，如图 8-30 所示。根据试验台模拟高度和流量要求可采用多级引射器串联引射方式。

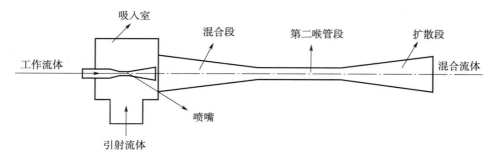

图 8-30　引射器示意图

蒸汽引射器的工作原理是：高压引射工质通过超声速引射喷嘴膨胀形成高速低压引射气流进入引射管道，同时低压低动能的被引射气流通过引射管道的入口进入引射管道混合室；两股气流在引射管道混合室内通过分子扩散、湍流脉动、气流漩涡和激波等作用进行充分混合，引射气流将动能传递给被引射气流，在混合室出口获得高速低压混合气流；接着，混合气流通过扩压器减速增压，将动能转变为压力能，最后以静压排入周围环境。

根据蒸汽喷嘴结构的不同可分为以下三种类型引射器，即：中心型喷嘴引射器、环形喷嘴引射器和多喷嘴引射器，如图 8-31 所示。

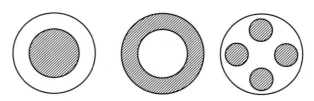

图 8-31　不同引射方式下混合室入口截面气流分布

（注：阴影表示引射气流截面）

（d）供排水系统

供水系统主要为燃气扩压器、冷凝器及燃气发生器等装置供水。由于主动引射系统需要的供水量非常大，因此从节约能源的角度应考虑循环供水系统。

（e）降噪系统

发动机试车过程中，高温、高速燃气会产生噪音，尤其对于几十吨级发动机来说噪声巨大。随着环保要求的提高，降低发动机热试车噪声是发动机试验必须要解决的问题。目前高空模拟试车台主要采用消音塔和喷水降噪等方式。

### 8.6.3　膨胀循环发动机高空模拟试验

（1）一级主动引射高空模拟试验系统

一级主动引射高空模拟试验系统是在扩压器后接一级蒸汽引射器，如图 8-32 所示为一级主动引射试验系统示意图。对起动段真空度要求较低并且喷管面积比较小的发动机可采用一级主动引射系统进行高空模拟试验。

一级主动引射试验系统相对简单，仅需要一级蒸汽引射，并且不需要中间冷凝器，可显著降低发动机高空模拟试车台的规模；引射蒸汽耗量少，可降低对蒸汽发生装置的设计要求和试车成本。

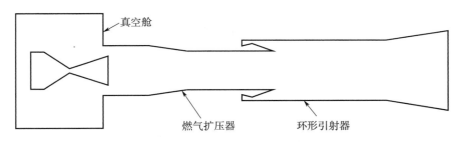

真空舱

燃气扩压器　　　环形引射器

图 8-32　一级主动引射高空模拟试验系统示意图

膨胀循环发动机喷管的面积比较小（$\varepsilon=80$），采用一级主动引射系统即可满足发动机起动段燃烧室部分和主级段全喷管满流的试验要求。发动机高空模拟试验如图 8-33 所示。

图 8-33　发动机高空模拟试验中

（2）一级主动引射高空模拟试验系统的工作过程

发动机起动前，起动蒸汽引射器对真空舱进行抽吸。当真空舱压力达到要求并稳定后，发动机进入起动程序，发动机主级工作过程中蒸汽引射系统持续工作。发动机关机后，再关闭蒸汽引射器，可有效避免关机过程中火焰返入机舱的问题。该试验系统工作可靠，性能满足发动机工作要求。试验过程中真空舱压力变化情况如图 8-34 所示。

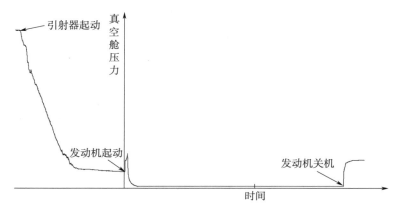

图 8-34　试验过程中真空舱压力曲线

（3）一级主动引射高空模拟试验系统的工作特性

蒸汽引射器是主动引射系统的核心组件，直接影响主动引射系统的工作性能，主动引射工作过程中蒸汽引射器必须处于起动工作状态。图 8-35 和图 8-36 为发动机起动前和主级工作中主动引射系统内的压力分布状况，可以看到整个工作过程中引射器均处于良好的起动状态。

图 8-35　发动机起动前蒸汽引射器内的压力分布

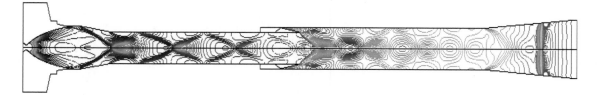

图 8-36　主级工作中一级主动引射系统内压力分布

一级主动引射系统在发动机额定工况下，系统内部马赫数分布如图 8-37 所示。环形引射器为超-超（引射蒸汽和被引射燃气均为超声速气流）引射工况，处于超临界工作状态。该工作状态具有较高的引射效率和工作稳定性。引射器内的温度分布如图 8-38 所示，中心区域高，壁面附近温度低。这种温度分布利于蒸汽引射器的热防护。

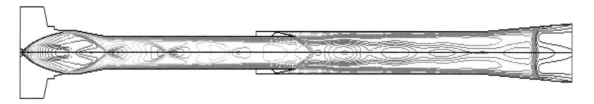

图 8 - 37　主级工作中一级主动引射系统内马赫数分布

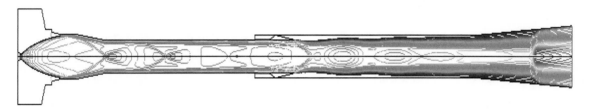

图 8 - 38　主级工作中一级主动引射系统内温度分布

## 8.7　真空点火试验

氢氧膨胀循环发动机作为高可靠、高性能液体动力的代表，其最典型的应用场景便是工作在真空环境下运载火箭的上面级。不同于地面环境点火过程，真空下推荐剂的充填、雾化、燃烧等一系列物理和化学过程都会发生很大变化，单纯地面点火试验难以获取其实际点火特性，存在无法考核的技术盲点。因此，对于真空点火工作的氢氧发动机，均需要进行真空环境模拟点火试验，以获得发动机高空点火特性与工作性能。膨胀循环发动机采用箱压自身起动，点火器点火时推进剂流量小，且温度低，因此在真空条件下能否可靠点火起动，以及初始起动速度需要通过真空点火试验获知，并验证仿真分析模型和结果。

### 8.7.1　真空点火起动问题

发动机真空点火起动时，处于低压、低温和微重力环境。在该环境下，点火装置的燃烧反应速度减慢，可能无法正常发火或点火推迟，造成推进剂聚集，出现点火爆轰、起动失败，甚至爆炸等后果。此外，真空环境将影响推进剂的充填、雾化和蒸发速度，发动机动态特性也将发生较大变化，出现起动压力峰、温度峰、泵失速、组件烧蚀等问题，影响火箭飞行可靠性。

阿里安 Ⅰ 运载火箭的三子级氢氧发动机 HM - 7，在海平面状态下试验时点火与起动均正常，但在 1977 年 6 月进行的一次高空模拟试验时出现了严重的点火问题：这次试验过程中，在真空舱达到起动压力后，当发动机发出点火指令时，出现了约 500 ms 的延迟；

未能及时点燃进入推力室的推进剂，大量的液氢、液氧在火药启动器的驱动下从泵后进入推力室并继续涌入喷管延伸段与下游扩压器；当这些推进剂被点燃时，瞬间产生了巨大的爆轰压力，导致喷管延伸段破坏。通过采取降低氧头腔高压氦气吹除量、加快氧主阀打开速度和提高点火时刻的点火混合比等措施，将发动机点火延迟时间降低到 100 ms 左右，解决了该问题。

1985 年，HM－7 发动机在阿里安 Ⅰ 火箭 V－15 飞行过程中，该问题再次出现，点火延迟由 100 ms 延长到 200～300 ms，点火失败，两颗通信卫星报废，造成巨大的经济损失。V－15 飞行故障分析表明，此次点火延迟的主要原因是氢主阀在点火起动前出现了泄漏，液氢从泵腔通过氢主阀泄漏至推力室，推力室相当于进行了长时间的排放预冷，导致组件温度过低；同时，点火器的点火能量也有所不足，两者共同作用造成了发动机的点火延迟。V－15 火箭飞行后，HM－7 发动机对氢主阀进行了改进，但点火器的技术状态并未更改。

在后续进行的 V－18 飞行时，推力室又出现了同样的点火延迟，点火瞬间造成的压力峰与气阻导致氢泵失速，燃气发生器断流，发动机紧急关机，飞行失败。分析 HM－7 发动机在 V－18 飞行时点火失败原因，主要还是点火器点火能量偏小，点火裕度无法满足组件特性出现偏差与偶发故障条件下的点火要求。因此对 HM－7 发动机点火器进行了改进设计。点火鼻采取了多股火药交叉喷孔形式，更换了新的固体装药，药量也提高到了原来的 1.5 倍。理论分析与地面试验表明，新状态的点火器在考虑各种偏差条件下均具有良好的点火性能，能够覆盖发动机整个点火工况，平均点火延迟量降至 50 ms，发动机点火可靠性大幅提高。

美国土星 V 运载火箭在进行阿波罗 6 飞行试验时，其三子级（S－IVB 级）氢氧发动机 J－2 第 1 次点火起动正常，但在第 2 次点火起动时出现故障，推力室未点燃，导致此次飞行失败。J－2 发动机推力室采用了火炬点火器，点火器的氢输送导管为金属波纹管，外层为单层金属编织物，有一定的自由度；海平面试验时，由于软管温度低，空气中的水蒸气在波纹管外层液化凝结，起到了振动阻尼作用，改变了管子的固有频率。但在真空环境下，原来凝结的水汽逐渐蒸发，管子振动幅度加大，波纹管焊接部位出现疲劳破坏导致裂纹，造成二次点火起动故障。后续的高空模拟试验证明，地面额定工况下均能正常工作的氢点火器导管，在真空环境下仅工作不到 100 s 就出现了问题。针对该问题，J－2 发动机在后续试验中改进了导管连接状态，提高了管子的抗振动疲劳性，新状态的管子通过地面静态振动及高空模拟试验，结果良好。

从 HM－7 发动机和 J－2 发动机在研制与飞行过程中出现的真空点火问题看，上面级氢氧发动机真空点火与起动可靠性确实是高空发动机可靠工作的关键点，是整个上面级火箭工作的第 1 个环节，也是最重要的环节，其点火与起动可靠性直接关系到火箭的可靠性。

## 8.7.2　真空点火起动的影响因素

上面级氢氧发动机 HM－7 和 J－2 出现的真空点火问题，在研制初期成为了上面级发动机可靠工作的一大障碍。20 世纪 50 年代初，由于缺乏对发动机真空点火特性的了解，一部分火箭甚至采用了一级半构型，所有发动机均在地面点火，或者在一些可贮存发动机上采用喷管喉部加堵盖的方法来回避真空点火问题。但实际上，如果搞清楚真空点火的工作特性和影响因素，并采取相应的措施，上面级氢氧发动机的真空点火与起动问题是可以解决的。

当推进剂组元低于其三相点时（氢：压力 7 703 Pa，温度 14 K；氧：压力 146 Pa，温度 54 K），推进剂会以固、液、气 3 种状态存在，是影响发动机点火可靠性的关键因素。为了使发动机顺利点火，点火前，推力室内需要建压形成较高的点火压力（不低于三相点压力的 2～3 倍）。一般采取一种推进剂提前进入推力室充填建压的方法，即氢或氧在点火前提前进入推力室。

美国土星 I 运载火箭的上面级膨胀循环氢氧发动机 RL10 采用了氧先进入的建压方案。在推力室点火前 8 s，氧就通过氧主阀和点火器氧阀进入推力室建压。起动 0 s 时，氢经氢主阀进入火炬点火室和推力室与氧混合，之后火炬点火室的混合气被电火花点燃，产生的高能燃气点燃推力室的氢氧混合气。与氢相比，氧的比热容仅为氢的十分之一，在充填推力室的过程中很容易吸热汽化变成过热氧气，其压力、温度远高于三相点，足以在推力室建压并在喉部形成气流拥塞。

### 8.7.3　真空点火试验的目的与方案

在飞行中，发动机点火时的环境压力在 $10^{-4}$～$10^{-5}$ Pa 量级，而目前在地面真空舱内达到这样量级的环境压力是相当困难的。实际的情况是真空舱内只能抽到 20 Pa 级，这个压力高于实际飞行中的环境压力。

氢氧作为低温推进剂，相比于常温推进剂来说，其临界温度低很多（氢 33 K，氧 155 K），但其临界压力却不低（氢 1.3 MPa，氧 5.0 MPa）。因此，在预冷、充填推力室的过程中，极易吸热汽化变为过热蒸汽并在推力室内建压。为保证发动机真空点火试验的有效性，需要分析推力室点火时，进入推力室内的氧气可以使燃烧室压力超过液氧三相点，真空舱压力能够低于液氧三相点，并在燃烧室喉部达到拥塞状态，使点火过程与环境压力无关，试验结果才具有实际意义。

膨胀循环发动机真空点火试验的目的是：

1）考核点火器点火可靠性；

2）考核发动机点火对贮箱压力及控制时序条件变化的适应性；

3）获得发动机初始起动加速性；

4）获取真空条件下发动机预冷对推力室结构温度的影响。

目前国内的两种高空模拟试验方案均不能满足真空点火试验要求。采用被动引射方案，点火时为大气压；采用主动引射方案时，燃气引射只能达到 kPa 级，无法实现对发动机点火性能及可靠性考核，因此必须单独开展真空点火试验。

欧洲 VINCI 发动机研制期间，为了验证发动机真空点火性能及可靠性，将法国 PF52

试验台改装成了真空点火试验台。如图 8 - 39 所示。由试验舱、活动舱门及单级引射器组成。发动机点火前，将试验舱引射抽吸到 Pa 级，随后发动机点火，随着室压的爬升，试验舱内压力升高，当达到一定值后，舱内压力高于外界大气压，活动舱门打开。

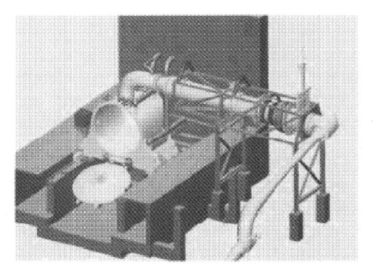

图 8 - 39　VINCI 真空点火试验台

我国真空点火试验，也采用了类似的真空点火试验舱。从图 8 - 40 初始充填的燃烧室室压和真空舱压曲线可以看出：氧主阀打开后推力室开始迅速建压，而真空舱压力变化缓慢，燃烧室喉部迅速形成壅塞流直至点火时刻。

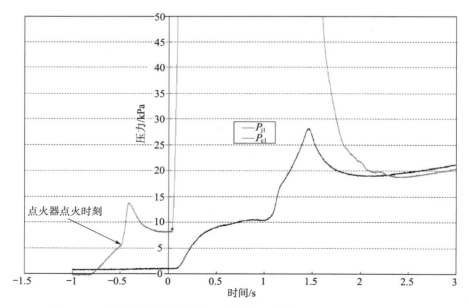

图 8 - 40　燃烧室室压和真空舱压力曲线（传感器量程 500 Pa，100 Pa）

## 8.8　热真空试验

当火箭在大气层外飞行时，处于真空、冷黑空间背景和太阳辐射环境。在火箭飞行过程中，发动机的高温喷管和高温喷流、低温推进剂贮箱和管路、动力系统高温和低温组件都影响着其周围的热环境。为考核发动机在整个飞行过程中对外界环境的适应性和工作可靠性及发动机的热防护效果，需预先在地面进行相应的模拟试验，即热真空试验。

热真空试验是将参试产品放入空间环境模拟室内，在模拟真空、冷黑空间背景、太阳辐射和外热流等空间环境条件下，检验发动机各组合件对环境的适应性。通过热真空试验可以获取相关典型产品的温度数据，考核热防护和热管理措施的合理性和有效性，考核产品对真空热环境的适应性；在高、低工况下模拟飞行程序全过程，进行相关产品的功能验证试验，考核发动机及各组合件的性能。

热真空试验装置主要由真空舱及抽真空系统--即空间环境模拟室、热沉、热模拟装置、测量系统（主要是产品温度测量）等几部分组成。

真空室压力一般不高于 $1 \times 10^{-3}$ Pa，真空舱内需保持一定的洁净度，应有监测模拟室内污染程度的装置。在其中进行整机试验时，真空度可以适度放宽。

通常用石英灯阵来模拟热源（发动机工作时喷管出口的燃气辐射、姿控发动机的燃气羽流等）。石英灯阵又可分为恒压灯组与可调压灯组。

试验内容一般包含低温试验工况和高温试验工况两种工况。试验时间覆盖发动机的全任务剖面。热沉和热流试验条件一般是通过火箭总体设计输入及发动机自身工作热环境分析获得。

## 8.9　发动机整机试车

发动机是各组件协同工作的庞大复杂系统，几乎不可能通过单纯组件或子系统试验，充分预测各组件间的相互作用，以及未知环境和非线性因素的影响，因此发动机整机的试车则变得至关重要。

发动机各个研制阶段都要进行大量整机试车，但是不同阶段的侧重点有着明显差异。模样阶段的核心是以最少的研制成本，验证发动机总体方案的可行性，因此发动机整机研制应尽量考虑配套借用组件。初样阶段的核心是通过充足的整机试车，充分暴露薄弱环节、摸清可靠工作边界，这个阶段的整机试车决定了未来交付的发动机是否可靠，因此初样阶段要做到快速迭代，力争最终状态的产品尽早考核。

初样阶段需要整机试车考核的试验项目众多，其中主要包括：发动机点火特性及点火边界研究、发动机起动特性和起动边界考核、全任务剖面下的发动机预冷特性研究、发动机主级偏离工况的适应性考核、发动机极限工作寿命的考核验证，以及其他需要搭载整机试车的研究项目。

发动机偏离工况可参考图 8-41 进行设计，其中"调整框"可认为是交付参数的边框，"飞行框"可认为是总体允许的飞行偏差边框，"裕度框"可一般可在"飞行框"的基础上再考虑±2%偏差。

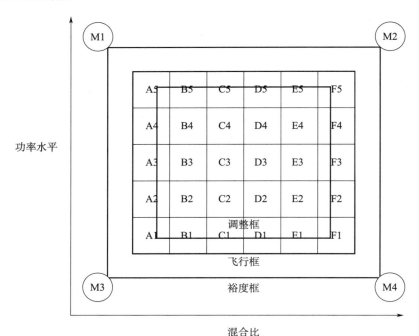

图 8-41  发动机偏离工况设计

## 8.10  发动机结构动力学试验

为了满足航天产品高质量和高可靠性的要求，如第 7 章所述，需要对发动机开展结构动力学设计、优化与考核，而结构动力学试验是其中不可或缺的一环。结构动力学试验一般包含两个方面：一方面是结构动特性相关参数识别，包含发动机质量、质心、转动惯量测量及模态试验等；另一方面是结构动力学环境考核试验，包含振动、噪声考核试验等。

### 8.10.1  质量、质心、转动惯量测量

发动机质量、质心、转动惯量是发动机基本的结构参数，除提供总体用于动力学计算外，还可用于发动机模型修正的参考量。

#### 8.10.1.1  质心测量

质心测量原理是利用力矩平衡，其示意图如图 8-42 所示。

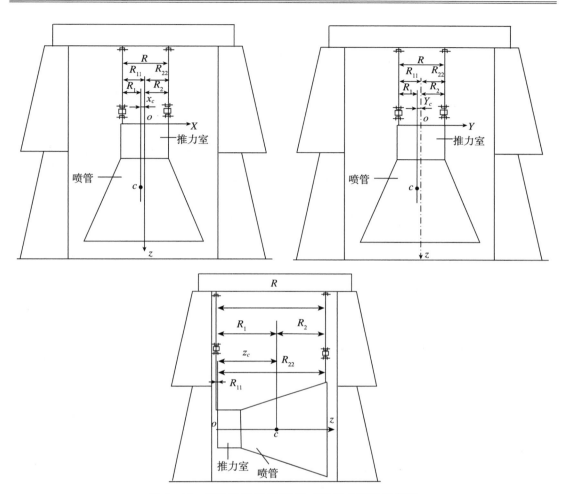

图 8 - 42　发动机整机 $X/Y/Z$ 方向质心测量示意图

计算公式为

$$m_{试} = M - m_{夹} \tag{8-29}$$

$$R_1 = \frac{Rm_{2试}}{m_{1试} + m_{2试}} \tag{8-30}$$

$$X_c = R_1 - R_{11} \tag{8-31}$$

$$Y_c = R_1 - R_{11} \tag{8-32}$$

$$Z_c = R_1 - R_{11} \tag{8-33}$$

式中　$R$——两悬线间距；

　　　$R_1$、$R_2$——质心与左、右两悬线间距离；

　　　$R_{11}$、$R_{22}$——左、右两悬线与坐标轴间距离；

　　　$m_{1试}$、$m_{2试}$、$m_{夹}$、$M$——分配到左、右单侧悬线上的试件质量、夹具质量及总质

　　　　　　　　量（测力计读数）；

　　　$X_C$、$Y_C$、$Z_C$——质心坐标位置。

#### 8.10.1.2 转动惯量测量

转动惯量测量原理是双线扭摆法,其示意图如图 8 - 43 所示。

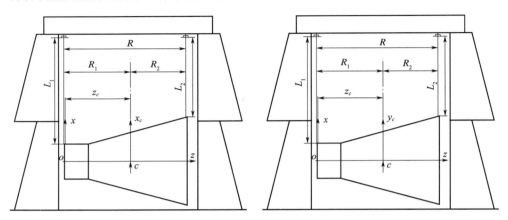

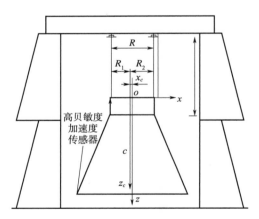

图 8 - 43 绕 $X/Y/Z$ 轴转动惯量测量示意图

不等长双线扭摆法计算绕质心轴转动惯量计算公式为

$$I_c = \frac{M_g R_1 R_2 (R_1/L_1 + R_2/L_2) T^2}{4 \pi^2 (R_1 + R_2) K_1^2} \tag{8 - 34}$$

而绕平行于质心轴的坐标轴的转动惯量计算公式分别为

$$I_X = I_{X_c} + M Z_c^2 - I_{X0} \tag{8 - 35}$$

$$I_Y = I_{Y_c} + M Z_c^2 - I_{Y0} \tag{8 - 36}$$

$$I_z = I_{z_c} + M Z_c^2 - I_{Z0} \tag{8 - 37}$$

其中,$I_{X_c}$、$I_{Y_c}$、$I_{Z_c}$ 分别为试件绕自身质心轴的转动惯量,$I_{X0}$、$I_{Y0}$、$I_{Z0}$ 为加速度传感器对质心轴的转动惯量,$K_1$ 为大摆角修正系数。对于短线摆,$\varphi_0 = 20°$ 时,取 $K_1 = 1.007\ 3$。加速度传感器重量对质心轴的影响忽略不计。

## 8.10.2　模态试验

发动机整机模态试验的目的是从测量的激励输入和响应输出数据中辨识发动机结构的模态参数,用模态试验的结果去修正有限元模型,校核仿真分析结果的有效性,检查结构中的薄弱部位,鉴定结构的模态特性是否符合设计要求。

模态试验的理论基础是结构动力学。发动机模态试验的一般方法是:首先使用锤击激励法获得频率范围内的大体频率分布,再使用激振器激励进行正弦调谐,获得稳定激励下的模态参数(频率、振型、阻尼等)。

锤击激励法是一种瞬态激励,采用瞬态信号激励时,由于力信号和响应信号为确定性信号,可以进行傅里叶分析求得复数幅值谱 $F(f)$ 及 $X(f)$,频响信号可用下式求取 $H(f) = X(f)/F(f)$,计算公式写成

$$H_1(f) = \hat{G}_{fx}/\hat{G}_{ff} = \sum_{k=1}^{m} F^*(f) X(f) / \sum_{k=1}^{m} F^*(f) F(f) \tag{8-38}$$

或

$$H_2(f) = \hat{G}_{xx}/\hat{G}_{xf} = \sum_{k=1}^{m} X^*(f) X(f) / \sum_{k=1}^{m} X^*(f) F(f) \tag{8-39}$$

根据获得的 $H(f)$ 进行频响函数估值可获得结构的模态参数(频率、振型、阻尼等)。

正弦调谐的基本原理是:采用多台激振器,通过设置每台激振力的幅值和相位,在一个频率的较小的频率范围内,进行正弦调谐,获取每个加速度响应点的传递函数,观察指示函数的大小,确定试件在某一频率下是否达到共振状态。当试件达到共振时,可以直接获得响应点的幅值相位,从而得到试件的模态频率和振型,然后采用窄带扫描法可以计算共振状态下的模态阻尼,并采集存储。

频响函数表达为

$$H_i(\omega) = X_i(\omega) / F_j(\omega) \tag{8-40}$$

式中　$X_i(\omega)$ ——第 $i$ 个加速度测点响应;

　　　$F_j(\omega)$ ——第 $j$ 点激振力。

指示函数定义为

$$\mathrm{IF}(\omega) = 1 - \frac{\sum_i R_e H_i(\omega) M_i |H_i(\omega)|}{\sum_i M_i |H_i(\omega)|^2} \tag{8-41}$$

式中　$|H_i(\omega)|$ ——第 $i$ 点加速度响应幅值;

　　　$R_e H_i(\omega)$ ——第 $i$ 点加速度响应实部;

　　　$M_i$ ——第 $i$ 的权。

当 IF=1 时,试件处于共振。一般模态试验中,测量的 IF 在 0.9 以上,试件被认为达到较好的共振状态,试验结果准确可靠。

## 8.10.3　振动考核试验

发动机振动考核试验的目的是考核结构及功能元件对振动环境的适应性,试验方法应

该尽量真实地模拟实际振动环境。常用的试验方法有：宽带随机振动试验方法、正弦扫描振动试验方法、窄带随机扫描振动试验方法、定频正弦振动试验方法等。

宽带随机振动试验方法是目前模拟随机振动环境最好的办法，只要条件具备，随机振动环境均应采用此法模拟。在发动机振动考核试验中，宽带随机振动试验方法是一种主要的考核方法，主要考核发动机 20～2 000 Hz 内的振动环境适应性。

正弦扫描振动试验方法能在扫描的频率范围内依次激起试件的共振。在发动机振动考核试验中，正弦扫描试验主要考核 100 Hz 以内的低频段，模拟箭体具有突出频率的振动环境。

窄带随机扫描振动试验方法的模拟对象和正弦扫描振动试验方法相同。其幅值是随机的，所以在等效宽带随机振动环境时比正弦扫描振动试验方法好，即对单自由度系统其幅值是模拟实际情况的。但此法在发动机振动考核试验中应用较少。

定频正弦振动试验方法是最早被采用的试验方法，分共振与耐振两种，通常用来模拟具有突出振源频率的环境。泵压式发动机中涡轮泵的旋转带来的不平衡激振同步频率、不稳定燃烧产生的共振频率，均是发动机的突出振源。如果这些频率不可避免且幅值较为突出，则需要考虑对发动机上相应结构进行定频正弦振动试验。如果发动机不存在不稳定燃烧且旋转部件同步响应较小，则无需进行定频正弦振动试验。

### 8.10.4　噪声试验

发动机噪声试验的目的是考核结构及功能元件对噪声环境的适应性，考核频段远高于振动试验，可达 10 000 Hz，而振动台只能达到 3 000 Hz。

噪声试验系统包括参试产品、信号控制系统、数据采集系统、加载系统、液氮气化系统、声源系统、测量系统等，如图 8-44 所示。声源系统一般由多个电动气流扬声器（以下简称扬声器）组成，安装位置如图 8-45 所示。扬声器由换能器（音头）与专门设计的指数

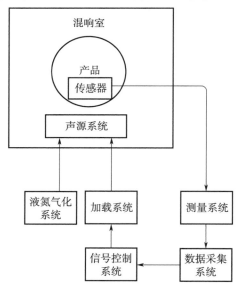

图 8-44　系统方框图

号筒组成，由液氮气化系统产生的低压氮气驱动发声并在混响室内产生扩散声场。声谱可通过信号控制系统进行均衡控制，驱动信号经声功放输入给换能器内动圈，通过调节器进行声场的量级控制。控制系统由采集前端、控制计算机、调节器、声功放、噪声控制点组成。

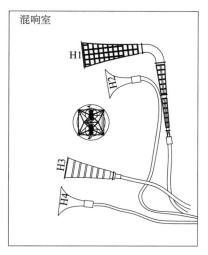

图 8 - 45　声源系统布置示意图

以某膨胀循环发动机整机噪声试验为例，混响室内共布置 4 个传声器，作为声场控制点，围绕产品均布，两两相距 90°，距离产品间距 1 m，高度在产品中部，安装位置示意图如图 8 - 46 所示。具体控制过程为：选取混响室内 $N$ 个传声器作为控制点进行平均控制。首先设定驱动谱为试验要求的参考声谱，变换为驱动电信号后输入加载系统，在与液氮气化系统的共同作用下，声源系统在混响室内产生扩散声场，通过传声器所测得的实际声场声谱经平均后与参考谱进行比较，开始均衡过程，直至测量的声谱与试验参考声谱逼近，并最终满足容差要求。

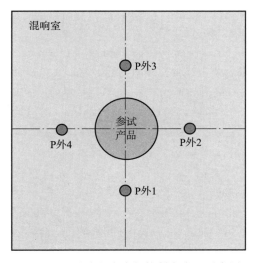

图 8 - 46　混响室内声场控制点布置示意图

# 参 考 文 献

［1］ T B Mattstedt，F Haidinger，P Luger，H Linner. Development，Manufacturing and TestStatus of the VINCI Expander ThrustChamber Assembly. AIAA 2002 − 4009.

［2］ Dietrich Haeseler，Dr. Frank Haidinger，Ludwig Brummer，et al. Development and Testing Status of theVINCI Thrust Chamber. AIAA 2012 − 4334.

［3］ Bruno Goirand，Patrick Alliot，Jean − Luc Barthoulot Snecma Moteurs. Testingthe First Fuel Turbopump of the VINCI Engine. AIAA 2003 − 5069.

［4］ 郑大勇，等. 氢氧发动机真空点火及高空模拟试验［J］. 导弹与航天运载技术.

［5］ 夏伟. 上面级氢氧发动机真空点火试验技术探讨［C］. 第十届全国低温工程大会暨中国航天低温专业信息网 2011 年度学术交流会.

［6］ 于广经，周德兴. 液体火箭发动机试验［M］. 北京：宇航出版社，1990.

［7］ Klaus Schäfer. Altitude Simulation Bench For VINCI Engine［R］. 39th AIAA/ASME/SAE/ASEE Joint Propulsion Conference and Exhibit. Huntsville，Alabama. 2003：20 − 23.

［8］ 徐万武，谭建国，王振国. 高空模拟试车台超声速引射器数值研究［J］. 固体火箭技术，2003 （2）：71 − 74.

［9］ R Ashokkumar，S Sankaran. Investigation on the Performance of Second Throat Supersonic Exhaust Diffuser for Starting Higher Area Ratio Nozzles. AIAA 2012 − 3294.

［10］ 朱子勇，李培昌，瞿骞. 某型号火箭发动机高空模拟试验中扩压器的数值计算与试验比较［J］. 航天器环境工程. 2010（4）：231 − 237.

［11］ 陈健，吴继平，王振国，徐万武. 高空模拟试验台主被动引射方案数值研究［J］. 固体火箭技术. 2011（1）：126 − 129.

［12］ S K Elam. Subscale LOX/Hydrogen Testing with a Modular Chamber and a Swirl Coaxial Injector. AIAA 1991 − 1874.

［13］ Technology developments for cryogenic rocket engines，AIAA 2000 − 3780.

［14］ Thermo − and fluid mechanical analysis of high aspect ratio cooling channels，AIAA 2001 − 3404.

［15］ Technologies for Thrust Chambers of Future launch Vehicle Liquid Rocket Engine，AIAA 2002 − 4143.

［16］ D. Sulov，A. Woschnak，J. Sender，M. Oschwald. Test specimen design and measurement technique for investigation of heat transfer processes in cooling channels of rocket engines under real thermal conditions. AIAA 2003 − 4613.

［17］ Numerical Investigations of Heat Transfer Enhancement in a Thrust Chamber with Hot Gas Side Wall Ribs，AIAA 2009 − 830.

［18］ Hot − Gas − Side Heat Transfer Characteristics of a Ribbed Combustor，AIAA 2009 − 5476.

［19］ Numerical Simulation of Hot − Gas Side Heat Transfer Enhancement in Thrust Chambers by Wall Ribs，AIAA 2011 − 5622.

［20］ Flowfield and Heat Transfer Characteristics of Cooling Channel Flows in a Subscale Thrust

Chamber，AIAA 2011 - 5844.

[21] ［美］Kenneth G. McConnell，［巴西］Paulo S. Varoto. 振动试验—理论与实践 ［M］. 2 版. 白化同、张庆君，译 . 北京：中国宇航出版社，2018.

[22] ［美］Istvan L. Ver，Leo L. Beranek. 噪声与振动控制工程原理及应用 ［M］. 2 版. 谭申刚、顾金桃，等译. 西安：西北工业大学出版社，2021.

# 第 9 章　未来技术展望

国内首台膨胀循环发动机研制完成，并获得了应用，在飞行任务中展现出了高的工作可靠性。但该发动机还在持续进行可靠性增长工作、不断完善功能、提高性能和降低成本等。

从国外发展趋势分析，以及结合国内宇航任务，发动机未来发展还有许多需要优化完善的地方。主要方向有：丰富点火功能，实现多次点火；采用简化设计、新工艺，通过重复使用降低发动机成本；增加变推力功能，实现深度推力调节；增加故障诊断系统，实现故障重构；进一步降低发动机重量，提高推质比等。

## 9.1　发动机电点火技术

航天运载器重复使用、载人航天飞行等任务均要求发动机具备多次点火功能。纵观国外在飞、在研膨胀循环发动机的发展，为了满足多次起动的要求均采用电点火方式。而我国膨胀循环发动机依然采用火药点火器点火方式，限制了发动机的工作次数及应用。

氢氧发动机电点火方式有多种，如火花塞点火、火炬式电点火等。近年来，新型点火方式不断涌现，如爆震波点火、气动谐振点火、催化点火、激光点火等。其中火炬式电点火是由电火花塞点燃点火室内小流量的点火推进剂，以产生稳定的燃气火炬引燃主燃烧室的推进剂。由于点火能量高，是国外氢氧发动机普遍采用的方式。包括美国的 RL10 系列发动机、日本的 LE 系列发动机等。这两种发动机均采用低压火炬电点火方式。美国 RL10 系列发动机的火炬电点火方案从最初研制到现在持续改进，不断提高其点火可靠性。

21 世纪新研的膨胀循环发动机点火方式则呈现多样化，如欧洲的 VINCI 发动机采用气氢、气氧高压火炬电点火系统方案。尽管点火次数为 5 次，但足以覆盖一次任务需求，并且降低了研制难度及研制成本。俄罗斯 RD－0146 发动机则采用激光点火方案，不需要设置点火阀、点火室等组件，极大简化了发动机系统构成。

我国氢氧发动机的电点火方案在 20 世纪末也已开始研究工作，并在地面试验中得到了应用。采取的方案是火炬电点火方案。膨胀循环发动机也开展了高压火炬电点火和低压火炬电点火方案的设计及试验研究，均取得了成果。后续将开展进一步的工作提高可靠性，并应用到飞行任务中。

## 9.2　发动机成本控制

早期运载火箭研制时，运载技术发展为追求"最先拥有"，往往忽略研制成本，发射成本也居高不下。如今国际、国内发射市场竞争日益激烈，发射价格、发射可靠性是获取航天发射订单的主要指标。美国航天飞机研制时，通过重复使用达到降低发射成本的目的。但由于性能高、研制难度大，导致研制费用高、回收后维护费用高昂未能达到目的。再加上工作可靠性问题，于 2011 年完成最后一次飞行，结束了航天飞机时代。日本研制的 H－II 火箭由于技术复杂，发射费用过高，对发射客户的吸引力不足。为此日本宇宙事业开发团在其基础上开发了 H－IIA 火箭，通过简化技术、简化制造工艺、简化火箭操作等，降低发射成本并提高可靠性，发射费用降低了 50% 以上。国际主流运载火箭发射费用见表 9－1。

表 9－1　国际主流商业运载火箭发射服务费用

| 运载火箭 | 地球转移轨道运载能力/kg | 发射费用/亿美元 | 单位质量发射费用/(万美元/kg) |
|---|---|---|---|
| 德尔他 4 | 4 200 | 1.4 | 3.33 |
| 宇宙神 5 | 5 000 | 1.5 | 3 |
| 质子 | 5 500 | 1 | 1.82 |
| 天顶 | 6 000 | 1.1 | 1.83 |
| H－IIA | 4 200 | 0.9 | 2.14 |
| 阿里安 5 | 10 500 | 2.1 | 2 |
| 米诺陶 C | 1 320(低地球轨道) | 0.4 | 3.03 |
| 飞马座 XL | 450(低地球轨道) | 0.4 | 8.89 |
| 安加拉 | 7 500 | 约 1 | 1.33 |
| 猎鹰 9 | 8 300 | 0.62 | 0.75 |
| 猎鹰重型 | 26 700 | 0.9 | 0.34 |
| 阿里安 6(双助推) | 4 500 | 0.83 | 1.84 |
| 阿里安 6(四助推) | 12 000 | 约 1 | 0.83 |
| 火神 | 15 100 | 0.99 | 0.66 |

据统计发动机费用约占航天运载器研制费用的四分之一（见图 9－1）。主要源于液体火箭要求高性能，发动机构成复杂，技术难度大等。为了适应时代对发动机成本控制要求，需要从发动机设计、生产、测试、试验等全方位进行成本控制。

（1）系统简化和可靠性设计

在满足火箭总体的性能、功能要求前提下，发动机以简化设计为理念，精简系统构成，降低数量和种类。如欧洲 VINCI 发动机将电点火装置由火花塞改为了电热塞，省掉了电激励器，从而简化系统，降低了成本。美国 TRW 公司预研的低成本氢氧发动机 ULCE 部件总共不超过 100 个。"猎鹰"火箭则是使用一种型号发动机。

可靠性是发动机工作的重要指标，也是低成本的关键因素，只有达到了足够的可靠性，保证发射成功率，才能具有市场竞争力，降低发射失利带来的产品损失、归零成本、以及信誉降低。采用成熟、可靠技术，可大幅减低飞行风险和研制费用。当可靠性验证指标达到一定程度后，大量的试验成本才能带来可靠性少量增长，性价比开始降低。因此需要创新可靠性增长方案，降低单纯可靠性提高带来的成本增长。

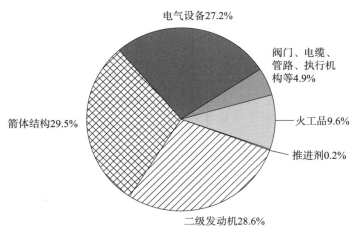

图 9 - 1　典型运载火箭成本构成

（2）生产制造工艺优化

发动机生产过程采用一体化加工方式，减少发动机零组件，可降低成本。如日本 H -Ⅱ 火箭改进为 H -ⅡA 火箭时将焊接的零组件由 35 万个减少到了 28 万个，使成本大幅降低。得利于近几年发展起来的和未来大力推进的各种增材制造工艺技术发展，发动机零组件的设计思路和理念也应与相关先进制造工艺相结合，通过集成设计、拓扑设计等，进行发动机零组件的设计优化，革命性的减少零件数量、减少连接结构及焊缝数量等。例如，推力室头部喷注器结构通过集成设计，把氢喷嘴、氧喷嘴、一底、二底等数百个零件设计成一个零件，消除其相关的钎焊、电子束焊和氩弧焊等焊接结构和焊缝，不但可以提升结构本质可靠性，而且可以简化生产流程提高效率、降低成本。多年来，3D 打印在 SpaceX火箭制造中发挥了主导作用，包括关键的氧化剂阀体。

（3）产品化及产品装配、试验流程优化

产品化的科研生产模式可实现组批投产及通用化管理，提升生产效率，节约单件产品成本。SpaceX 公司从"猎鹰"9 到"猎鹰"重型火箭均使用一型发动机，在设计成本相对固定的情况下，通过批量生产降低生产费用。大批量可降低材料采购费用，也可减少机器设备调试次数，缩短生产准备时间，节约生产制造成本。同时，提高产品批产数量，可减少抽检数量，降低单台产品分摊的费用。建设"柔性"生产线，优化每次试验后的检查工作，提升产品周转速度，即可满足高密度生产需求，也可有效降低经营管理费用及人工成本。开展发动机生产、试验流程梳理及优化，减少不必要和无意义的工作环节。比如采用虚拟现实技术对装配的正确性进行检验，提高装配效率，节约周期，降低成本。简化发射场工作，优化测试发射流程，亦可降低成本。

（4）性能校准试验优化

为了保证交付飞行用发动机性能满足总体要求，以及考核产品生产质量，发动机交付前需要进行高空模拟性能校准试验。提升生产、装配质量一致性，将有助于提高发动机性能校准试验一次通过率，有效降低发动机试验成本。终极目标则是：火箭总体与发动机联合优化控制系统及发动机系统设计，实现飞行过程中发动机推力、混合比等性能参数的闭环控制，同时提高生产制造、装配一致性和质量稳定性，实现无需性能校准试验直接交付，将大幅降低发动机成本。

（5）重复使用技术

重复使用技术可降低平均单发火箭发射成本。采用回收、简单维修后重复使用，避免一次性使用后抛弃昂贵的箭体结构、发动机、电气设备而造成的浪费。通过多次发射使用，分摊硬件产品的生产制造成本，实现平均发射成本大幅下降。氢氧膨胀循环发动机的低涡轮工质温度特点，使氢氧涡轮泵工作可靠性高，为重复使用奠定了良好的基础。美国RL10A-5、日本 RSR 开展了大量重复使用研究，均表明膨胀循环发动机重复使用性好。但膨胀循环发动机目前大多数应用在火箭上面级，要实现重复使用，还需要开展携带氢氧膨胀循环发动机的火箭箭体或运载器返回回收技术研究、发动机整体在线检测测试技术研究、发动机健康诊断等。在未实现飞行任务重复使用期间，可通过重复使用技术的检测手段，获得发动机健康情况，提高发动机产品利用率，降低成本。

## 9.3　发动机故障诊断技术

在国际航天发射各类故障中，由于发动机原因导致的故障占比较高，而且由于发动机是运载器的动力核心，其一旦发生故障破坏性极高。研制过程中，发动机需要开展各类冷、热试验，旋转机械、燃烧装置、阀门等出现故障时，轻则中止试车、重则发生爆炸，损坏试验台。开展发动机故障诊断，可以在执行飞行任务中，及早发现故障，切断故障发动机，启动故障重构方案，保护整个运载器。在发动机试验中则可更早发现故障，提早中止试验，避免出现更大事故。

美国在液体火箭发动机故障诊断技术方面的研究起步最早、涉及技术最广、技术挖掘最深，图 9-2 为其发展历程。这其中又以 SSME 发动机故障诊断系统的研发最具代表性，从 20 世纪 70 年代简单的红线关机系统，逐渐向集成化、平台化发展。2004 年设计的先进健康管理系统通过箭载健康管理计算机集成了实时振动监控、光学羽流异常监测和基于线性发动机模型的三个实时故障监测子系统，有效提高了 SSME 发射和升空阶段的可靠性和安全性。在航天飞机退役后，2017 年 7 月 26 日，NASA 对 RS-25 发动机进行了长达 500 秒的试车，验证发动机控制及健康管理系统。

先进的状态检测技术是实现有效诊断的前提。20 世纪 80 年代 SSME 发动机做了大量研究工作，涉及的状态检测技术几乎涵盖了可能发生的各种故障模式。包括了羽流光谱（Plume Spectroscopy）、声发射轴承诊断（Acoustic Emission）、固态泄漏传感器（Solid State Leak Sensors）等。通过状态检测在发动机试验后、回收后对其产品状态进行诊断与分析，确认其健康状态，保证再次使用的可靠性，降低发射、试验成本。

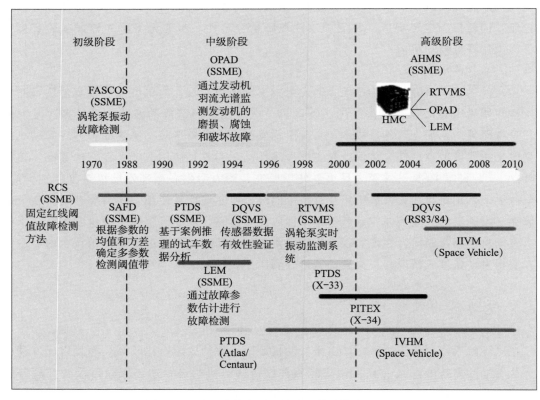

图 9 - 2　美国火箭发动机健康监控系统发展历程

## 9.4　发动机推质比提升

上面级发动机的推质比提升对火箭的有效运载能力提高具有显著效益，可以降低火箭结构质量，提高运载能力。

国外上面级氢氧发动机推质比见表 9 - 2（鉴于各发动机重量包含组件范畴不一致，比对基准不同，因此推质比数据不能完全代表发动机设计水平）。

表 9 - 2　国外上面级氢氧发动机推质比

| 发动机代号 | 推力/kN | 重量/kg | 推质比 | 循环方式 | 用途 |
|---|---|---|---|---|---|
| RL10A - 4 - 1 | 99.195 | 168 | 60 | 膨胀循环 | 上面级 |
| LE - 5 | 103 | 255 | 41.2 | 发生器循环 | 二级 |
| HM - 7B | 62 | 155 | 40.8 | 发生器循环 | 三级 |
| RL10B - 2 | 110.093 | 308 | 36.5 | 膨胀循环 | 上面级 |
| VINCI | 180 | 639.6 | 28.7 | 膨胀循环 | 上面级 |
| LE - 5B | 137 | 285 | 49 | 膨胀循环 | 上面级 |
| RL60 | 267 | 499 | 54.6 | 膨胀循环 | 上面级 |

续表

| 发动机代号 | 推力/kN | 重量/kg | 推质比 | 循环方式 | 用途 |
|---|---|---|---|---|---|
| MB－60 | 267 | 589.7 | 46.2 | 膨胀循环 | 上面级 |
| RD－0146 | 98 | 261 | 38.3 | 膨胀循环 | 上面级 |

提高推质比可以从两方面开展工作：一是提高推力，二是降低结构质量。

从美国 RL10 系列的发展历程，可以看出通过缩小推力室喉部，提高燃烧室压力、燃烧效率（喷管效率），可以实现发动机真空比冲、推力的提高，而发动机的重量及外廓尺寸基本不变。该方案由于缩小推力室喉部，可以在不增加喷管延伸段出口尺寸的前提下大幅提高发动机比冲性能，是有效提高发动机推质比的手段。

降低质量方面，首先从发动机系统设计开始。将动力系统作为一个整体去优化布局，简化发动机系统构成，减少产品数量从而降低结构质量，实现最优设计。如取消机架、取消泵前阀等。从第 6 章的表 6－2 可以看出国外多数发动机都没有机架。泵前阀主要功能是隔绝推进剂贮箱和泵之间的联通。由于其处于入口处，必须具有低流阻性能，因此国内外普遍采用球阀，流通直径较大，与入口管路一致，降低局部流阻损失。这样的设计导致该阀门重量在阀门类产品中位居前茅。但通过动力系统设计，可以取消泵前阀。如日本 LE－5B、LE－9 发动机、欧洲 VINCI 发动机均未设置泵前阀。

其次改进发动机材料体系，使用新型制造工艺。尽量使用轻质材料，如钛合金、复合材料等；利用 3D 打印、粉末冶金等工艺，实现产品整体成型，减少法兰等对接方式。

再次分析发动机重量组成，针对重点组合件开展减重工作。对于膨胀循环发动机，推力室重量占发动机重量接近 30%，是发动机减重的一个主要组合件。可以采用增强换热方式，提高换热能力，缩短推力室身部长度等手段减重。

## 9.5　可延伸变面积比喷管技术

氢氧膨胀循环发动机多应用于运载火箭的上面级。高比冲性能的上面级发动机能够显著提高火箭的运载能力。为了提高上面级发动机的比冲性能，可采用变面积比喷管延伸段。

采用可延伸喷管结构，在发动机非工作段，喷管处于收缩状态，减小纵向长度，而在工作时，通过延伸机构提前打开延伸段喷管，增大发动机的喷管面积比。美国 RL10 B－2 发动机采用了可延伸喷管，使发动机喷管面积比由固定部分的 130：1 增大到 285：1，比冲性能高达 466 s。欧空局在研的 VINCI 发动机也采用了大尺寸的可延伸喷管，发动机喷管面积比由固定部分的 93：1 增大到 253：1，比冲性能也达到了 464 s。RL10B－2 和 VINCI 发动机的可延伸段喷管分为不同的部段，但均采用了轻质 C－C/SiC 复合材料。

目前国内液体火箭发动机上还未有相关的应用研究，需要进行可延伸喷管设计技术研究、大尺寸轻质 C－C/SiC 复合材料喷管生产工艺及试验考核验证技术研究等。

## 9.6 小结

氢氧膨胀循环发动机以其独有特点，必将在运载火箭等空天运输工具上得到广泛应用。未来还有许多功能需要开发，本章未能全面覆盖。

# 参 考 文 献

[ 1 ] V. De Korvev. The European reference for Ariane 6 upper stage cryogenic propulsive. AIAA 2015 – 4603.

[ 2 ] Olivier Lagnel. Performance of Vinci Engine Tests at PF52 Test Bench. AIAA 2018 – 2724.

[ 3 ] TRW 公司的超低成本液氧/液氢助推液体火箭发动机.

[ 4 ] 丁丰年，张恩昭，张小平. 液体火箭发动机低成本设计技术 [J]. 火箭推进. 2007.6，Vol. 33，No. 3.

[ 5 ] 李莲，魏威. 基于财务管理视角的 SpaceX 公司火箭低成本分析及启示 [J]. 航天政策与管理.

[ 6 ] 孙慧娟. 国外氢氧膨胀循环发动机电点火及起动关机技术综述 [J]. 低温工程，2007，11（2）：522 – 530.

[ 7 ] 孙纪国，王剑虹. 低温富氧火炬点火器研究 [J]. 导弹与航天运载技术，1996，6：17 – 22.

[ 8 ] M. Niwa, A. Santana Jr, K. kessaev. Torch with oxidizer Augmentation for LOX/LH2 engine ignition [R]. AIAA – 2000 – 3169, 2000.

[ 9 ] George A. Repas. Hydrogen – oxygen torch ignitor [R]. NASA – TM – 106493, 1994.

[10] 陈国邦，等. 低温流体热物理性质 [M]. 北京：国防工业出版社，2006.

[11] Zurawski RL，Green JM. Catalytic ignition of hydrogen and oxygen propellants [R]. AIAA – 88 – 3300, 1988.

[12] Fuller PN. Advanced ignition system final report [R]. NASA N71 – 35152，NASA – CR – 119928, 1971.

[13] Walter Oechslein. Status of the Vinci combustion chamber vacuum ignition tests [R]. AIAA – 2004 – 3531, 2004.

[14] 于霞，孙伶俐，单文杰. 国外可重复使用运载器发展现状和趋势 [J]. 国际太空，2012.12.

[15] 郑雄，杨勇，姚世东，陈洪波. Falcon – 9 可重复使用火箭发展综述 [J]. 导弹与航天运载技术，2016.2.

[16] Takeshi Kai, Ken – ichi Niu, et al. Engine control system for the main engine of the reusable sounding rocket. IAC – 15 – C4.3.2.

[17] Cha J，Ha C，Ko S，et al. Application of fault factor method to fault detection and diagnosis for space shuttle main engine [J]. Acta Astronautica. 2016，126（2016）：517 – 527.

[18] Kimura T，Hashimoto T，Sato M，et al. Development of a reusable LOX/LH2 rocket engine – firing tests and lifetime evaluation Analysis. AIAA 2015 – 4065 [R]. USA：AIAA，2015.

[19] Hideo Sunakawa，Akihide Kurosu and Koichi Okita. Automatic Thrust and Mixture Ratio Control of the LE – X [J]. AIAA 2008 – 4666.

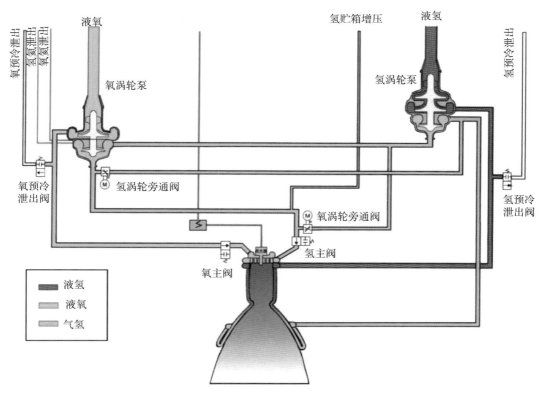

图 1-18 VINCI 发动机系统原理图（P16）

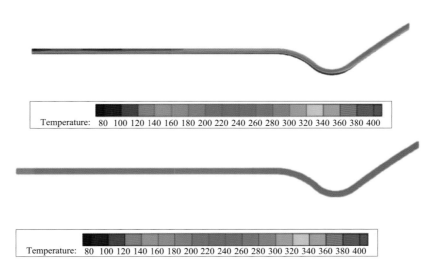

图 2-18 滑行开始时和结束后的推力室温度云图（P58）